# 林 산림환경토양학

이천용

# 산림환경토양학

2020년 7월  1일 초판 인쇄
2020년 7월 10일 초판 1쇄 발행
2021년 9월 10일 초판 2쇄 발행

| 저 자 | 농학박사 이천용
| 발 행 인 | 조규백
| 발 행 처 | 도서출판 구민사
| | (07293) 서울특별시 영등포구 문래북로 116, 604호(문래동3가 46, 트리플렉스)

| 전 화 | (02) 701-7421(~2)
| 팩 스 | (02) 3273-9642
| 홈 페 이 지 | www.kuhminsa.co.kr
| 신 고 번 호 | 제 2012-000055호 (1980년 2월4일)
| I S B N | 979-11-5813-850-9 (93520)

| 정 가 | 26,000원

이 책은 구민사가 저작권자와 계약하여 발행했습니다.
본사의 서면 허락 없이는 어떠한 형태나 수단으로도 이 책의 내용을 이용할 수 없음을 알려드립니다.

# 머리말

전통적인 산림에서 토양에 관한 문제는 크게 중요시되지 않았으나 최근 대두되고 있는 산림의 효율적 산림경영은 우수한 생장을 하는 품종의 선택, 새로운 조림 및 무육 기술, 병충해 방제, 토양관리 등이 필수적이다. 국토의 63%인 산림이 있는 토양뿐만 아니라 나무가 사는 토양을 모두 산림토양이라 한다면 산림토양의 범위는 더욱 확대된다. 해안매립지, 오염된 토양, 도시 재개발과 산불 후의 훼손된 토양에 나무를 식재하려면 충분한 토양정보와 산림토양에 대한 전문지식이 필요하다. 즉 비정상적인 토양에 나무를 심어 정상적인 생장을 기대하려면 토양 상태를 조사하고 알맞은 처방을 내놓아야 한다. 그렇다면 자료도 많아야 하고 포괄적인 지식을 가진 산림토양 전문가가 필요하다. 그러나 아직까지 산림토양에 대한 국내 연구가 충분하지 못하고 산림토양에 대한 자료도 일목요연하지 못한 실정이다.

임업시험장(현 국립산림과학원)에 입사해서 30여 년 동안 근무할 때 전반기는 산림토양을, 후반기는 황폐지 복구 분야를 연구하였는데, 산림토양은 산림학 연구 전반에 기초가 되어 큰 도움이 되었다. 재직 시 대학에서 산림토양학을 강의하였고, 퇴직 전후에 전국의 대학 평생교육원이나 숲해설 교육기관의 숲해설가 전문과정에 산림토양학이 필수과목으로 들어 있어, 기본적인 이론과 실습을 강의하였으나 피교육생들이 단시간에 산림토양학을 이해하기 어렵기 때문에 전문적인 서적의 필요성을 절감하였다. 그리고 이 분야 전문서적이 극소하다는 것을 깨닫고 산림토양의 중요성을 널리 알리고 싶은 마음에 산림환경토양학을 출간하게 되었다.

책은 보다 쉬운 전공 용어와 영어를 병행 사용하여 이해를 도모하였으며 최신 자료를 추가하였다. 산림토양학에서 쓰는 전문용어가 일반 토양학과 달라 생기는 혼동을 피하기 위하여 기본 용어는 일반 토양학 용어로 통일하였다. 특수한 산림토양인 산불지, 도시림, 황폐지, 해안매립지, 오염지토양에 대한 관심이 증가하므로 독립된 장으로 서술하였고 묘포토양 역시 산림육성의 기본인 양묘에 반드시 필요한 분야로 생각되어 추가하였다.

연구직 공무원 시절, 필자가 전공한 산림토양 분야는 기초학문이라 단기간에 좋은 결과를 내기 어려워 주목을 받지 못했다. 또한 중국 및 몽골과 국제공동 연구한 사막화방지 분야는 우리나라에 사막도 없는데 왜 사막화방지 연구를 하는지에 대한 공감대를 얻지 못하여, 우수 논문상을 타지 못한 것이 유일한 한이었다. 그러나 퇴직 후에도 산림토양학을 강의할 수 있고, 미약하지만 이 분야에서 필요한 책을 낼 수 있으니 더없이 감사하고 기쁠 따름이다.

책이 잘 팔리지 않는 세태에 더하여, 코로나19라는 인류 최악의 감염질환이 창궐해서 출판 사정이 어려움에도 불구하고 기꺼이 책을 발간해 주신 조규백 사장님에게 깊은 감사를 드린다. 아울러 교정과 자료제공에 큰 도움을 준 오랜 동료 임주훈, 변재경, 최상규 박사님에게 사랑과 우정을 보낸다.

산울 이천용

## Chapter 01. 산림토양

1.1 토양의 역할     10
1.2 토양의 구성     12
1.3 산림토양 단면     12

## Chapter 02. 토양의 생성과 발달

2.1 토양생성인자     20
2.2 토양생성작용     25

## Chapter 03. 유기물층

3.1 유기물층의 층위     33
3.2 유기물층 형태     33
3.3 유기물 분해와 축적     35
3.4 부식 형태와 산림수종     41
3.5 유기물층의 특성     41
3.6 유기물층 변화     43

## Chapter 04. 토양 물리성

- 4.1 토성    48
- 4.2 토양 구조    52
- 4.3 토양 밀도    56
- 4.4 토양 공극    59
- 4.5 토양 공기    60
- 4.6 토색    61
- 4.7 토양 온도    63
- 4.8 토양 견밀도    67

## Chapter 05. 토양 화학성

- 5.1 토양 산도    73
- 5.2 탄질률    79
- 5.3 양이온치환용량    80
- 5.4 염기포화도    82
- 5.5 필수원소    83

## Chapter 06. 토양수

- 6.1 수자원과 물의 순환    90
- 6.2 토양수 에너지    93
- 6.3 토양수 구분    95
- 6.4 토양수에 관계된 용어    96
- 6.5 토양수 측정방법    97
- 6.6 토양수 이동    99

## Chapter 07. 토양생물

- 7.1 토양미생물    109
- 7.2 토양동물    117

## Chapter 08. 균근

- 8.1 균근의 분류 및 형태    124
- 8.2 균근 분포    130
- 8.3 균근 생리    131
- 8.4 균근과 토양병원균    136
- 8.5 질소고정식물과 균근    137
- 8.6 균근균의 접종효과    140

## Chapter 09. 산림의 양분순환

- 9.1 양분 공급과 손실    146
- 9.2 토양과 임목 간의 양분순환    153
- 9.3 토양 내 질소순환 측정방법    163
- 9.4 산림관리와 양분순환    167

## Chapter 10. 임목 뿌리

- 10.1 임목 뿌리의 형태와 양    174
- 10.2 뿌리생장과 토양조건    178

## Chapter 11. 지위

- 11.1 지위분류방법     191
- 11.2 지위관련인자     201

## Chapter 12. 산림토양분류

- 12.1 토양분류방법     210
- 12.2 표토층과 심토층의 특징     213
- 12.3 일반 토양분류     216
- 12.4 우리나라 산림토양분류     217
- 12.5 일본 산림토양분류     227

## Chapter 13. 산지 시비

- 13.1 식물 양분의 종류     246
- 13.2 최소양분법칙과 보수점감법칙     254
- 13.3 주요 요소의 증감원인     254
- 13.4 비료 종류     256
- 13.5 임목의 영양진단     264
- 13.6 유령림 시비     274
- 13.7 성목림 시비     282
- 13.8 시비의 경제성     287
- 13.9 항공 시비     288

## Chapter 14. 산림입지 토양조사

- 14.1 산림입지조사     296
- 14.2 토양조사     301
- 14.3 산림식생조사     321

## Chapter 15. 산불지토양

- 15.1 토양의 화학성 변화     327
- 15.2 토양의 물리성 변화     333
- 15.3 산불과 토양생물     338
- 15.4 조림목 생장 및 식재 시기     343

## Chapter 16. 도시숲토양

- 16.1 토양특성     346
- 16.2 토양환경과 수목피해     348
- 16.3 토양환경보전방법     352
- 16.4 토양관리     355

## Chapter 17. 황폐지토양

- 17.1 황폐지토양 특성     362
- 17.2 침식과 토양 성질     362
- 17.3 토양 개량     363
- 17.4 황폐지 복구 후 토양변화     367

## Chapter 18. 해안매립지토양

- 18.1 토성     375
- 18.2 화학성     376
- 18.3 배수체계     376
- 18.4 염분 차단     377
- 18.5 식재 기반 조성     378
- 18.6 지표피복     378
- 18.7 수목식재     379

## Chapter 19. 산성비와 산림토양

- 19.1 산성비 현황     384
- 19.2 산성비 피해     385
- 19.3 피해저감     388

## Chapter 20. 묘포토양

- 20.1 묘포토양 특성     392
- 20.2 토양개량방법     395

---

- \* 참고문헌     399
- \* 용어해설     404

Chapter 01

# 산림토양

1.1 토양의 역할
1.2 토양의 구성
1.3 산림토양 단면

Forest Environmental Soil Science

# chapter 01
# 산림토양

## 1.1 토양의 역할

토양은 식물의 뿌리가 생장하여 흙을 고정하고 흙은 식물의 뿌리를 물리적으로 지지하여 넘어지지 않게 한다. 식물생장은 수분과 양분이 필수이지만 어느 한 가지가 부족해도 지장이 없다. 식물에 물을 주면 잎이 물을 흡수하는 것이 아니라 흙 속에 들어간 물이 뿌리를 통하여 공급되며, 양분 또한 낙엽 낙지에 의한 유기물 공급이나 시비에 의해 공급되면 뿌리가 이를 흡수하므로 토양은 양분과 수분의 공급처가 된다.

토양은 산성비 등 인간에 의해 생긴 독성물질이나 자연적으로 미생물이나 화학반응에 의해 생긴 독성물질을 완화한다. 토양 속에 들어간 독성물질은 미생물이나 물에 의해 서서히 분해되거나 치환되어 독성이 완화되는데 그 능력과 양은 토양 특성에 달려있다.

토양은 식물의 분포를 결정한다. 물론 기후가 중요하지만 세부적으로는 토양이 식물분포와 생육을 주도한다. 모래흙에서는 수분과 양분이 부족하여 건조와 척박지에서 자라는 식물이 생존 가능하고, 수분이 과도한 진흙토양에서는 공기가 부족하고 수분이 많은 곳에서 자라는 식물이 번식한다.

토양은 물을 저장한다. 지구상의 물은 바다나 호수, 토양표면에서 증발하거나 식물의 증산작용에 의해 대기권으로 올라가며 대기온도가 낮아지면 수증기가 응결하여 비나 눈의 형태로 다시 지구상에 떨어진다. 땅 위에 떨어진 물은 낮은 곳으로 모여 하천을 이루고 일부는 땅속으로 침투하여 지하수 또는 지중수가 된다. 지하수는 대수층(aquifer, 帶水層) 내에 머무르다가 관정에 의해 이용되며, 지중수는 토양공극에 저장되었다가 서서히 하천으로 흘러나온다.

토양에는 토양입자 사이에 미세한 공극이 있고 뿌리와 동물의 활동에 의한 큰 공극이 섞여서 발달해 있으므로 빗물의 수직 이동이 빠르다. 물을 숲에 오랫동안 머무르게 하는 것을 숲의 물 저장기능이라고 한다면, 그 기능이 높은 산림은 임목의 뿌리가 깊고 넓게 뻗어 있고 토양 내 유기물 공급이 풍부하며 다양한 생물의 활동이 왕성하여 토양 내에 물을 저장할 수 있는 공간 즉 공극이 많이 형성되어 있어야 한다.

토양의 수질정화기능은 비나 눈이 토양을 통과할 때 그 속에 포함된 오염물질의 농도를 낮추는 것이다. 토양에 있는 점토나 유기물은 물리화학적인 반응을 일으키는데, 특히 유기물은 토양동물이 분쇄하고 토양미생물이 분해한다. 토양미생물은 유기질소와 암모니아성 질소의 분해, 질산균에 의한 질산성 질소의 산화작용으로 대기오염물질인 질소산화물을 분해하는 역할을 한다.

토양은 동물과 미생물의 서식지이다. 크고 작은 동물이 땅속에 살면서 유기물을 분쇄하여 미생물의 분해를 돕고 분해된 유기물은 뿌리가 쉽게 흡수할 수 있도록 양분을 공급한다. 뿌리가 직접 이용할 수 없는 양분은 미생물이 이용할 수 있게 만들며 특히 균근이나 근류균은 공중 질소를 고정하여 식물생장에 가장 필요한 질소를 공급하기도 한다. 그러므로 토양은 이들의 서식지로서 발달해야 더 많은 생물이 존재하고 그럼으로써 결국 식물생장이 크게 증대한다.

토양의 역할은 이용목적에 따라 달라지는데 토목에 종사하는 사람은 도로건설이나 건물의 기본체 또는 위생처리장으로, 수문학자는 물을 저장하거나 통과시키는 물체로, 생태학자는 생물체나 화학적인 진행이 일어나는 하나의 구성체로, 임업인은 임목이 자라는 곳으로 해석한다.

## 1.2 토양의 구성

토양은 유기물과 무기물의 고상(solid phase)과 토양수인 액상(liquid phase), 토양공기인 기상(air phase) 등 삼상(three phases, 三相)으로 되어 있다. 논토양은 물로 채워져 있을 때 기상이 없이 액상과 고상이 50%씩 차지하고 있으나 밭토양이나 산림토양은 삼상이 전부 있다. 우리나라 갈색산림토양 표토층의 고상은 30~40%이며 이중 유기물인 뿌리는 부피의 3~4%를 차지한다. 표토층보다는 점토가 쌓인 심토층에 고상이 더 많으며 여기에는 뿌리도 적어 1%에 불과하다.

표 1-1 산림토양의 층위별 삼상의 비율(%)

| 토양<br>삼상 층위 | 갈색<br>산림토양 | | 적황색<br>산림토양 | | 암적색<br>산림토양 | | 회갈색<br>산림토양 | | 화산회<br>산림토양 | |
|---|---|---|---|---|---|---|---|---|---|---|
| | A | B | A | B | A | B | A | B | A | B |
| 액상 | 20~30 | 20~30 | 26~26 | 22~29 | 23~25 | 24~26 | 24 | 36 | 21~43 | 34~40 |
| 고상 | 30~42 | 30~40 | 36~42 | 38~45 | 32~39 | 33~44 | 38 | 42 | 16~38 | 21~22 |
| 기상 | 34~50 | 36~45 | 34~45 | 26~40 | 38~45 | 32~43 | 38 | 32 | 41~53 | 40~47 |

전체 토양부피에서 고상을 뺀 것을 공극(soil pore)이라 한다. 표토층의 60~70%가 공극이며 물과 공기가 채워져 있다. 이 중 액상은 20~30%이며, 기상은 30~50%이다. 액상과 기상의 비율은 외적 상황에 의하여 좌우되며 이것은 임목뿌리의 생장, 수분과 산소공급 등 임목생장과 깊은 관계가 있다.

## 1.3 산림토양 단면

산림토양 단면(soil profile)은 2개의 다른 부분으로 구성되어 있다. 하나는 지표 위에 있는 유기물로서 낙엽, 죽은 가지 또는 초본의 사체 등으로 조성된 층이므로 유기물층 (O층 : Organic layer)이라 하며, 다른 하나는 유기물층 아래에 있으며 거의 무기물 토양으로서 암석 풍화물에서 형성되었으므로 광물토층이라 한다. 유기물층은 공급원인 식물 사체의 분해정도에 따라 L, F, H층으로 세분한다. L층(litter, 낙엽층)은 가장 위에 있으며 전부 미분해된 낙엽, 죽은 가지와 초본의 유체이다. F층(fermentation, 분해층)은 낙엽이 토양동물의 분쇄와 토양미생물의 분해로 원형은 상실하였지만 눈으로 엽맥과 같은 원래 조직을 구별할 수 있는 단계에 있는 층이다. H층(humus, 부식층)은 F층의 분해가 더욱 진행되어 눈으로는 원래 형태를 전혀 판별할 수 없고 건조한 토양에서는 가루의 형태로, 습한 토양에서는 뭉쳐진 형태로 있는 층이다. 유기물층의 분해가 양호하면 H층이 없는 경우도 있다. 유기물층은 온도와 수분상태가 안정되어 있고 유기물 분해가 활발하면 층 발달이 빈약하지만 건조지, 과습지 또는 한랭지에서는 분해작용이 활발하지 못해 비교적 두껍게 쌓인다. 우리나라 산림토양의 평균 유기물층 두께는 5cm이다.

광물토층은 유기물이 풍부하여 진한 색을 띠는 A층과 그 밑에 유기물이 적은 밝은 색의 B층, 그 아래 모재층인 C층이 있다. A층은 동식물유체의 분해로 생성된 유기물이 집적하여 암갈색을 띤 가장 위에 있는 토양으로서 토양구조의 종류와 발달정도, 견밀도의 차이가 있으며 위에서부터 $A_1$, $A_2$, AB층 등으로 세분한다. 하층토보다 유기물 함유율이 높고, 토양구조도 발달되어 통기성 및 투수성이 양호하며, 토양동물과 미생물의 활동이 왕성하고 뿌리도 잘 분포되어 있다. 예외적으로 포드졸토양과 강한 글레이화 작용을 받은 표토층은 산성유기물과 표토층 환원 등으로 철이 용탈 또는 환원되어 회백색을 띠고 있는 표토층 소위 용탈층도 A층에 포함한다.

유기물이 많이 집적되어 암갈색을 띠는 표토층을 $A_1$층이라 하고, 그렇지 않은 층을 $A_2$이라 한다. 또 표토층에 있으나 유기물 집적이 충분하지 않아 색이 밝고 토양구조 발달도 불량하여 A층이라고 할 수 없는 층을 (A)층이라 한다. 이 층은 표면침식이 심하여 심토층이 지표에 노출된 경우로서 퇴적기간이 짧아 토양화가 크게 진행되지 못한 것이다.

B층은 모재 풍화에 따라 생성된 철화합물에 의하여 적갈색 – 갈색 – 황갈색을 띤 유기물 결핍 토층으로서 색, 구조의 종류와 발달정도, 견밀도 등의 차에 따라 $B_1$, $B_2$, BC층으로 구분한다. 포드졸토양에서는 철, 알루미늄 유리산화물과 유기물이 이동하여 쌓인 층으로 집적층이라고도 한다.

C층은 토양모재층(parent material)으로서 토양화가 거의 진행되지 않고 구성물질

이 비교적 거친 입자인 모래와 많은 석력[돌과 자갈]으로 되어 있다. 산림토양의 토심은 C층을 제외한 A층과 B층의 합으로서 우리나라 산림토양의 평균 토심은 55cm이다.

그 외에 특수하게 균사층과 글레이(glei)층이 있다. 균사층은 소나무, 참나무 등의 뿌리에 공생하는 외생균근의 균사속과 그 유체가 집적하여 나타난 회백색 해면상의 층으로 M층이라 한다. 일반적으로 능선 등 건조하기 쉬운 곳에 있는 O층, A층과 B층에 층상 또는 렌즈상으로 발달하나 일단 건조하면 다시 습해지기 어려우므로, 이 층이 형성되면 토양은 건조해지기 쉽다. 글레이층은 정체한 지하수로 인하여 토양이 환원상태로 되므로 철과 망간이 환원되어 회백색을 띤 토양으로 G층이라 부르며, 토양단면 아래쪽에 위치한다. 이 층은 지하수의 계절적 변동에 따라 산화와 환원이 반복되어, 회백색의 기질에 갈색 반점이 형성된 층은 $G_0$층, 항상 환원상태에 있기 때문에 회백색을 띠는 층은 Gr층으로 세분하기도 한다.

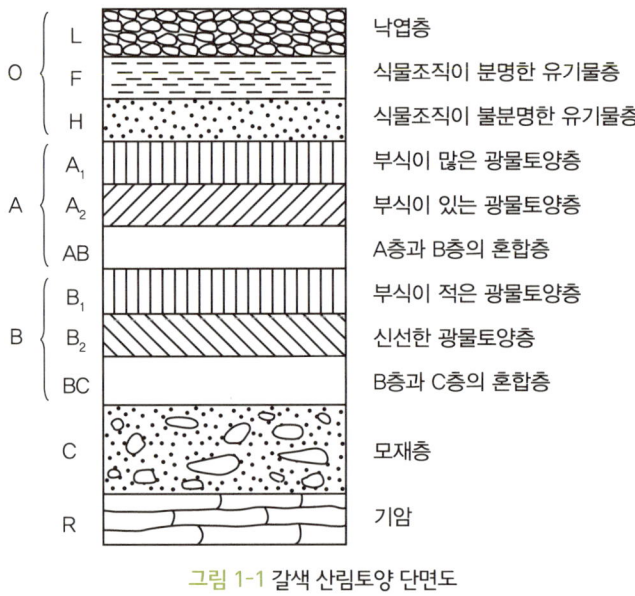

그림 1-1 갈색 산림토양 단면도

표 1-2 각국의 토양단면 기호

| 한국(일본) | 미국 | 캐나다 | 국제기구 |
|---|---|---|---|
| L | Oi, Ce | L-F | $O_1f$ |
| $O(A_o)$ | O | L-H | $O_1h$ |
| F-H | Oa, Oe | F-H | Ofh |
| $A_1$ | A | A | A |
| $A_1$ | A | Ah | Ah |
| $A_1$ | A<br>Ap | Ahe<br>Ap | Ah-E<br>Ap |
| $A_2$ | E | Ae | E |
| $AB(A_3)$ | AB(EB) | AB | AB(EB) |
| $B_1$ | BE(BA) | BA | BE(BA) |
| $B_1$ | E/A | A & B | A/B |
| B | B | B | B |
| $B_2$ | Bt(BWt)<br>Bs<br>Bhs<br>Bhs<br>Bgs<br>B<br>B(natric)<br>B(cambic)<br>Bg | Bt<br>Bf<br>Bfh<br>Bhf<br>Bgf<br>Bh<br>Bn<br>Bm<br>Bg | Bt<br>Bfe<br>Bfeh<br>Bhfe<br>Bgfe<br>Bh<br>Bna<br>Bs<br>Bg |
| C | C | C | C |
| D(R) | R | R | R |

[주] 토양단면의 2차 분류기호 해설(미국 농무부)

- a : 유기물 분해가 높음
- b : 매몰토층
- c : 근류
- e : 유기물 분해가 적당
- f : 동결토
- g : 심한 gley화 토양
- h : 유기물이 붕적
- i : 유기물이 약간 분해
- k : 탄산염 축적
- m : 강한 교착
- n : Na 축적
- o : sesquioxide 잔적
- p : 경운 또는 기타 토양교란
- q : 규소 축적
- r : 풍화암 또는 연암
- s : sesquioxide 붕적
- t : 점토 축적
- v : plinthite
- w : 색깔과 구조가 있는 B층
- x : fragipan의 특성
- y : gypsum 축적
- z : 염분 축적

Chapter 02

# 토양의 생성과 발달

2.1 토양생성인자
2.2 토양생성작용

# chapter 02
# 토양의 생성과 발달

토양학의 아버지라고 부르는 러시아 토양학자 도쿠차예프(V.V. Dokuchaev)는, 토양이란 지구표면을 덮고 있는 암석의 풍화물과 동식물의 분해물과의 혼합물이며 모재(모암), 지형, 생물, 기후, 시간의 상호작용에 의하여 생성된다고 하였다. 지각을 구성하는 암석은 입자의 크기, 결정, 색, 화학적 조성 등이 다른 1차 광물로 이루어지고 있다. 암석은 그 자체가 불량도체이고 구성성분이 다르므로 팽창과 수축률의 차이와 기온 변화에 의하여 크고 작은 돌로 부서진다. 풍화는 물리적인 것과 화학적인 것 그리고 생물적인 것이 있다.

물리적 풍화작용은 건조와 습윤, 한랭과 온난, 동결과 해동으로써 암석이 작게 부서지는 작용이다. 토양발달 초기에 특히 중요하며 암석을 분리시킨다. 기온 변화는 팽창과 수축을 반복하므로 암석을 갈라지게 한다. 물은 4℃에서 가장 밀도가 높으며, 온도가 내려가 얼음이 되면 부피가 증가한다. 최대팽창률은 약 9%이며 힘은 $2.1 \times 10^5 K$ 파스칼이 되어 바위를 쪼갠다.

화학적 풍화작용은 수화작용, 가수분해, 산화와 환원, chelate작용 등에 의하여 암석이 질적으로 변하는 것이다.

생물적 풍화작용은 토양생물의 식물뿌리의 호흡에서 생기는 이산화탄소와 미생물의 유기물 분해로 생기는 여러 가지 산성물질에 의해서 일어나며, 뿌리 자체가 바위의 균열된 틈으로 들어가서 바위를 부수는 작용을 말한다.

물리화학적 풍화작용은 단독으로 일어나지 않고 둘이 동시에 발생하며, 그 세기는 기후에 의해서 좌우된다. 건조지역에서는 물리적 풍화가 더 심하게 일어나고, 습윤지역에서는 온도변화가 있을 때 물리화학적 풍화가 동시에 일어나며, 온도변화가 없으면 화학적 풍화가 주로 일어난다.

암석이 풍화되어 잘게 부서진 후 다시 식물과 물의 작용으로 부서지는 과정이 계속되면서 토양이 형성된다. 토양생성 과정에서 암석 중의 여러 성분이 유출되기도 한다. 토양생성 작용은 모암, 지형, 생물, 기후, 시간에 따라 다양한 형태로 나타나 많은 종류의 토양이 형성된다. 지역적인 차이가 크지 않으면 토양특성은 모재와 지형에 좌우된다(Feldman 등, 1991).

한편 식물 생육에는 질소, 인산, 칼륨 등의 주요 양분 이외에도 많은 미량원소가 필요하지만, 풍화된 쇄설물의 표면에는 양분을 크게 요구하지 않는 진균과 조류의 공생으로 이끼와 같은 하등식물 또는 공중질소를 고정하는 식물이 먼저 침입하여 정착한다. 여기서 식물의 유체는 토양에 잔류하여 다음의 침입식생의 에너지원이 되고 또 수분을 보유하게 된다. 이와 같이 생물적 소순환을 통하여 암석 쇄설물의 표면에는 칼슘이나 질소 등이 축적되며 양분공급량이 많아지면 고등식물의 정착이 쉽고 유기물집적이 증가한다.

유기물층은 토양의 물리, 화학, 생물적 성질에 큰 영향을 미친다. 산림의 현존과 낙엽층은 균일한 수분조건과 기온의 급격한 변화를 적게 하므로 토양생물이 다양해지고 활동이 증가한다. 이들은 토양을 혼합하고 양분순환에 관계하므로 산림토양에 아주 중요하다. 이렇게 산림토양은 단지 작토층(cultivation layer)을 갖고 있는 농지토양과 다른데 산림토양에서는 물리적 성질이, 농지토양은 화학적 성질이 중요하다. 산림토양은 비교적 농업으로 이용될 수 없는 곳인 배수불량지, 급경사지, 암석이 많은 곳에 분포하고 있다. 또한 유기물 등과 혼합이 덜 되어 있고 토심이 얕으며, 토양 온도가 낮고 비옥도도 낮다.

## 2.1 토양생성인자

### 1 모암

모암의 성질이 다르면 다른 조건이 같더라도 특이한 토양을 형성한다. 예를 들어 석회암과 이탄암에서는 적색토나 흑색토가 나타나나 화산재가 있으면 흑색토만 나타난다. 모암은 생성과정에 따라 화성암, 변성암, 퇴적암으로 분류한다.

#### 1) 화성암

화성암(igneous rock)은 마그마가 냉각, 굳어진 것으로 암석 전체의 95% 이상으로 차지한다. 마그마는 고온고압의 융해상태로 땅속에 있고 화학적으로 복잡한 성분을 갖고 있으나 대체로 규산염(silicate)이다. 규산염의 함량에 따라 산성암(65~75%), 중성암(64~55%), 염기성암(54% 이하)으로 분류하며, 또한 굳어진 위치에 따라 심성암, 반심성암, 화산암으로 구분하기도 한다(표 2-1).

표 2-1 화성암의 종류

| 구분 | 산성암 | 중성암 | 염기성암 |
|---|---|---|---|
| 심성암 | 화강암 | 섬록암 | 반려암 |
| 반심성암 | 석영반암 | 섬록반암 | 휘록암 |
| 화산암 | 유문암 | 안산암 | 현무암 |

(1) **화강암** : 우리나라 전면적의 2/3를 차지하고 있으며 석영, 장석, 운모, 각섬석이 주성분이다. 풍화되면 양질토양 또는 사질토양으로 되며, 물리적인 성질이 좋고 칼슘(Ca)이 적다.

(2) **석영반암** : 화강암과 비슷한 광물 및 화학성분을 가진 암석이다.

(3) **유문암** : 조직이 전혀 다른 백색, 담홍색, 담회색의 미세한 입자가 치밀한 암석이며 풍화되면 화강암과 비슷한 토양이 되고 칼륨(K)이 많다.

(4) **섬록암** : 흑색의 거친 입자로 된 결정질이고, 사장석과 각섬석으로 이루어져 있으며 풍화되기 쉽고 점질토양으로 된다.

(5) **섬록반암** : 분암이라고도 하며 화학성분은 섬록암과 같다. 회록색, 흑회색, 갈녹색을 띠고, 사장석이 많으며 휘석 등도 있다.

(6) **안산암** : 현무암 다음으로 흔한 화산암으로서 담회색, 회색, 갈색, 갈회색을 띤다. 주성분은 사장석이며 그 외 휘석, 각섬석, 흑운모도 들어있다. 갈색의 점질토양으로 되며 보수력이 크다.

(7) **반려암** : 주성분은 Ca-사장석과 휘석이며 흑색의 산화철을 많이 함유하는 점토로 된다.

(8) **휘록암** : 암녹색, 흑녹색, 회록색을 나타내는 암석으로 주성분은 사장석과 휘석이다. 풍화토는 석회나 인산이 많은 점질토양이 된다.

(9) **현무암** : 성분은 반려암과 같으며 산화철이 많은 황적색의 중점질토양이 된다. 백두산, 제주도, 울릉도, 연천 부근에 많다.

## 2) 퇴적암

지표에 노출된 암석은 풍화작용과 침식작용을 받아 원암에서 분리되는데, 이 물질과 여러 종류의 생물 유체가 육상 또는 물속에 쌓여서 만들어진 것이 퇴적암(sedimentary rock)이다. 지표에 분포된 암석의 75%를 차지한다.

(1) **역암** : 둥근 자갈 사이에 모래와 점토가 들어가 고결된 암석으로 자갈의 양은 30% 이상이다. 해안, 하천변, 하천바닥에 많다.

(2) **사암** : 모래가 고결된 암석으로서, 구성입자는 모래가 많고 자갈과 점토가 소량 들어있다. 모래의 주요 구성광물은 석영, 장석이다. 전체 퇴적암의 25%를 차지하며 풍화에 대한 저항력이 크다.

(3) **혈암**(shale, 셰일) : 점토와 미사 크기의 입자로 구성된 암석으로서 퇴적암의 55%를 차지한다.

(4) **석회암** : 회백색 ~ 갈색으로서 석회석 외에 약간의 백운석을 갖고 있다. 영월지방에 많으며 탄산수에 쉽게 녹는다.

### 3) 변성암

변성암(metamorphic rock)은 지하 깊은 곳에서 큰 압력이나 고온의 영향으로 기존의 암석이 성분의 변화를 받아 생긴 암석이다.

(1) **편마암** : 입도가 큰 두 종류 이상의 광물들이 불완전하고 불규칙한 교차층을 이루며 화성암과 퇴적암에서 유래된 것이다. 장석이 가장 많고 석영, 운모, 각섬석, 휘석이 약간 있다. 풍화토는 사양토에 가깝고 칼륨(K)이 많다.

(2) **편암** : 가장 분포가 넓은 변성암으로서, 눈으로 결정이 구별되고 편마암보다 작은 결정으로 되어 있다. 풍화토는 역질토양이다.

(3) **천매암** : 변성정도가 편암보다 낮고 점판암보다는 높으며 구성광물의 입자는 눈으로 식별이 곤란하다. 대부분이 퇴적암, 특히 점토질 암석이 변성된 것이다.

(4) **점판암** : 아주 미세한 입자로 구성되어 있으며 평행한 얇은 판으로 잘 쪼개진다. 변성정도가 가장 낮다. 화학성분이 같은 변성암의 생성순서는 혈암 → 점판암 → 천매암 → 편암이다.

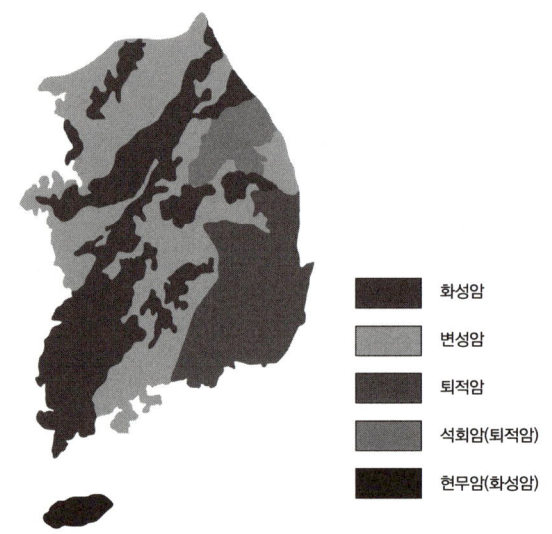

그림 2-1 **남한의 지질**

## 2 지형

경사지 산정이나 능선의 물과 풍화작용은 암석에서 용해된 성분과 산림에서 공급된 양분을 아래쪽으로 이동시킨다. 그러므로 토양양분은 비탈면 위치에 따라 달라지며 토양 종류도 다르게 나타난다. 또한 산정은 지하수위도 낮고 물이 아래쪽으로 이동하면서 건조한 토양이 형성되며, 산록은 습한 토양이 된다. 작은 산에서도 바람이 닿는 곳은 바람이 증발산작용을 촉진하므로 토양수분도 증발하여 토양이 건조하다. 그러므로 지형은 토양생성과 관계가 깊고 미세기후가 형성된다.

## 3 생물

식물은 이산화탄소를 동화하여 유기물을 만들며, 미생물은 단독 또는 식물과 공동으로 유기물을 만들어 필요한 질소화합물을 생성한다. 동물은 식물을 섭취하여 에너지로 이용하며, 식물의 사체는 토양미생물과 동물의 먹이가 되고 그 결과 여러 가지 물질이 생긴다. 식물은 토양에 유기물을 환원하고 뿌리는 토양을 부드럽게 한다. 낙엽이나 죽은 가지 등 유기물은 토양 위에 쌓여 분해되는 속도에 따라 일부는 지표에 쌓이고 일부는 토양 속으로 들어간다. 식물 뿌리도 상당량의 유기물을 토양으로 환원한다. 따라서 토양에 특징적인 층이 나타나는데 공급되는 유기물의 양과 질, 분해자의 종류에 따라 다르다.

열대 습윤지방에서는 산림을 벌채한 후 토양이 인셉티솔(inceptisol)에서 울티솔(ultisol)로 변하고, 너도밤나무숲을 벌채하고 편백을 식재한 곳은 갈색산림토양이 포드졸토양으로 변한다. 즉 유기물층의 성분이 달라지면 토양종류도 다르게 나타난다.

## 4 기후

기후는 토양형성기간에 가장 중요한 역할을 한다. 사막에는 초류가 거의 없고, 극지방과 히말라야와 같은 고산지대는 눈과 얼음이 덮여 있어 초본식물의 생육이 불가능하다. 따라서 토양생성도 되지 않는다. 반대로 고온다습한 열대우림지대는 나무가 많고 유기물의 분해속도가 빨라 A층이 거의 없다. 그러므로 기후는 식물생육과 토양생성에 영향을 주며 특히 기온, 강수량, 강수특성 등은 토양생성에 중요한 인자이다.

화학반응의 속도는 온도가 10℃ 상승할 때 2배가 되므로, 30℃일 때 25년 걸리는 화학반응기간이 10℃에서는 100년이 걸린다. 즉, 유기물의 분해는 관여하는 생물의 유무나 종류에 따라 다르지만 대체로 추운 지방이나 고산지대가 늦어 지표에 유기물층이 두껍게 쌓이고 산성이 강한 유기물을 형성한다.

또한 강수도 토양생성의 중요한 인자 중의 하나로 증발산량이 강수량보다 적으면 토양 내 여러 가지 성분이 아래쪽으로 물과 함께 이동하여 하부에 집적되거나 유실된다. 특히 수용성이 높은 Na와 K가 먼저 이동하고 탄산수에 용해된 Ca와 Mg이 다음에 이동한다. 반대로 증발산량이 많고 우기와 건기가 교차되는 반건조지역에서는 우기에는 물이 아래로 흘러 성분도 이동하지만 건기에는 식물이 지하수를 흡수할 때 이동하기 쉬운 규산 등이 표토층에 집적되어 토양이 알칼리성으로 된다.

비가 온 후 물이 적절하게 흘러내리는 곳에서는 수용성인 Na 등이 유실되고 탄산수에 용해된 Ca와 Mg이 집적한다. 추운 지방에서는 강수량이 적어도 증발산량이 적기 때문에 물이 지하로 움직이는 경우가 많다. 추운 지방은 유기물 분해가 지연되어 산성의 수용성 유기물이 남아 있어 Fe와 Al이 용탈된다. 아고산대의 눈이 많은 곳은 기온이 낮고, 봄에도 눈이 남아 있는 곳은 유기물이 표면에 남아 있기 때문에 포드졸(podzol)토양이 생성되기 쉽다.

### 5 시간

흑색토는 성숙토가 되려면 약 3,000년이 걸린다고 추정하며 포드졸토양은 수백년, 글레이토양은 조건에 따라 수십년에 걸쳐 생성된다. 이와 같이 토양생성에 필요한 시간은 토양의 종류에 따라 다르고 같은 종류의 토양이라도 다른 생성인자의 영향에 따라 다르다.

미국 뉴잉글랜드 지방의 솔송나무(hemlock)림 내 약포드졸토양 형성에는 100년이 걸렸으며 흑가문비나무(black spruce)나 발삼전나무(balsam fir)림의 토양생성은 상당히 느리다. 미국 알래스카 산림토양에서 유기물층 형성은 15년이 걸리고, 갈색산림토양 형성은 250년, 두꺼운 포드졸토양 형성은 100년이 걸린다. 건조한 지역에서는 유기물의 분해가 늦어 토양단면의 발달이 아주 느리다.

## 2.2 토양생성작용

토양생성인자의 질적, 양적 차이에 의해 여러 형태의 토양이 생성된다. 중요한 토양생성작용은 다음과 같다.

### 1 염류화 작용(salinazation)

건조한 사막지대는 지표의 증발산작용이 크므로 모세관작용에 의하여 지하수가 지표 부근으로 올라와 염류가 집적되는데 염류식물은 그 활동을 돕는다. 지하수위가 높거나 정체된 곳에서 많이 발견된다.

### 2 석회화 작용(calcification)

온대 및 냉온 지방에서는 건조 및 반건조 지역, 열대지방에서는 건기가 있는 기후대에서 나타난다. 이 작용은 염류화작용과 같은 기작으로 일어나나 주로 식물 뿌리가 지하수를 흡수하면서 발생한다. 건기와 우기가 반복되는 곳에서는 이 작용이 억제되는데, 건기에는 상승하는 토양수와 함께 Ca 등이 지표로 올라와 침적되나 우기에는 반대로 내려간다. 그러나 용탈되지 못한 Ca과 Mg은 화합물 형태로 토양에 남아 있다.

### 3 라터라이트화 작용(laterization)

토양 내 규산 유실에 따라 철과 알루미늄 화합물이 남아 있는 작용으로 주로 열대지방에 많다. 열대지방은 기온이 높아 암석의 화학적 풍화작용과 유기물의 분해작용이 빠르게 진행되고 그 결과 모재와 유기물에 있는 염류 용탈이 심하다. 토양이 중성에서 약알칼리성일 때 규산은 무수규산(silica)이 되어 물에 녹기 쉽다. 무수규산은 우기에 용탈되어 결국 철과 Al이 남아 각각 적색, 황색 토양이 생성된다. 그러나 사바나기후 등의 건기가 있으면 이 작용은 일어나지 않는다.

### 4 점토화 작용(siallitization)

고체상태의 점토입자가 물에 분산된 후 토양공극을 통해 지하로 이동하여 집적하는 작용이다. 점토 이동은 점토입자의 분산조건과 크기에 좌우된다. 금속원소를 갖고 있는 유기물은 점토에 흡착하거나, 나트륨(Na)과 칼륨(K)이 다량으로 흡착된 점토는 이동하기 쉽다. 점토가 아래로 이동할 경우 토양공극이 많으면 많을수록 그 속도가 빠르다. 이 작용이 발달하여 하층에 점토가 쌓이면 물의 이동이 어려워져 표토층에 물이 정체되고 토양은 환원상태가 된다.

### 5 포드졸화 작용(podzolization)

토양생성작용 중 가장 특징적이다. 지표에는 철과 Al이 수용성의 유기물에 용해되어 나오고 하층에 유기물 등이 퇴적되는 작용이다. 한랭 다습한 기후에서 전형적으로 나타나며 물의 이동방향이 항상 밑으로 내려가므로 염류가 상승하지 않는다. 한랭 다습한 곳은 유기물의 분해가 늦어 표토층에 유기물층이 두껍게 퇴적하고 미생물의 활동도 억제되므로 폴리페놀(polyphenol)과 다당류(polysaccharide) 등 미분해 수용성의 유기물이 산출되어 철과 Al을 감싸고[chelate 작용] 하층으로 이동한다. 보통 강산성 토양에서 진행되며 표토층의 점토광물은 부분적으로 변질 생성되는데 특히 몬모릴로나이트(montmorillonite) 점토광물이 많이 생성된다. 표토층에서 생성된 철, 알루미늄 유기물 복합체는 산성이 적은 토양에 유기물 → 철(Fe) → 알루미늄(Al)의 순으로 집적된다. 이 작용으로 표토층은 규산질이 되고 철(Fe), 염기류가 결핍된 회백색을 나타내며 그 아래에 암갈색의 유기물 집적층, 그 밑에 적갈색의 철과 알루미늄이 풍부한 층이 생긴다(그림 2-2). 포드졸토양은 강우가 많더라도 볼록한 지대와 같이 위와 옆에서 물의 공급이 없는 장소에서 생성되기 쉽다. 포드졸화 작용은 표토층에 두꺼운 퇴적 유기물층이 있어야 생기는데 열대다우림에서도 생성될 수 있다. 퇴적 유기물층은 유기물 분해가 어려운 조건일 때 잘 만들어진다. 또 토양 내 염기가 적고 배수가 잘 되면 포드졸화가 촉진된다. 따라서 화강암과 유문암 지대에 포드졸토양이 많이 분포하며, 일본에서는 주로 아고산대 이상 침엽수림의 능선지역에서 나타나고 우리나라 남한에서는 아직 발견된 바 없다.

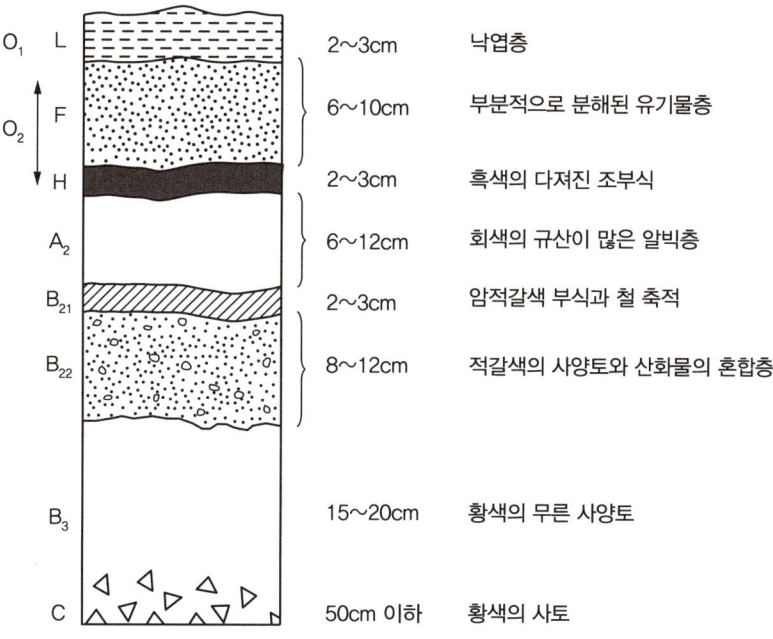

그림 2-2 침엽수림 내 발달된 포드졸토양의 단면(peterson, 1976)

### 6 글레이(glei)화 작용(gleization)

철은 산소가 많으면 3가형으로 존재하며 녹슨 철의 색을 띠지만, 산소가 부족한 용액에서는 전자가 가해져 담청색의 2가형이 된다. 즉 $Fe^{+3}$가 산소의 부족으로 $Fe^{+2}$로 되는 것을 환원이라 한다. 토양에서 산소가 부족하게 되면 환원상태로서 회색 또는 담청색이 되며 이것을 글레이화 작용이라 한다.

이 작용은 지하수가 정체하여 미생물활동에 필요한 산소가 부족할 때 생기므로 유수상태에서는 나타나지 않는다. 이 작용으로 생긴 2가철은 물에 녹기 쉬우므로 서서히 이동하여 뿌리 근처의 산화가 일어나는 장소에서 다시 3가의 갈색 철이 되어 침적한다. 글레이화 작용은 물이 모이기 쉽고 또 물이 정체하기 쉬운 장소에서 나타난다. 지하수가 정체하여 글레이화 작용이 일어나면 무기양분이 상당히 많아져 약산성을 띤다.

### 7 표토층 환원작용

다습하고 지형이 평탄한 곳은 부분적으로 포드졸토양과 유사한 청색 또는 회백색의 표토층과 그 밑에 황색 또는 적황색의 철로 된 층을 가진 토양이 형성된다. 이와 같은 토양은 심토층이 치밀한 점토질로 되어 있는 경우가 많고 평탄지이므로 배수가 나쁘다. 따라서 글레이화 작용과 같이 정체수에 의한 환원작용이 생기나, 정체수는 무기성분을 함유한 지하수가 아니라 거의 빗물이므로 환원작용에 의하여 생긴 2가철은 서서히 용출되어 주로 수평방향으로 물과 함께 없어진다. 따라서 표토층에 회백색의 환원층이 생기며 심토층에는 철이 쌓인다. 이 층의 철 결정은 3가철로 가장 환원적인 것으로 되어 있다. 이 토양은 눈과 비가 많이 오는 지역에 많이 분포한다.

### 8 이탄 집적작용(peat accumulation)

토양 내 수 미터 깊이까지 식물의 유체가 완전히 썩지 않은 채로 퇴적된 것을 이탄이라 하며 두께는 연평균 약 0.5mm씩 증가한다. 이탄은 유기물이 미생물과 토양 내 소동물의 활동이 억제되어 분해되지 못한 곳에 나타나며, 항상 산에서 차가운 눈과 물이 공급되고 물이 모이기[집수] 쉬운 지형으로서 여름에 구름이 많은 장소에서 잘 형성된다.

Chapter 03

# 유기물층

3.1 유기물층의 층위
3.2 유기물층 형태
3.3 유기물 분해와 축적
3.4 부식 형태와 산림수종
3.5 유기물층의 특성
3.6 유기물층 변화

# chapter 03
# 유기물층

산림생태계는 에너지 흐름과 영양염류순환을 통해 유지되는데, 에너지와 양분을 포함하고 있는 낙엽의 생산과 분해에 관한 연구는 생태계의 기능을 이해하기 위한 기본적인 과정이다. 산림에서 낙엽 낙지 형태로 지표에 유입된 유기물질은 분해과정과 양분의 무기화 과정을 통하여 토양 속으로 들어간 후 임목 뿌리가 흡수한다. 분해과정과 무기화 과정은 양분 이용과 산림 생장에 중요한 역할을 한다.

유기물층(forest floor)이란 토양 위에 있는 낙엽, 나뭇가지, 미생물과 동물의 사체를 포함한 모든 유기물을 말하며 산림토양의 가장 뚜렷한 특징으로서 독특한 성질을 갖고 있다. 유기물층과 그 속의 미생물과 동물상은 산림환경을 잘 나타내며, 산림토양과 농업토양을 구분하는 기준이 된다. 낙엽이나 죽은 동식물은 점점 토양과 혼합되어 토양유기물 입자를 만든다. 미생물의 죽은 세포를 포함한 토양유기물은 다음 세대의 에너지원이 되고, 먹이와 서식지가 되며, 계속 공급되는 낙엽은 고등식물에 필요한 질소, 인, 유황 등을 유기물층에 공급한다. 그러므로 유기물층을 제거하면 토양이 척박해진다.

유기물층은 극단적인 기후와 수분상태를 완화하고 빗방울의 충격을 감소하여 침식력을 억제하고 물의 침투능력을 증가시킨다. 비교적 많은 양분이 존재하며 양분의 총량은 유기물층의 축적량과 분해율에 따라 결정한다.

## 3.1 유기물층의 층위

정상적인 산림토양에서는 유기물층이 위에서부터 L층(litter, 낙엽층), F층(fermentation, 분해층), H층(humus, 부식층)으로 배열되어 있다. 장소에 따라 H층은 A층으로의 이동과정에 있으므로 $A_1$ 토양과 판별하기 어렵다. 예를 들어 정부식(mull)의 밑부분은 잘 부서진 입자가 많고 양분도 많으므로 H층과 $A_1$ 토양은 판별이 곤란하다. 따라서 H층은 산림토양의 $A_1$층으로 부르기도 하며, 유기물층의 일부가 아닐 수 있다.

빗물이 급속히 유출되는 곳이나 바람에 의하여 지표면이 건조하기 쉬운 곳에서는 F층이 발달하기 쉽고, 한랭다습한 지역에서는 H층이 발달하기 쉽다. 이와 같이 F층과 H층의 발달정도에 따라 그 지역의 환경을 추정할 수 있다.

## 3.2 유기물층 형태

유기물층의 형태는 크게 정부식과 조부식으로 구분하나 곳에 따라 중간형인 반부식이 나타난다.

### 1 정부식(mull)

온난적윤지역에서 생성되고, F층은 일반적으로 얇고 균사에 의하여 부분적으로 덮여 있으며, 지피식물 종류에 따라 형태가 약간씩 다르다. 대개 H층 발달이 빈약하여 낙엽, 죽은 나뭇가지 밑에 바로 A층이 나타나거나 (H)-A층이 되기도 한다. F층은 낙엽 밑에 형태가 없는 유기물을 형성하며, 흑색 또는 흑갈색을 띤다. L층에서 $A_1$층으로 양분이 곧 용탈된다.

### 2 반부식(moder)

정부식과 조부식의 중간 특징을 나타내는 유기물 형태로 이동상태는 정부식에 가깝고, 상층에서 하층으로 점차 이동하여 토양에 침입하므로 층위 간 구분이 뚜렷하지 않다. F층이나 H층은 정부식보다 두껍고 $A_1$층은 정부식과 비슷하다.

### 3 조부식(mor)

정부식과 반대로 한랭습윤지역에서 생성되고 유기물의 퇴적층이 비교적 두꺼우며 A층과는 확실히 구분된다. 보통 F층이 발달하고 H층은 빈약하다. F층은 식물의 유체가 비교적 원형에 가깝고 균사가 피복하고 있다. $A_2$층은 용탈이 심한 층이다. 유기물층의 기본형태는 그림 3-1과 같다.

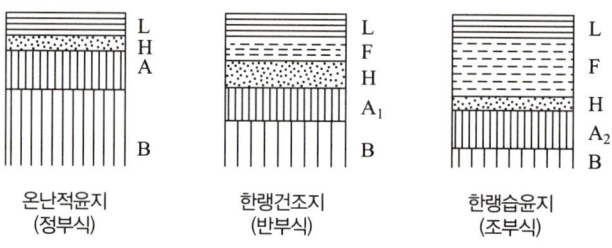

온난적윤지 (정부식)　　한랭건조지 (반부식)　　한랭습윤지 (조부식)

그림 3-1 유기물층 형태

표 3-1 부식의 생·이화학적 성질

| 구분 | 정부식 | 반부식 | 조부식 |
|---|---|---|---|
| 가비중(ton/m³) | 0.7~1.2 | 0.3~1.0 | 0.3~0.5 |
| 유기물(%) | 5~25 | 30~60 | 75~90 |
| 탄질률 | 12~18 | 20~25 | 20~40 |
| pH($H_2O$) | 5.0~7.0 | 4.0~5.5 | 3.0~4.5 |
| CEC(cmol/kg) | 20~40 | 50~80 | 75~130 |
| 염기포화도 | 60~100 | 15~50 | 10~35 |
| 미생물 | 세균이 많음 | - | 진균이 많음 |
| 혐기성 세균(μ/cm³) | 0.33 | 0.01 | 0.09 |
| 질산화 정도 | 높다 | - | 낮다 |

## 3.3 유기물 분해와 축적

낙엽은 수종에 따라 화학적 구성성분과 물리적 특성이 다르기 때문에 분해율 및 분해과정에 따른 양분공급 양상도 다르다. 낙엽 분해 초기에는 수용성 물질이 먼저 소실되고, 질량감소와 함께 분해 중인 낙엽의 질소함량은 증가한다. 그리고 분해 후반에서는 낙엽의 난분해성 물질들이 소실된다. 또한 나트륨, 칼륨 등과 같은 양분은 분해 초기에 쉽게 용탈된다.

유기물의 양과 특성은 유기물 분해율에 크게 좌우되며 분해율은 생조직의 이화학성과 통기성, 기온, 수분, 미생물과 동물의 수 및 종류 등과 같은 토양환경이 크게 관여한다. 유기물 분해는 토양동물이 일차적으로 분쇄하고 토양미생물이 분해하는 데 토양 내 인 함량, 염기농도 그리고 탄질률이 미생물 활동을 좌우한다.

### 1 유기물 분해

생잎의 분해 속도는 온한대지방에서는 1~3년, 열대지방에서는 수개월 걸리며 죽은 잎, 즉 낙엽의 분해는 초기에는 빠르나 점차 느려진다(그림 3-2). 또한 수종에 따라 분해정도가 다르다. 미국 테네시주에서 1년간 유기물의 건중량 손실률을 조사한 결과 뽕나무 90%, 참나무류 80%, 소나무류 40%, 너도밤나무류 64%이고 느릅나무, 자작나무, 사시나무류의 잎은 1년 후에 완전히 분해되었다(Edward, 1970). 낙엽이 50% 분해되는 데 걸리는 시간은 서어나무 1년, 참나무와 일본잎갈나무 2.5년, 소나무 5.3년으로 활엽수의 분해가 빠르다.

낙엽분해과정에서 낙엽에 남아있는 양분변화에 대해 문형태 등(2012)은 낙엽 내 양분 함량의 차이로 가시나무 낙엽의 분해가 상수리나무 낙엽의 분해보다 빠르다고 하였다. 즉 초기 낙엽의 영양염류 분석 결과 상수리나무 낙엽에 비해 가시나무 낙엽의 질소와 인 함량이 현저히 높아 C/N비와 C/P비가 가시나무에서 낮았다. 두 종류의 낙엽 모두 분해가 시작된 후 1년이 지난 후부터 분해율이 낮아지고 있는데, 이는 분해 초기단계에서 수용성 물질이 빠르게 용탈된 후 리그닌과 같은 난분해성 물질이 낙엽분해의 제한요인으로 작용하고 있기 때문이라고 하였다. 낙엽성인 상수리나무 낙엽은 질소와 인이 분해과정 중 부동화 현상을 보였지만 양이온인 칼륨, 칼슘, 마그네슘은 부동화 기간이 없이 순 무기화를 보였다. 이에 비해 상록성인 가시나무 낙엽은 분해과정 중 질소와 인 그리고 칼륨, 칼슘, 마그네슘이 모두 부동화 기간이 없이 무기화가 일어나는 것으로 나타났다.

분해는 잎이 땅에 떨어지기 전부터 시작되는데 잎에 있는 성분은 미생물의 침입을 쉽게 하고 낙엽이 된 후에도 수 주일의 풍화기간 동안 계속적으로 미생물이 침입한다. 따라서 잎 색이 점점 변하고 수용성 당, 유기산, 폴리페놀(polyphenol) 등이 없어진다.

낙엽의 초기 분해단계에는 비활동성의 미생물이 많아 분해가 잘 되지 않지만 토양동물이 낙엽을 잘게 부수어 놓은 후에는 분해가 빨라진다. 온대림에서는 지렁이, 갑각류, 절족동물(응애류) 등이 이 역할을 하며 분쇄가 지연되면 분해 과정 역시 느리게 진행한다. 활엽수 낙엽량의 20~100%가 동물의 먹이가 되며, 절족동물 먹이가 된 낙엽은 화학적 조성도 약간 변한다. 몇 종의 토양동물은 영양원을 소화할 때 효소의 도움으로 셀룰로스(cellulose)를 분해한다. 흰개미는 죽은 가지와 줄기를 분쇄하고, 균사는 나무 사이에 침투하여 조직을 부드럽게 하므로 많은 곤충의 서식지가 된다.

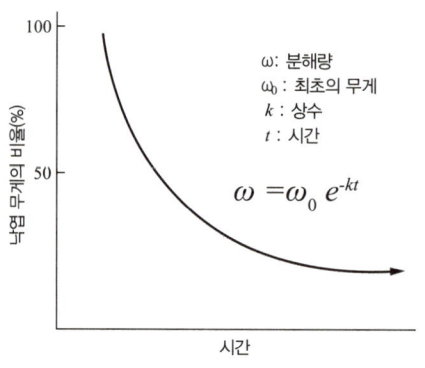

| 수종 | 1년째 | 2년째 |
|---|---|---|
| 오리나무 | 0.82 | 0.45 |
| 미송 | 0.63 | 0.44 |
| western hemlock | 0.45 | 0.38 |
| Pacific silver fir | 0.45 | 0.30 |

$\omega$: 분해량
$\omega_0$: 최초의 무게
$k$: 상수
$t$: 시간

$$\omega = \omega_0 e^{-kt}$$

그림 3-2 시간경과에 따른 낙엽분해율의 변화

낙엽을 분쇄하거나 소화하는 작용은 동물이 하고, 화학적 작용은 미생물이 하는데 미생물은 복합화합물을 단순한 물질 즉 $CO_2$, 가스, 물, 질소 등으로 바꾸는 일을 한다. 통기성이 좋아도 유기물은 완전히 산화되지 않으며, 탄수화물, 단백질과 팩틴(pectin)은 왁스(wax), 수지, 리그닌보다 빨리 없어진다. 그 결과 많은 세포구성물질의 합성물과 변형된 리그닌만 남아 대체로 검고 구조가 없는 복합이중구조의 페놀계로 유기물층을 조성한다.

낙엽분해에서는 질소와 칼슘 농도가 중요한데, 질소 농도가 높아지면 탄질률이 작아져 미생물 분해활동에 유리한 조건을 형성한다. 칼슘은 분해에 의하여 생성된 산성물질을 중화하며 pH 저하를 방지함으로써 왕성한 미생물 활동에 도움을 준다. 그러므로 칼슘과 질소 농도가 높으면 정부식이 되고, 낮으면 조부식이 되는 경우가 많다.

낙엽 분해에 영향을 주는 낙엽의 화학성분 중 중요한 것은 초기의 리그닌, 질소 그리고 인의 함량이다. 특히, 낙엽의 초기 리그닌/질소의 비가 낙엽 분해율과 가장 높은 상관관계를 갖는데, 리그닌/질소의 비가 낮으면 질소 이용도가 높아 낙엽분해가 빠르다. 하지만 토양의 질소함량이 높을 경우 미생물이 낙엽의 질소를 이용하지 않기 때문에 리그닌 함량이 낙엽 분해율에 더 큰 영향을 미치게 된다. 낙엽의 분해는 수종 및 낙엽의 질에 따라 분해율에 큰 차이를 나타내는데 이 중 탄질률이 분해속도에 가장 큰 영향을 미치고 있다.

부식과 미생물의 관계를 보면 조부식에는 진균, 정부식에는 세균이 우점종이다. 따라서 조부식에서는 질산화작용이 잘 일어나지 않으나, 정부식에서는 암모니아화작용과 질산화작용이 잘 일어난다. 정부식은 셀룰로스와 리그닌을 분해하는 백색 부후형 담자균을 갖고 있으나 조부식에는 셀룰로스만 분해하는 갈색 부후형 담자균이 분포하고 있다.

낙엽분해 시 생기는 산성물질의 중화에 필요한 염기량은 분해를 지배하는 가장 큰 인자가 될 수 있다. 자연상태에서는 낙엽 분해가 낙엽 내 리그닌이나 에테르 같은 난분해물질의 양보다는 환경인자의 영향을 많이 받는다. 산꼭대기(산정)는 건조하여 유기물 분해가 어려우므로 불완전분해에 따른 산성 유기물이 다량으로 생성되며, 또한 이것을 중화하는 염기도 지형적인 요인으로 유실되기 쉽다. 그러나 산록에서는 낙엽 분해를 촉진하는 방향으로 진행된다. 표고가 높은 지역은 한랭기후가 분해활동을 저해한다.

## 2 축적

유기물의 축적량은 연간 낙엽량에서 분해된 양을 뺀 것이다. 많은 환경인자가 낙엽의 분해율에 영향을 미치나, 낙엽량은 비슷한 토양과 기후조건하에서 수종 간의 차이가 크지 않다.

입지조건이 불량하여 수고생장이 나쁜 곳과 산꼭대기 그리고 표고가 높은 곳은 낙엽량이 적다. 계절적으로 연간 총낙엽량의 1/3에서 1/2이 가을에 생긴다. 나무 나이가 어리면 잎 생존기간도 짧다.

낙엽량 측정은 낙엽채취구를 설치하고 떨어진 것을 모아 건중량을 재서 면적단위로 환산한다. 낙엽채취구는 보통 정방형으로 하며 배수가 잘되게 철망을 아래에 설치하여 약간 기울여 놓는다. 냉온대지방에서는 연간 헥타르당 2~6톤의 낙엽을 생산하나 열대지방에서는 9.4톤까지 생산한다(표 3-2). 우리나라 주요 수종의 낙엽량은 표 3-3과 같이 일본잎갈나무가 가장 많아서 대체로 다른 수종의 2배 정도가 되는데 생 잎의 양이 많고 가을에 모두 지상에 떨어지기 때문이다. 원호연 등(2018)은 월악산국립공원의 소나무림에서 연간 평균 낙엽량을 조사한 결과 헥타르당 3441kg이었으며 부위별 즉 잎, 가지 및 수피, 꽃과 구과, 기타로 나누어 조사한 결과 연간 헥타르당 각각 ,1940kg(56.4%), 505kg(14.7%), 259kg(7.5%), 737kg(21.4%)으로서 잎이 월등하게 많았다고 하였다. 또한 성분별 연간 양분 환원량은 헥타르당 질소(N) 22.7kg, 인(P) 1.0kg, 칼륨(K) 4.3kg, 칼슘(Ca) 8.5kg, 마그네슘(Mg) 2.4kg으로서 질소가 가장 많았다고 하였다.

표 3-2 유기물 양 및 낙엽량과 분해에 걸리는 시간

| 산림의 상태 | 유기물의 양 (ton/ha) | 낙엽량 (ton/ha/년) | 분해시간 (년) |
|---|---|---|---|
| 열대 낙엽활엽수림 | 8.8 | 9.4 | 0.9 |
| 열대 상록활엽수림 | 22.5 | 9.4 | 2.4 |
| 열대 낙엽-상록활엽수림 | 2.2 | 5.9 | 0.4 |
| 아열대 낙엽활엽수림 | 8.1 | 3.3 | 2.4 |
| 아열대 상록활엽수림 | 22.2 | 5.1 | 4.3 |

| 산림의 상태 | 유기물의 양 (ton/ha) | 낙엽량 (ton/ha/년) | 분해시간 (년) |
|---|---|---|---|
| 지중해 상록활엽수림 | 11.4 | 3.0 | 3.8 |
| 온대 낙엽활엽수림 | 11.5 | 4.2 | 2.7 |
| 온대 상록활엽수림 | 19.2 | 6.5 | 3.0 |
| 온대 침엽수림 | 20.0 | 4.4 | 4.5 |
| 한대 낙엽활엽수림 | 32.2 | 3.8 | 8.5 |
| 한대 상록활엽수림 | 13.9 | 3.6 | 3.9 |
| 한대 침엽수림 | 44.6 | 3.1 | 14.4 |
| 아한대 침엽수림 | 44.7 | 2.4 | 18.6 |

(vogt, 1986)

표 3-3 수종별 낙엽량

| 수종 | ha당 | | 평균 직경 (cm) | 평균 수고 (m) | 수령 (년) | 1본당 낙엽량 (kg) | 비고 |
|---|---|---|---|---|---|---|---|
| | 낙엽량 kg | 본수 | | | | | |
| 소나무 | 3,711 | 700 | 41.4 | 14.4 | 50~80 | 5.3 | 천연림 |
| 소나무 | 4,293 | 2,000 | 13.5 | 11.4 | 24 | 2.1 | 인공림 |
| 잣나무 | 5,355 | 2,300 | 9.1 | 7.0 | 19 | 2.3 | 인공림 |
| 일본잎갈나무 | 8,740 | 3,500 | 6.9 | 7.1 | 19 | 2.5 | 인공림(낙엽에 토사가 30% 함유) |
| 리기다소나무 | 3,215 | 2,200 | 11.9 | 7.5 | 13 | 1.5 | 인공림 |
| 상수리나무 | 4,730 | 1,200 | 11.3 | 13.0 | 22 | 3.9 | 인공림 |
| 갈참나무 | 4,990 | 1,000 | 11.6 | 11.0 | 20~80 | 5.0 | 천연림 |
| 밤나무 | 3,290 | 2,600 | 6.9 | 7.9 | 20 | 1.3 | 인공림 |
| 졸참나무 | 5,145 | 2,560 | 8.5 | 10.2 | 20~80 | 2.0 | 천연림 |
| 자작나무 | 2,140 | 700 | 11.1 | 15.5 | 22 | 3.0 | 인공림 |
| 오리나무 | 3,425 | 1,200 | 11.6 | 10.5 | 22 | 2.9 | 인공림 |
| 아까시나무 | 2,770 | 1,600 | 13.6 | 14.3 | 23 | 1.7 | 인공림 |
| 아까시나무 | 4,313 | 1,100 | 12.1 | 10.4 | 20~60 | 3.9 | 천연림 |

유기물의 축적은 분해율, 경과년수, 산불 등과 같은 토양 교란의 영향을 받는데 임분발달 초기와 산불이 발생한 뒤에는 유기물이 많이 쌓이나 평형상태에 이르면 분해율과 축적률이 같아진다. 평형상태는 소나무림에서는 조림 후 10년이 되면 나타나며 평형상태에 도달하는 기간은 극단적인 기온과 습도의 변화가 있는 곳보다는 임목생장이 좋은 곳이 더 빠르다.

토양수분은 임목생장뿐만 아니라 유기물 축적에도 크게 영향을 미친다. Wollum(1973)은 유기물층의 건중량을 측정한 결과 건조토양은 9.4톤/ha, 습윤토양은 8.1톤/ha로서 건조토양이 많았는데 이는 미생물 활동이 약하기 때문이라 하였다. 추운 지방에서는 유기물 분해가 지연되기 때문에 스칸디나비아의 포드졸토양 유기물층은 1,000년 이상 되었다고 하며, 유기물 분해의 지연은 만성적인 질소부족을 초래한다. 반면에 열대림의 낙엽량은 온대림보다 많은 데도 불구하고 분해가 빠르므로 유기물 축적이 적다. 어떤 열대림 토양은 분해에 알맞은 기온과 수분을 갖고 있으면서도 더 많은 유기물이 $A_1$층에 있는데 이것은 유기물과 알루미늄 결합이 유기물 양분화를 억제하기 때문이다. 러시아 산림의 유기물 건중량은 침엽수림 22~35톤/ha, 혼효림 27~77톤/ha, 활엽수림 35~92톤/ha이며 대부분 조부식이다. 미국 미네소타주 활엽수 성목림의 유기물량은 45톤/ha이고 침엽수는 112톤/ha로서 침엽수가 월등이 많다. 또한 유기물 함량은 양토의 산림토양이 사토의 산림토양보다 많고, 초지가 임지보다 높다.

표 3-4 산림토양의 층위별 유기물함량(%)

| 토양 층위 | 갈색 산림토양 | 적황색 산림토양 | 암적색 산림토양 | 회갈색 산림토양 | 화산회 산림토양 |
|---|---|---|---|---|---|
| A | 1.6~7.9 | 1.3~2.3 | 2.0~4.4 | 2.2 | 7.7~21.9 |
| B | 0.9~2.8 | 0.7~1.1 | 1.2~1.4 | 1.2 | 4.0~18.9 |

## 3.4 부식 형태와 산림수종

전나무와 가문비나무림에는 조부식과 반부식이 출현하며, 소나무림에는 주로 조부식이 나타난다. 산꼭대기나 능선지역에 있는 특히 소나무 단순림에서는 두꺼운 조부식층이 나타난다. 또한 침활혼합림에서는 정부식 또는 반부식이 출현한다. 동일한 유기물층이라도 우점종인 지피식생에 의하여 형태가 달라질 수 있다.

## 3.5 유기물층의 특성

낙엽 분해와 축적상태에 따라 유기물의 물리적 성질도 변하여 조부식의 평균 가비중은 cc당 0.12g인데 비하여, 정부식은 0.14g으로 정부식의 가비중이 크다. 화학적 성질도 유기물층의 위치, 수종, 경과년도, 토양에 따라 다르다. 잎의 회분농도는 수피나 가지보다 높으며, 나무줄기가 가장 적고(0.1~0.2%), 변재가 심재보다 높다. 또한 엘리오티소나무(slash pine)의 부위별 인(P) 농도는 잎 0.07%, 수피 0.016%, 가지 0.018%, 수간 0.006%로서 잎에 가장 많다. 활엽수 잎은 침엽수 잎보다 양분이 많으므로 유기물층에서도 활엽수림의 양분이 많다.

척박지나 선구수종의 낙엽 내 회분은 비옥지나 극상림의 수종에 비하여 낮다. 대부분 수종의 질소(N), 인(P), 칼륨(K) 농도는 활동성의 조직으로 전이되었기 때문에 생장시기에는 낮다. 그러나 잎 건중량은 계절에 따라 변화하므로 농도가 낮다고 하여도 절대량이 감소하는 것은 아니다. 낙엽 직전 잎 양분은 나무줄기 쪽으로 이동하므로 생잎의 질소(N), 인(P), 칼륨(K)의 농도는 40~70%까지 감소한다. 예를 들어 소나무낙엽의 질소농도는 3~6월에 1.1%이지만 가을에는 0.5%로 감소한다.

일본잎갈나무 낙엽은 건조 토양이 적윤 토양이나 약습 토양보다 주요 양분 농도가 낮으며 같은 지형과 수령이라도 척박지 낙엽 내 양분은 비옥지에 비하여 질소(N)과 인(P)은 10~20%, 칼륨(K)은 20~50%, 칼슘(Ca)와 마그네슘(Mg)은 20~40%의 감소를 보인다. 수령이 증가하면 낙엽의 질소와 인 농도가 감소하고 칼슘 농도가 증가한다.

표 3-5 수종별 낙엽 내 양분 함량(%)

| 양료 \ 임분 | 침엽수 | 활엽수 |
|---|---|---|
| 질소(N) | 0.58~1.25 | 0.51~1.01 |
| 인(P) | 0.04~0.10 | 0.09~0.28 |
| 칼슘(K) | 0.12~0.39 | 0.40~1.18 |
| 칼륨(Ca) | 0.55~2.16 | 1.29~3.41 |
| 마그네슘(Mg) | 0.14~0.23 | 0.22~0.77 |

낙엽으로부터의 양분 환원량은 낙엽량과 양분농도를 알면 구할 수 있지만 입지조건, 수령, 임목밀도에 따라 달라진다. 일반적으로 임목밀도가 정상일 때 낙엽, 낙지를 통해서 공급되는 질소량은 약 33kg이며, 활엽수는 침엽수보다 총 5kg의 질소를 더 공급하는 것으로 추정하고 있다. 그러나 낙엽, 낙지로서 임지에 환원된 질소는 일부만 임목에 이용된다. 수종별 낙엽의 양분공급량은 다음 표 3-6과 같다.

표 3-6 수종별 낙엽의 연간 양분 환원량(kg/ha)

| 수종별 | 질소 | 인산 | 칼륨 | 칼슘 | 마그네슘 |
|---|---|---|---|---|---|
| 소나무림 | 13.0 | 1.1 | 3.0 | 13.0 | 2.5 |
| 침활혼합림 | 23.0 | 2.4 | 7.1 | 19.0 | 4.0 |
| 전나무림 | 16.0 | 2.4 | 4.6 | 15.0 | 3.2 |
| 자작나무림 | 32.0 | 8.5 | 24.0 | 33.0 | 13.2 |
| 포플러림 | 43.0 | 4.0 | 44.0 | 86.0 | 12.0 |
| 참나무류 | 38.0 | 11.3 | 17.0 | 72.0 | 12.0 |

(Remezov 등, 1969)

유기물층의 화학적 조성은 낙엽분해율, 양분 용해도 그리고 토양 및 임목생장에 큰 영향을 미친다. pH, 탄질률과 유기물층 양분 함량은 식생형과 토양형에 따라 다르다.

유기물은 분해과정에 따라 정부식 또는 조부식이 되는데 양분 농도는 정부식의 경우 분해층의 pH와 칼슘(Ca)농도는 낙엽층에 비하여 높으나, 조부식의 경우 L, F, H층의 순으로 pH와 칼슘(Ca)농도 모두 낮아진다. 질소(N)과 인(P)는 L, F, H층의 순으로 높아지는데 이는 미생물균체에 고정되는 비율이 높기 때문이다. 칼슘(Ca), 마그네슘(Mg)의 농도는 L층에서 밑으로 갈수록 감소하며 알루미늄(Al)은 증가한다. 그러므로 낙엽의 분해과정에서 없어지기 쉬운 양분 순서는 K, Mg 〉 Ca 〉 P 〉 N이다.

알루미늄(Al)은 용탈이 심하여 토양 깊이 침투하며, 철이나 망간 역시 분해가 잘 된 유기물층에서는 하층토에서 농도가 높다. Lutz와 Chandler(1946)는 방크스소나무림 조부식의 L, F, H층 pH는 각각 4.3, 4.5, 4.9이며, 단풍나무림 정부식의 pH는 각각 4.5, 5.9, 6.5로서 정부식이 높다고 하였다. 유기물의 질소(N) 농도는 pH와 상관이 있으며 활엽수 유기물에는 1.5 ~ 2.0%, 침엽수 유기물에는 0.5 ~ 1.5%가 있다. 탄질률은 질소이용도와 분해율을 나타내는 척도로서 사토의 침엽수림 L층은 70 ~ 142, F층은 38 ~ 64, $A_1$층은 20 ~ 46이다. 유기물층 평균 탄질률은 57로서 조부식의 F층은 29, 정부식의 F층은 33이다. 유기물층 탄질률은 대체로 넓으며 분해가 계속되면 좁아지지만, 질소 시비로 인하여 12까지 내려가는 농지보다는 넓다. 유기물층 양분이 적은 곳은 토양비옥도가 낮거나 낙엽 분해율이 낮아 축적이 많은 지역이다.

식물유체 유기성분인 헤미셀룰로스(hemicellulose)와 셀룰로스(cellulose)는 토양 깊이에 따라 감소하며 유기화합물은 유기물화되는 과정에서 부식산이나 풀브산(fulvic acid)으로 합성되어 아래로 갈수록 증가한다. 조부식의 부식산은 L, F, H층에서 각각 2.9, 6.4, 7.2%이며, 풀브산은 각각 4.3, 13.7, 15.7%이다.

## 3.6 유기물층 변화

유기물층을 구성하는 유기물의 분해와 집적에 영향을 주는 인자는 복잡하게 얽혀 있는데, 인위적인 요인과 자연적인 요인이 상호 연관되어 정상적인 분해과정을 방해한다. 그 중 산불은 유기물층을 크게 변화시키는데, 지표면의 유기물층을 재로 만들고 공극을 파괴하여 토양의 양분상태가 변화된다.

## 1 자연적인 영향

바람에 나무뿌리가 뽑힐 때 생긴 토양은 표면에 남아서 기존의 유기물층을 덮고 그 위에 다시 유기물층이 생기는 불연속적인 토양을 생성한다. 그림 3-3은 나무뿌리가 뽑힌 곳의 pH, 수분, 유기물을 조사한 것으로, 흙이 쌓인 부분은 토양수분, 칼슘, pH, 유기물 함량이 모두 감소하였다. 토양 이동(mass movement) 역시 가파른 지형의 불안정 표토에서 발생하며 산사태 또한 기존의 토양 위에 다른 토양을 만든다. 그 외에 굴을 파는 토양동물은 입구에 흙을 모아놓거나 굴을 만들 때 토양을 섞는다. 광물토층과 유기물층을 왕래하는 개미, 지렁이, 설치류 등도 토양을 교란한다.

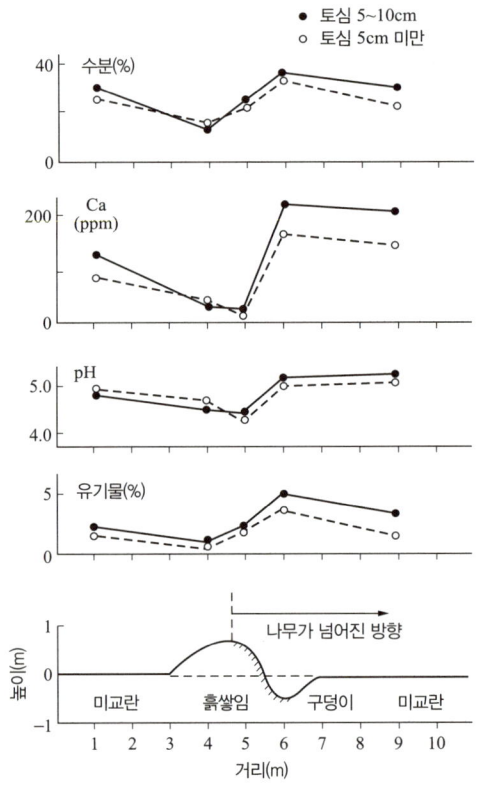

그림 3-3 나무가 넘어진 후 30년 미만일 때 토양변화(Stone, 1986)

## 2 사람의 영향

벌채, 땅고르기(정지, site preparation), 처방화입(prescribed burning, 處方火入), 시비(fertilization) 등은 유기물층을 교란하며 산불은 유기물층의 지속적인 유기물화 작용을 감소시키므로 나쁜 영향을 주지만, 처방화입은 장기적으로 볼 때 하층식생과의 경쟁을 감소시키고 공생 또는 비공생 질소고정균에 좋은 조건을 제공하므로 유기물층에 큰 피해를 주지 않는다. 또한 축적을 방지하여 산성 유기물층의 양분화를 촉진하며 남은 재는 pH와 염기를 증가시킨다. 땅고르기 작업도 토양과 유기물을 함께 섞으므로 유기물층은 크게 파괴되나 통기성이 양호해져 유기물의 산화가 촉진된다. Schultz와 Wilhite(1974)는 미국 플로리다 평지 산림의 토심 15cm 이내 유기물량을 조사한 결과, 땅고르기 작업 직후에는 변화가 없으나 4년 후에는 33% 더 증가하였다고 발표했다.

혼합림 유기물층의 양분은 단순림보다 순환이 더 빠르므로 임지생산성이 높으며 염기와 pH 역시 더 높아 분해도 잘 된다. 그러나 너도밤나무림과 가문비나무림 혼합림에서 가문비나무의 생장은 증대하지 않는데 일반 수종의 혼합은 생산성을 높이지 못한다. 콩과식물은 토양 내 질소를 증가시켜 양분순환률을 높이지만 콩과식물 도입 시 토양을 교란하면 임목 뿌리를 손상시킬 우려가 있다. 오리나무류와 같은 비콩과수종은 임지생산성을 높일 목적으로 식재하는데, 산림생태계 질소 순환에 큰 역할을 한다. 그러므로 질소고정식물은 영림계획 작성 시 충분히 고려되어야 한다.

시비는 임분조성과 유지에 필요하며 유기물층의 축적에도 직접적인 효과가 있다. 습한 토양에 식재된 15년생 엘리오티소나무(slash pine)림에 헥타르당 질소 45kg, 인산과 칼륨을 각각 264kg 시비한 결과 유기물층 건중량은 헥타르당 39.6톤으로서 무시비구 8.2톤보다 월등히 높았다. 유기물층에 대한 인위적 영향은 생물활동과 유기물 산화를 증가시켜 양분 이용을 높이지만 토양상태가 다르면 임목생장이나 임지생산성에 반드시 반영되는 것은 아니다.

Chapter 04

# 토양 물리성

4.1 토성
4.2 토양 구조
4.3 토양 밀도
4.4 토양 공극
4.5 토양 공기
4.6 토색
4.7 토양 온도
4.8 토양 견밀도

Forest Environmental Soil Science

# chapter 04
# 토양 물리성

양호한 임목생장을 기대하려면 토양에 양분과 물이 충분하고, 공기유통이 자유로우며, 뿌리발달이 제한되지 않도록 해야 한다. 양분에 대해서는 토양 화학성에서 설명할 것이나 토양 물리적 성질을 좌우하는 것은 토양입자, 입자 사이의 물과 공기의 구성상태, 보수력, 토양 견밀도 등이다. 산림토양은 농지토양과 같이 객토, 경운, 배수와 같은 방법으로 토양 물리적 성질을 개선하기 어렵다.

## 4.1 토성

토성은 토양을 구성하고 있는 광물질 입자의 직경별 구성비율로 나타낸다. 과거에는 토양의 성질을 토성이라 하여 토양조사를 토성조사라고 하였지만 현재는 흙을 구성하고 있는 모래, 미사, 점토의 입경별 입자의 구성비율을 의미한다. 토성은 모재 성질이 강하게 작용하며 환경 영향은 적다. 그러나 점토화하고 있는 토양을 판단하는 데 중요한 인자이다.

토성은 CEC, 투수성, 토양의 배수상태 등 토양의 이화학성에도 큰 영향을 미치므로 토양의 여러 성질을 판단할 때 중요하다. 토성은 토양구조 발달에 큰 영향을 주는데 점토가 많은 토양에서는 뚜렷한 견과상구조가 되기 쉽다. 양토에서는 같은 조건하에서도 약한 견과상구조가 되며, 사토에서는 구조가 뚜렷하지 않다. 토양은 세토, 자갈, 뿌리 등이 있는 고체와 그 사이의 물과 공기로 구성되며 이것을 토양 3상이라 한다. 고상은 표토체적의 약 40%를 차지하며 형태와 크기가 다른 무기물 또는 유기물의 혼합체이다. 고상 중에서 광물입자의 직경분포에 따른 토양 분류를 토성이라 하는데 입경 2mm 이상 입자를 자갈, 2mm 이하는 세토로 구분한다. 세토는 다시 구성 광물질 입경에 의하여 모래(조사 및 세사), 미사, 점토로 나눈다(표 4-1).

표 4-1 토양의 입경구분과 입자수 및 표면적

| 구분 | 지름(mm) | | 토양 1kg당 입자수 | 표면적 (cm³/g) |
|---|---|---|---|---|
| | 미국 농무부법 | 국제 토양학회법 | | |
| 자갈 (gravel) | 〉2.00 | 〉2.00 | - | - |
| 왕모래 (very coarse sand) | 2.00~1.00 | - | 90 | 11 |
| 조사 (coarse sand) | 1.00~0.50 | 2.00~0.20 | 720 | 23 |
| 중모래 (medium sand) | 0.50~0.25 | - | 5,700 | 45 |
| 세사 (fine sand) | 0.25~0.10 | 0.20~0.02 | 46,000 | 91 |
| 고운모래 (very fine sand) | 0.10~0.05 | - | 722,000 | 227 |
| 미사(silt) | 0.05~0.002 | 0.02~0.002 | 5,776,000 | 451 |
| 점토(clay) | 〈 0.002 | 〈 0.002 | 90,260,853,000 | 11,342 |

토양 입자 중 모래와 미사는 기계적 풍화로 다시 작게 부서지고 점토는 화학적 풍화작용을 받아 점토광물을 생성한다. 점토는 모래나 미사와는 달리 토양에서 유기물과 결합하여 유기·무기 콜로이드를 형성한다. 콜로이드(colloid)는 미세한 입자이기 때문에 단위중량당 표면적이 아주 크므로 이에 의한 표면활성은 다른 물질을 흡착, 팽윤, 응집하는 특성을 갖고 있어 토양 물리적인 기능을 크게 하는 역할을 한다. 그림 4-1과 같이 토양입경과 염기치환용량(CEC)과의 관계를 보면 입경이 $2\mu$(2/1,000mm) 이상 될 때 염기치환용량이 급격히 감소한다. 즉 입경이 작을수록 더 작은 양이온을 흡착한다.

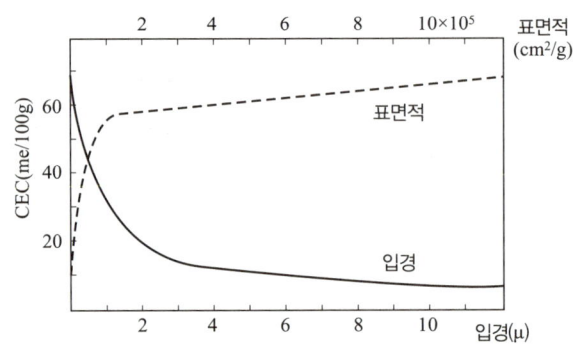

그림 4-1 **토양입자의 입경 및 표면적과 CEC와의 관계**

토양 입경 분석방법에는 피펫법(pipette method)과 비중계법(hydrometer method)이 있다. 피펫법은 입경 침강시간이 다른 것을 이용하여 미사는 20℃ 현탁액에서 정치한 후 4분 48초 만에, 점토는 8시간 후에 깊이 10cm 부분을 피펫으로 취하고 증발·건조한 다음 무게를 구한다. 0.05mm 이상은 모래이므로 체로 쳐서 구분한다. 이 방법은 비교적 정교한 반면에 시간이 많이 걸린다. 비중계법은 일정한 시간별로 토양현탁액에 비중계를 넣고 비중 변화를 그래프로 그리고 표에 의하여 입경을 계산한다. 비중계법은 비교적 빠르고 작은 기구로 측정하므로 가장 널리 쓰인다.

토양 기계적 분석으로 모래, 미사 및 점토의 백분율을 산출하여 삼각도표를 이용하면 토성을 알 수 있다. USDA법에 의한 토성 구분은 다음 그림 4-2와 같다. 예를 들어 점토 15%, 미사 70%, 모래 15%라고 한다면 3지점이 만나는 곳은 미사질양토가 된다.

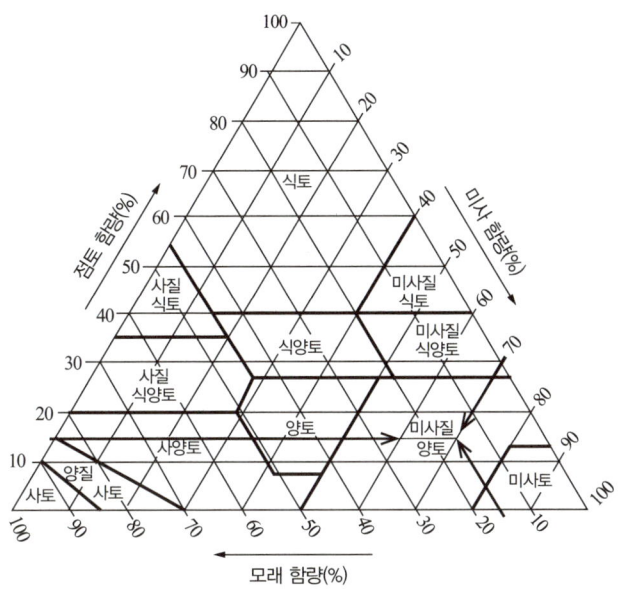

그림 4-2 토성 3각 도표(미국 농무부법)

우리나라 갈색산림토양의 토성은 그림 4-3과 같이 A층에서는 모래가 거의 50%를 차지하며 미사는 30%, 점토가 20% 정도이다.

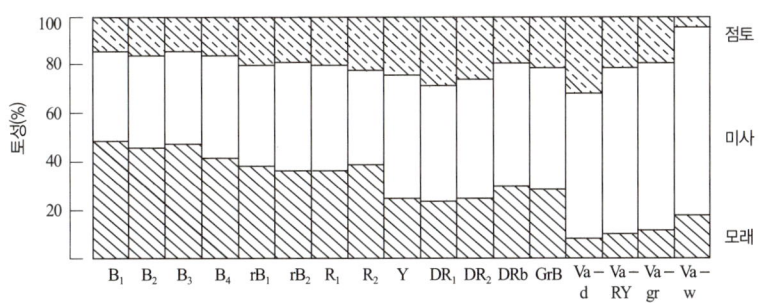

그림 4-3 산림토양 A층의 토성(기호는 토양분류 참조)

산림 생산성과 토성과의 관계는 직접적인 영향보다 간접적인 영향이 더 크다. 토심이 깊고 굵은 모래가 많은 토양은 양분요구도가 적고 내건성이 강한 소나무류, 삼나무의 불량임분이 조성된다. 이곳에 점토나 미사를 첨가하면 보수력과 양분이 증대하여 어느 정도까지 생산성이 증가한다. 토성은 수분, 양분, 통기성이 좋으면 임목생장에 큰 영향을 주지 못하나 이러한 조건이 불량한 산정에서는 중요하다. 토성은 식생천이가 이루어지는 그 지역 식생에 따라 약간씩 변한다. 선구수종(pioneer plant)은 외래수종의 침입 전에 유기물함량을 증가시켜 임목생장에 대한 토성 영향을 작게 한다. 토성에 의한 임목 생장 적지는 표 4-2와 같다.

표 4-2 토성에 따른 생육 수종

| 토성 | 생육수종 |
| --- | --- |
| 사토 | 소나무, 리기다소나무, 버드나무, 아까시나무 |
| 사양토 | 모든 수종 |
| 양토 | 잣나무, 포플러 등 대부분 |
| 미사질양토 | 잣나무 등 대부분 |
| 식질양토 | 소나무류, 전나무 |
| 식토 | 낙엽송 참나무류, 서어나무, 가문비나무 |
| 석력토 | 대나무, 밤나무 |

## 4.2 토양 구조

산의 흙을 채취하여 보면 대부분 뭉쳐 있다. 이것은 토양을 구성하고 있는 입자가 일정하게 결집되어 있기 때문이며 그 상태를 토양 구조라고 한다. 구조는 토양에서 특별히 생성된 것으로서 수분 외 식생, 토양동물 등에 의해 여러 가지 고유의 구조가 생기고, 토양형을 판정할 때 도움을 준다. 토양구조의 종류와 발달 상태는 토양 중의 공극, 더 나아가 물리적 성질과도 관련하여 임목생장과 깊은 관계가 있다.

토양을 구성하고 있는 모래, 미사와 점토는 더 이상 분리될 수 없는 최소입자로서 1차 입자라 한다. 산림토양에는 1차 입자가 단독으로 있는 경우는 거의 없어 미숙토나 모래언덕과 같이 모래로 되어 있는 것을 제외하고는 1차 입자가 결합된 흙덩어리[토괴]가 대부분이다. 이것을 입단(2차 입자, aggregate)이라 한다.

토양입자는 모암 특성과 토양의 물리화학적 진행에 의해 형성되며 염기의 유무, 뿌리 생장과 부후, 토양 동결과 융해, 건조와 습윤, 토양미생물 등의 영향을 받는다. 균사와 미생물의 분해 및 합성과정에서 생기는 중간생성물은 효과적인 토양안정제이며, 산불은 토양 콜로이드의 탈수작용을 유발하여 입단형성을 증가시킨다. 또한 지렁이, 노래기와 같은 토양동물은 표토에서 유기물과 광물질을 혼합하여 단립상구조를 만든다. 우리나라 산림토양에서 나타나는 토양구조는 다음과 같다.

그림 4-4 일본잎갈나무림 토양의 단립상구조

### 1 무구조(single-grained)

모래언덕과 같이 토양입자가 단독으로 배열된 구조이다.

### 2 구상(spheroidal)

#### 1) 단립상(crumb)

수분이 많고 부드러우며 수 mm의 작은 입자로 되어 있다. 항상 습윤하여 토양동물과 미생물의 활동이 많은 곳에 발달한다. 이화학성이 가장 좋다.

#### 2) 입상(granular)

비교적 작은 입자(2~5mm)로 구성되어 있으며 딱딱하고 치밀하다. 건조하지만 유기물이 많은 곳에 발달한다.

#### 3) 세립상(fine granular)

건조 영향을 심하게 받아 발달한 구조로서 수분 침투가 어려워 이 구조가 발달한 토양은 공극은 많으나 수분이 적어 임목생장이 불량하다.

### 3 주상(prismatic)

#### 1) 각주상(prism)

건조 또는 반건조지역의 심토층에서 수직으로 발달한다. 단위구조의 수평 길이가 수직 길이보다 긴 기둥모양이며 수평면은 편평하고 각진 모서리가 있다. 배수가 불량한 습윤토양이나 점토가 많은 토양에서 발달한다.

#### 2) 원주상(columnar)

단위구조의 기둥모양은 각주상과 비슷하나 수평면은 둥글고 모서리도 약간 둥글다. 나트륨(Na)이온이 많은 심토층에서 많이 나타난다.

## 4 괴상(blocklike)

### 1) 각괴상

여러 개의 면으로 구성되어 있고 모서리가 비교적 둥글며 표면이 약하다. 크기도 1cm 이상이며 건습 차이가 없는 심토층에 출현한다. 적윤 토양 하부와, 공중습도가 높고 일시적으로 건조한 표토층에 잘 발달하며 이화학성은 비교적 양호하다.

### 2) 아각괴상

견과상이라고도 하며 모서리나 변이 둥글고 여러 개의 면이 치밀하게 조성되어 있으며 입자는 1~3cm로 크다. 건조와 습윤이 반복되고 점토함유율이 많은 토양에 발달한다. 벽상구조와 같이 물리성이 불량하고 뿌리생장도 나쁘다.

## 5 판상(platy)

입단 배열이 판자모양이며 단단하고 수평으로 발달되어 있다.

## 6 벽상(massive)

토양 전체가 긴밀하게 모여 있으나 일정한 구조가 없으며 항상 습윤한 토양의 하층토에 많다. 공극이 적어 공기가 부족하고 고상과 액상이 많다. 습한 곳에서는 물리성이 나쁘고, 뿌리는 산소부족으로 고사하는 경우가 많다.

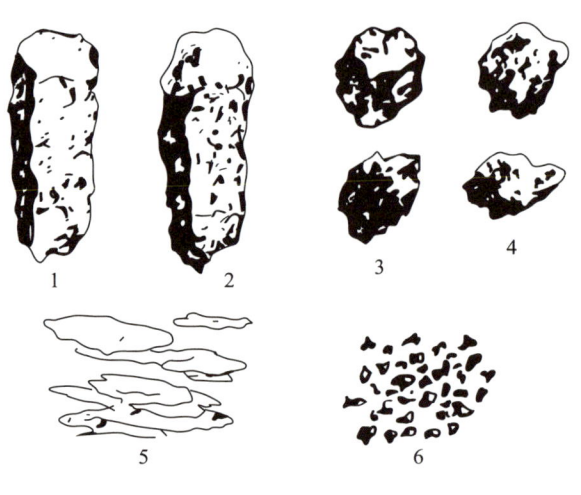

1. 각주상　2. 원주상　3. 각괴상
4. 견과상　5. 판상　6. 입상

그림 4-5 토양 구조의 종류

## 4.3 토양 밀도

자연상태의 토양 밀도는 일정 용적(capacity)의 건조토양의 무게를 부피로 나눈 값으로서 무기질 입자 및 유기물 외에 토양수분 무게를 합한 것이다. 토양 밀도는 진비중(진밀도 : particle density)과 가비중(가밀도 : bulk density, volume weight)으로 나누며, 진비중이란 공극을 고려하지 않은 입자만의 밀도로서 비중병을 사용하여 치환된 물의 무게를 기초로 산출하며 주요 광물의 진비중은 2.6 ~ 2.75g/cm$^3$이다.

가비중은 공기와 수분을 포함한 용적비로서 일정 용적의 건조토양의 무게를 그 부피로 나눈 값이며 공극량(porosity)과 관계가 깊다. 그림 4-6과 같이 가비중이 증가하면 공극률은 감소하는데 특히 비모세관공극의 감소가 크다. 산림토양의 유기물층의 가비중은 0.2이며 A층은 0.8, B층은 1.0 내외이다(그림 4-7).

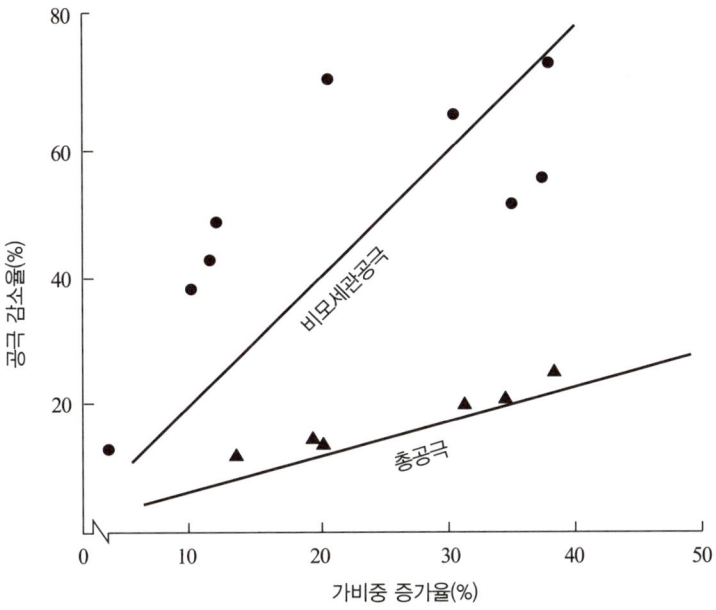

그림 4-6 가비중 증가와 비모세관공극 및 총공극 감소

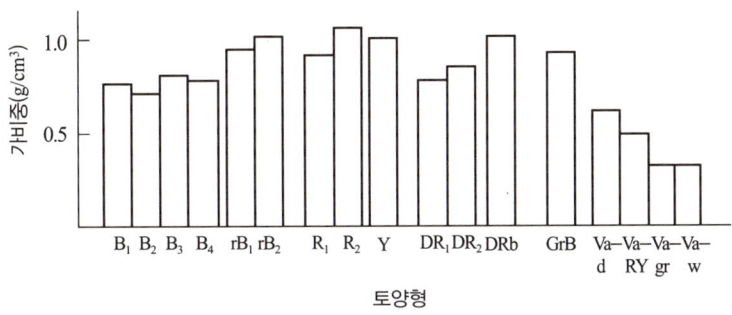

그림 4-7 토양형별 A층 가비중

유기물이 많을수록 가비중은 낮으며 과도한 방목, 기계화작업, 휴양활동으로 인한 답압은 가비중을 높인다. 그림 4-8은 기계화 작업에 따라 토심 20cm 이내 가비중 변화를 나타내는데 작업횟수가 많을수록 가비중이 증가한다.

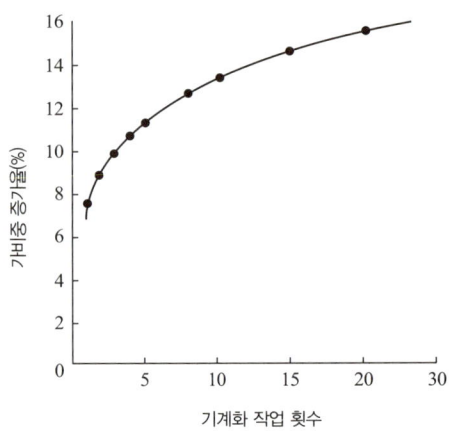

그림 4-8 기계화 작업 횟수에 따른 가비중 증가

또한 토성에 따라 가비중이 다른데 사토에서 1.55 이상, 점토에서 1.75 이상이면 뿌리 침투가 방해된다. 그림 4-9은 토양수분과 토성에 따른 가비중 차이를 나타내고 있는데, 사양토나 자갈이 많은 양질사토는 가비중이 크지만 토양수분이 20% 이상 되면 작아진다.

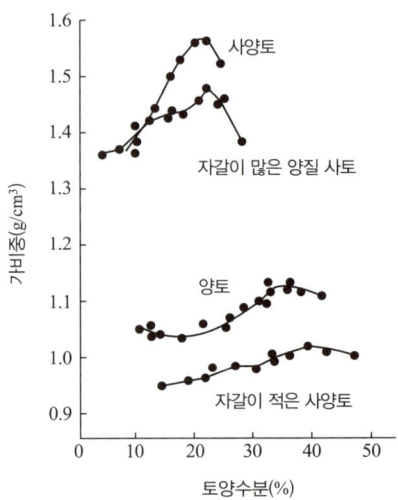

그림 4-9 미국 캘리포니아 시에라 네바다 산맥 서쪽 경사지에서 토양수분과 토성이 가비중에 미치는 영향(Froelich 등, 1980)

## 4.4 토양 공극

토양에서 고체입자를 제외한 부분으로서 공기와 물이 채워져 있는 곳을 공극(pore volume)이라 한다. 공기와 물의 구성비는 항상 변하여 건조토양에는 공기가 대부분이고 습한 토양에는 물이 많다. 거친 입자의 토양은 공극이 크나 점토가 많은 토양보다 총공극량이 적다. 점토는 모래보다 공극량이 많아 가비중이 낮으므로 단위부피당 무게도 가볍다. 토양의 공극률은 다음과 같이 계산한다.

$$공극률 = 100 - (가비중/진비중) \times 100$$

여기서 토양의 진비중은 2.65로 거의 일정하다.

토양 공극은 편리상 모세관공극(capillary pore)과 비모세관공극(non-capillary pore)으로 구분하는데, 공극 크기가 작은 모세관공극량이 많은 토양은 수분보유능이 높고 침투속도가 느리며, 공극 크기가 큰 비모세관공극이 많은 토양은 통기성이 좋고 침투능이 빠르며 수분보유능력이 낮다. 미사질양토는 공극률이 35~50%이며, 양토와 식토는 40~60%이다. 토양 유기물의 양과 특성, 동물의 활동은 공극에 영향을 준다.

토양 공극은 답압에 의하여 감소하며 공극률이 25~30%인 경우도 있다. 산림토양의 공극은 전 토심에 걸쳐 농지토양보다 큰데 농지는 연작으로 유기물과 대공극이 감소하기 때문이다(그림 4-10). 산림토양 공극률은 보통 30~65%이며 혼합림 토양은 단순림 토양보다 공극률이 비교적 높다. 모두베기는 뿌리썩음과 토양교란으로 공극률을 증가시킬 수도 있으나 유기물층 파괴와 기계나 강우 작용으로 공극률이 감소한다. 미숙토양은 토양 공극이 많으므로 침투능이 크다.

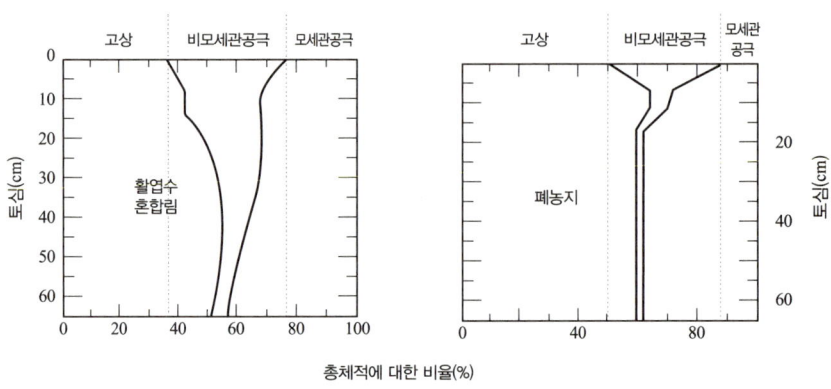

그림 4-10 미국 Vance지역 토양의 토심 60cm까지 토양공극(Hoover, 1949)

## 4.5 토양 공기

고상 비율이 일정하다면 토양공기는 토양수에 의하여 좌우된다. 통기성이 좋은 토양이란, 토양 내 빈 곳이 많다는 뜻이 아니라 공기 출입이 자유롭다는 것이다. 토양 공기는 호기성 미생물에게 산소원으로서 가장 중요하며 특히 뿌리 호흡에도 큰 역할을 한다. 토양 공기 구성은 통기성이 좋은 토양이라도 항상 변하는데, 산소는 식물 뿌리와 토양 미생물에 이용되고 $CO_2$는 토양 유기물의 분해와 뿌리 호흡으로 증가한다. 따라서 대기보다 토양에 $CO_2$가 많고 산소가 적어 토양 속 $CO_2$는 대기로 확산 또는 이동하고 산소는 토양으로 이동한다.

배수가 잘되는 묘포토양 산소량은 대기의 21% 이상이다. 공극이 작은 답압토양과 물에 잠겨있는 습지토양은 가스교환이 아주 느리기 때문에 산소량이 적다. 그러나 습지라도 토양수가 잘 이동하면 산소함량은 높아지며, 반대로 물이 오염되어 있으면 산소함량이 낮아져서 고등식물 생장에 큰 저해가 된다. 토양공기의 계절적 변화는 토양수분과 토양 온도에 좌우된다. 여름에는 토양이 건조하므로 가스교환이 잘 되어 산소량이 많다. 그러나 고온은 미생물 활동을 증가시켜 $CO_2$량이 많아지므로 $CO_2$는 겨울보다 여름에 많다.

토양공기에는 유기물 분해로 생긴 메탄, 황화수소 등과 같은 가스가 대기보다 많다. 통기성이 양호하면 물, 산소 및 양분의 흡수가 빨라진다. 습한 해안지대처럼 통기성이 나쁜 곳은 임목의 뿌리발달이 제한되어 생장이 불량하다. 수종 간에도 산소부족에 따른 생장차가 뚜렷하며 같은 수종이라도 생장시기에 따라 차이가 있다.

대부분 묘목의 뿌리생장은 토양 내 산소함량이 2% 낮아지면 단기간에는 생장의 차가 없으나 산소량이 10% 저하되면 생장이 감소한다. 오리나무류, 낙우송, 가문비나무류는 토양공기가 적어도 생장하나 임목뿌리와 대기의 가스교환이 제한되면 $CO_2$ 또는 독성물질이 토양 내에 축적된다. 토양미생물 수 역시 토양공기의 영향을 크게 받는데 호기성 미생물은 산소가 없으면 분해, 번식과 같은 기능을 발휘할 수 없다. 늪지에서 유기물 분해율이 감소하고 식물유체가 축적되는 것은 이것을 증명한다. 한편 혐기성(anaerobic) 또는 부생성(saprozoic) 미생물은 산소화합물을 이용할 수 있으며 임목에 피해를 줄 수 있는 철과 망간을 감소시킨다.

## 4.6 토색

토색(soil color)은 외관상 뚜렷하게 나타나는 산림토양의 주요 특징 중 하나이다. 토색은 토양을 구성하는 물질의 종류와 양에 의해 다른데 다양한 색깔은 토양 내 여러 물질이 다른 비율로 있다는 것을 뜻한다. 토양 중에는 여러 종류의 무기물과 유기물이 함유되어 있는데 토색은 유기물, 철, 망간이 좌우한다. 규산, 알루미늄, 칼슘, 마그네슘 등이 토양에 있지만 백색을 나타나므로 토색에 영향을 주지 않는다. 토색은 토양층위를 구별하게 하며 몇 나라에서는 이것을 토양분류에 이용하는데, 예를 들면 황색포드졸토양, 갈색산림토양, 체르노젬(chernozem, 흑색토) 등이다.

### 1 토색의 발달

토색은 토양 내의 유기물, 철화합물의 양 및 형태와 밀접한 관계가 있다. 철은 산화와 환원상태 또는 결정화 진행에 따른 탈수 정도에 의하여 적색, 등색, 황색, 갈색, 청회색 – 녹색 등 여러 가지 색을 띤다. 습윤 조건에서는 철이 환원상태가 되므로 회색을 띠고 극단적인 경우에는 청회색을 띤다. 건조한 조건에서는 산화상태가 되어 갈색을 띠는 경우가 많다. 철의 결정화가 높고 수분이 적은 적철광이 주로 있으면 양의 많고 적음에 관계없이 적색을 띤다. 적색토양은 통기성이 좋을 때 생기며, 통기성이 보통이면 황색토양이 된다.

토양 내 반점(mottle)이 생기는 것은 공기유통이 잘되거나 안되는 것이 교차하기 때문이며, 망간화합물이나 유기물은 토색을 검게 한다. 규산질 토양의 명암은 유기물함량의 척도가 된다. 갈색토양에는 대체로 분해된 식물이 있다고 볼 수 있으나 때로는 분해되지 않은 비결정형 물질이 있어도 토색은 짙어진다. 습윤토양에서는 유기물 집적이 계속되어 흑갈색 A층이 두껍게 나타나지만 건조토양에서는 A층이 얇으며 회색 또는 유기물 분해작용이 완만하여 다량의 유기물이 집적하므로 A층은 온난지방의 것과 비교하면 흑색이 더 강하고 두껍다.

### 2 임목생장과 토색

토색 그 자체는 임목생장에 그렇게 중요하지 않으나 토색으로 지질, 풍화정도, 산화환원정도, 유기물함량, 철화합물과 같은 화합물의 용탈 및 축적을 판단할 수 있으며 지위에 큰 영향을 준다. 그러나 토색이 토양상태를 알려주는 확실한 인자는 아니다. 배수가 불량한 토양 색깔이 회색인 것은 철화합물에 기인하나 포드졸토양의 $A_2$층이 회색인 이유는 철과 유기물 용탈 때문이다. 유기물이 많아서 토색이 짙어지면 열 흡수가 높다. 토색은 나지(裸地, 노출된 땅, 맨땅)에서 토양온도에 영향을 주나 산림토양은 영향이 적다.

### 3 토색 판정

토색은 건조할 때와 습할 때 다소 차이가 있으나 토색은 단면조사 시 수분상태에 따라 차이가 난다. 토색은 토색첩에 나타나 있는 색상, 명도, 채도로 구분하여 표시하는데 국제적으로 먼셀표색계(Munsell notation)를 많이 사용하나, 우리나라에서는 일본 신판표준토색첩에 의한 방법을 쓰고 있다. 토색첩에서 수직으로는 명도, 수평으로는 채도가 있어 우선 적, 황, 녹과 같이 색상이 결정되면 다음에 명도와 채도가 결정된다(그림 4-11). 대체로 우리나라 산림토양은 5YR ~ 10YR 사이에 있다.

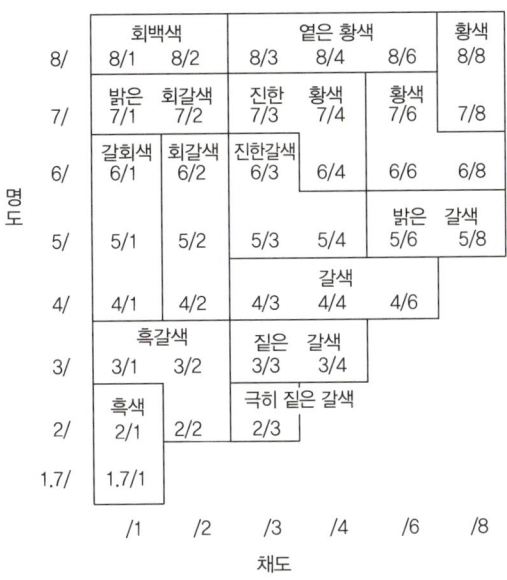

그림 4-11 표준토색첩의 토색 배열(7.5YR)

## 4.7 토양 온도

토양 온도는 위도와 고도가 높을수록 감소하며, 대기온도와는 달리 급격히 증가 또는 감소하지 않는다. 또한 광선을 받는 경사각이 수직에 가까울수록 단위면적당 받는 열량이 증가한다. 토양 온도는 방위에 따라 달라져 남서향이 북동사면보다 높다.

Wollny는 경사각이 15°인 원추형 언덕을 만들어 각 방위에 대하여 땅속 깊이 15cm의 지온을 4월부터 10월까지 관측하였는데 그 결과 표 4-3과 같이 4월부터 10월까지 평균지온은 S, SW, SE 방향이 가장 높았다. S, SW, SE 3방향의 평균지온(14.43℃)과 기타 방향의 지온을 비교하여 보면 3방향의 평균보다 E, W는 0.44 ~ 0.45℃, NW, NE는 0.75 ~ 0.87℃, N은 1.11℃가 각각 낮았다. 이 값은 평균 지중온도이므로 방위별로 큰 차는 나타나지 않았으나 지표온도는 방위별 온도차가 뚜렷하다. 지온은 식물 발아와 초기 생육에 있어서 기온보다 더 중요한 요소이나 기온자료는 구하기 쉬운 반면에 지온자료는 구하기 어렵다. Azuma는 연평균 지온 Ts(℃)와 연평균 기온 Ta(℃) 사이에는 다음과 같은 관계가 있다고 하였다.

$$Ts = 3.4 + 0.89Ta(℃)$$

표 4-3 원추형 언덕의 각 방위별 지온

| 월\방위 | 북 (N) | 북동 (NE) | 동 (E) | 남동 (SE) | 남 (S) | 남서 (SW) | 서 (W) | 북서 (NW) |
|---|---|---|---|---|---|---|---|---|
| 4 | 5.9 | 6.3 | 6.6 | 7.0 | 7.0 | 7.1 | 6.7 | 6.5 |
| 5 | 10.7 | 10.9 | 11.2 | 11.4 | 11.3 | 11.3 | 11.0 | 10.9 |
| 6 | 20.4 | 20.6 | 20.8 | 21.4 | 21.4 | 21.4 | 20.9 | 20.6 |
| 7 | 18.7 | 18.9 | 19.1 | 19.4 | 19.3 | 19.2 | 18.9 | 18.8 |
| 8 | 19.2 | 19.4 | 19.8 | 20.4 | 20.5 | 20.5 | 19.9 | 19.4 |
| 9 | 12.3 | 12.5 | 13.2 | 13.7 | 13.9 | 13.7 | 13.2 | 12.7 |
| 10 | 6.2 | 6.4 | 7.2 | 7.6 | 7.7 | 7.8 | 7.2 | 6.7 |
| 평균 | 12.3 | 13.6 | 14.4 | 14.4 | 14.5 | 14.4 | 14.0 | 13.6 |

또한 Ts와 위도 B의 관계는 표고 500m 이하이고 북위 20~40° 사이에 있어서는

$$Ts = 45.4 - 0.84B$$

이고, 식에서 계산치와 실측치의 차는 0.5℃ 미만이다.

산림은 수관과 유기물층을 갖고 있으므로 토양 온도 극한을 방지하는데, 여름에는 태양광선을 차단하여 토양 온도 상승을 방지하고 겨울에는 토양의 열손실을 억제한다. 산림 내 지온은 산림외 초지 지온에 비하여 항상 낮고 변화도 적어 최고지온은 산림 외가 2.7~4.5℃ 높고, 최저지온은 산림 외가 0.4~1.1℃ 높다. 임업시험장에서 양주 사방시공지 내외의 남쪽 비탈면의 지중 30cm의 온도를 10일 간격으로 조사한 결과 그림 4-12와 같이 최고온도는 산림 외가 10℃ 이상 높았고, 최저온도는 큰 차가 없었다.

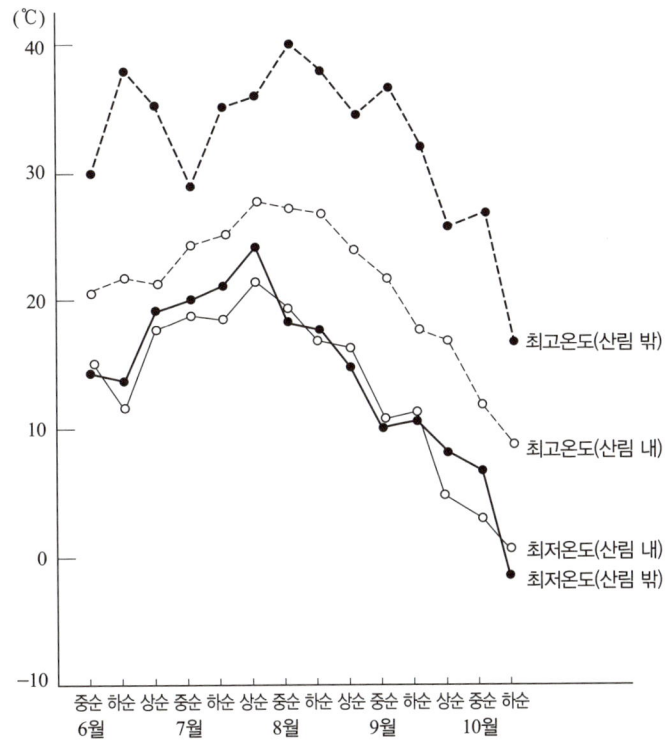

**그림 4-12** 양주지방 남쪽 비탈면의 지중 30cm 내 토양 온도(임업시험장, 1977)

토양 온도에 미치는 수관의 영향은 겨울보다 여름이 더 크며, 수관밀도가 높을수록 크게 영향을 준다. 또한 산림은 겨울 서리피해를 감소시키며 계곡이 산록보다 토양 동결이 빠르고 더 깊다. 낙엽층과 토양 온도와의 관계는 그림 4-13과 같이 최고온도는 낮아지고 최저온도는 높인다. 여름에 토양의 최고온도를 낮추는 유기물층의 역할은 수관보다 적으나, 겨울 최저온도를 높이는 데 더 크다. 유기물층은 서리의 깊이를 감소시키며 눈 역시 토양 온도를 유지하는데, 스웨덴에서는 20~45cm 깊이의 눈이 쌓이면 토양 동결을 방지한다.

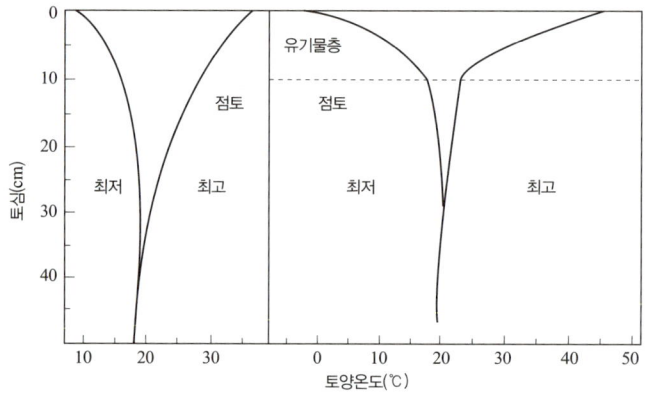

그림 4-13 유기물층이 없는 토양(왼쪽)과 있는 토양(오른쪽)의 토심별 온도변화(Cochran, 1969)

토양 비열(specific heat)과 열전도도(conductivity)는 1일 기온에 미치는 토양의 고유한 성질이다. 비열이란 토양 1g을 1℃ 높이는 데 필요한 열량을 물과 비교한 것이고, 열전도도란 열에너지가 토양으로 침투, 이동하는 것이다. 이 두 가지는 토성, 수분, 유기물함량에 따라 영향을 받는다. 즉 점토, 유기물, 토양수분이 증가하면 토양 온도를 높이는 데 더 많은 열량이 필요하다. 건조토양은 습한 토양보다 비열이 낮으며 열전도도 역시 낮다. 습한 토양은 비교적 높은 열전도율을 갖고 있으나 비열이 높아 건조토양만큼 뜨겁지 않다. 이것은 토양 공극이 물로 채워져 있으며 열전도가 공기보다 더 느리기 때문이다.

토양 온도는 미생물활동, 양분이동, 동화작용, 임목생장률에 영향을 미친다. 수관이 빽빽하면 토양 온도가 저하하여 추운지방에서는 발아와 묘목 생장을 지연시킨다. 반면에 개활지(open area)는 토양 온도가 너무 높아 발아한 묘목을 죽게 하는데, 어떤 수종은 토양 온도가 54℃ 이상되면 고사한다. 극한 온도는 유기물층이 있으면 거의 도달하지 않는다.

뿌리 생장 역시 토양 온도의 영향을 받는다. Kaufman(1968)은 미국 남동부 해안평야지대에서 임목 뿌리생장을 관찰한 결과 추울 때는 생장이 느리나 중단되지 않았고, 아주 덥고 건조할 때는 뿌리 발달이 중단되었다고 하였다. 극한온도는 뿌리가 토양수분을 흡수하는 데 간접적으로 영향을 미친다. 대부분 수종의 지중 최저온도는 0~5℃이며, 최적온도는 10~25℃, 최고온도는 26~29℃이다.

## 4.8 토양 견밀도

토양 견밀도(soil consistence, hardness)에는 2가지 뜻이 있는데 토양 입자가 연결된 힘의 차이를 나타낸 경도를 말하고, 또 하나는 구조 및 공극상태로 판단하는 입자의 밀도로 토양입자의 밀착력 강약과 공극의 다소 등 단면에서 나타나는 여러 가지 물리성을 종합한 것이다. 견밀도는 토양 퇴적양식, 생육조건 판정, 생물 생육환경을 판단하는 지표가 될 수 있다.

토양 견밀도는 토양에 힘을 주었을 때 저항하는 정도이므로 보통 토양경도계(penetrometer)나 손가락으로 눌러서 판단한다.

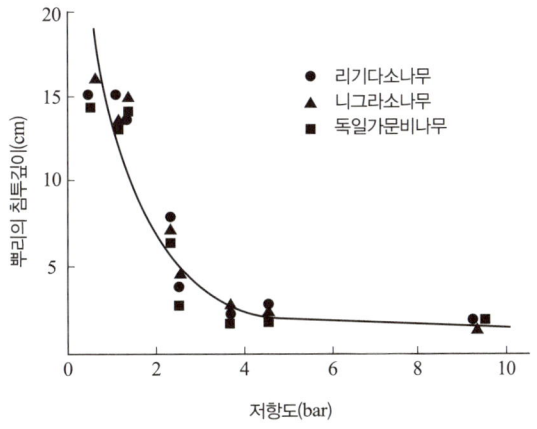

그림 4-14 토양 견밀도에 따른 임목뿌리 침투깊이 감소(Zisa 등, 1980)

견밀도는 토양수분과 밀접한 관계가 있어 농업토양에서는 습, 건, 적윤일 경우를 나누어 측정하지만, 산림토양은 대부분 약건하거나 적윤상태이므로 위와 같이 구분하지 않는다. 견밀도는 뿌리 호흡 또는 생장에 큰 영향을 주어 기계화 작업에 의한 답압은 대공극을 없애고 삼투압과 침투능을 감소시킨다(그림 4-14). 견밀도 측정 기구의 형태는 다음과 같다(그림 4-15).

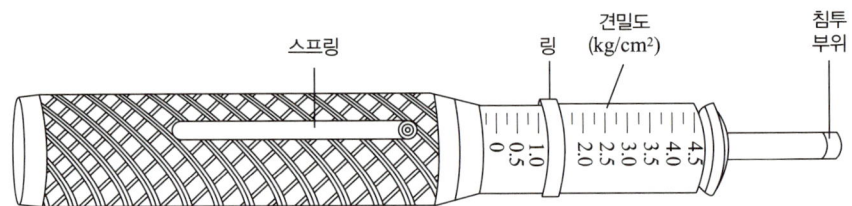

그림 4-15 **토양 견밀도 측정기**(C1-700 soil test INC, USA)

Chapter 05

# 토양 화학성

5.1 토양 산도
5.2 탄질률
5.3 양이온치환용량
5.4 염기포화도
5.5 필수원소

# chapter 05
# 토양 화학성

토양 화학적 성질은 물리성보다 임목생장에 미치는 영향은 작으나 최근 들어 관심이 높아졌다. 임목은 농작물에 비하여 양분 요구도가 덜하며, 토심이 깊고 뿌리가 넓게 분포하여 양분을 많이 흡수하고, 양분순환이 원활한 양분만 있다면 임목은 정상적으로 생장한다.

토양 화학성은 임목생장과 유기적 관계가 있는 물리 생물적 토양조건을 동시에 고려해야 한다. 춥고 습한 지역에서 토양 유기물이 많음에도 불구하고 임목생장이 빈약한 이유는, 토양 양분이 부족한 것이 아닌 양분순환이 느려서 이용도가 낮고 뿌리 발달이 제한되어 있기 때문이며 풍화가 심한 토양이나 사토, 알칼리성 토양에서 임목생장이 느린 것은 화학적 요인 때문이다. 따라서 임목생장에 관련된 토양 화학성은 단벌기(short-rotation) 조림에 의한 양분 요구도 증가, 집약경영, 채종원(seed orchard)과 묘포에서 중요성이 크게 대두되었으며 산지시비계획에 이용되는 토양 및 잎 분석방법의 발달과 토양화학 발달로 점차 중요시되었다.

표 5-1 모암에 따른 산림토양의 이화학적 특성

| 모암 | 공극 (%) | 가비중 (g/cm³) | 유기물 (%) | CEC | pH | 치환성(me/100g) | | | | P (ppm) |
|---|---|---|---|---|---|---|---|---|---|---|
| | | | | | | Na | K | Ca | Mg | |
| 현무암 | 75.2 | 10.62 | 12.0 | 32.0 | 4.9 | 0.16 | 0.42 | 1.7 | 0.19 | 14.7 |
| 사암 | 59.8 | 1.04 | 3.5 | 14.4 | 5.9 | 0.18 | 0.69 | 7.9 | 0.98 | 71.9 |

(Anderson, 1970)

## 5.1 토양 산도

### 1 측정방법

토양의 산도(soil pH)는 보통 pH로 표현하며 pH미터로 측정한다. 이 방법은 토양 용액의 수소이온농도와 표준수소이온과의 균형을 재는 것으로 $pH = \log \frac{1}{[H]^+}$ 로 구한다.

$H^+$란 1리터당 수소이온 양(g)으로서 만약 1리터당 0.0001g의 H이온이 있으면 pH4가 된다. pH의 범위는 0~14이며 7은 중성, 숫자가 낮을수록 산성이고, 높을수록 알칼리성이다. 순수한 물의 pH는 7.0이다.

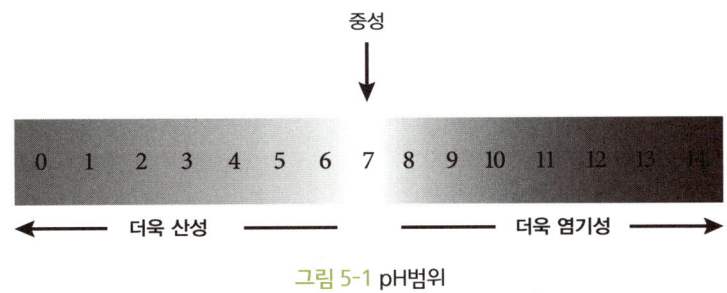

그림 5-1 pH범위

### 2 토양 산성화

산림토양은 다음과 같은 원인에 의하여 점차 산성화한다.

#### 1) 산성비료 시비

주로 생리적 산성비료로 분류되는 황산암모늄($(NH_4)_2SO_4$), 황산칼륨($K_2SO_4$), 염화암모늄($NH_4Cl$) 등은 비료성분 자체는 중성을 띠지만, 토양 중에서 식물 뿌리에 의해 $NH_4$와 K가 흡수되고 남은 $SO_4$와 Cl가 황산과 염산으로 작용하여 토양을 산성화한다. 또한 요소 등 질소비료는 토양 중에서 질산화성균에 의하여 질산으로 바뀌는데, 이때 생성된 질산이온이 토양으로부터 용탈될 때 전하적 균형에 의해 동일 당량의 염기성 양이온도 함께 용탈되기 때문에 토양산성화를 유도한다. 이것은 비료를 수년 동안 많이 사용할 경우 발생한다.

중성 토양에 인산제1칼슘을 시비하면 토양용액에서 가수분해되어 인산제2칼슘과 인산염을 생산함으로써 pH가 1.5 감소한다.

### 2) 물의 작용

자연적인 토양산성화는 대부분 강수에 의해 발생한다. 자연상태의 대기 중에는 약 330ppm의 이산화탄소가 존재하고 있어 물과 반응하게 되면 탄산이 생성되기 때문에 정상적인 강수라 하더라도 pH 5.6(이론치)의 약산성을 띠게 된다.

황산제1철을 함유한 토양이 물에 씻기거나 산화하면 고농도 황산이 용출된다. 습한 토양을 배수하면 토양산성이 증가하나 물에 잠기면 pH가 높아진다. 이것은 수산화알루미늄의 침전, 제1산화철 감소, 점토의 제1산화철 흡수 때문이다.

### 3) 유기물층 분해

낙엽, 낙지 등 식물유체가 분해하는 과정에서 중간산물인 유기산은 해리도가 높은 카복실기(-COOH)로 조성되어 있기 때문에 해리된 후 수소이온에 의해 강한 산성을 띠게 된다. 유기산의 일종인 부식산(humic acid)과 풀브산(fulvic acid)은 토양용액 중에서 용존상태로 존재하는 금속류(Al, Fe 등)와 복합체를 형성한 후 가수분해 과정에서 H+를 생산하여 토양의 산성도를 높인다. 이 작용은 주로 한랭, 과습한 기후조건에서 발생하게 되는데 대표적인 토양은 이탄(peat)이다. 유기산은 알루미늄의 가수분해를 돕는 킬레이트제로 작용한다.

$$Al \cdot 6H_2O + H_2O = Al(OH) \cdot 5H_2O + H_3O$$

### 4) 산성비와 대기오염물질의 유입

산업화와 도시화 발달과정에서 발생하는 주요 대기오염물질인 황산화물($SO_x$)과 질소산화물($NO_x$)은 대기 중으로 방출된 후 가스, 입자, 에어로졸, 강우, 강설, 안개 등 여러 형태로 지면에 도달한다. 이 물질은 최종적으로 황산($H_2SO_4$)과 질산($HNO_3$)으로 되므로 토양에서 이를 중화하는 알칼리성 물질이 부족할 경우 토양 중의 염기류(Ca, Mg)의 용탈과 산성화가 빠르게 진행된다.

## 3 산림토양 pH

토양 pH는 계절에 따라 약간 변하여 겨울이 높고 여름이 낮으나 그 차는 1.0 미만이다. 활엽수 유기물층 pH는 낙엽에서 나온 염기 때문에 가을이 가장 높다. 적당히 비가 오는 지역은 임목이 심토층에서 염기를 흡수하여 낙엽을 통하여 지표에 떨어지는 양분순환으로 산성토양 표면에 염기가 집중될 수 있다. 그러나 토양 pH는 보통 4.0~6.0으로 산성이며 중요한 산림토양 A층의 pH는 그림 5-2와 같이 갈색산림토양(B) 5.3~5.5, 암적색산림토양(DR)이나 화산회산림토양(Va)은 6.0 내외이다.

우리나라 산림토양 A층의 평균 산도는 pH 4.9로서 강산성 구간(pH 4.5~5.0)에 위치하고 있으며, 전체 조사지점(65개소)의 65%가 pH 5.0 이하이었다. 수목 생육 적정범위인 pH 5.5~6.5에 해당하는 지점은 총 7개 지점으로 전체의 11%로 나타났다(김용석 등, 2018).

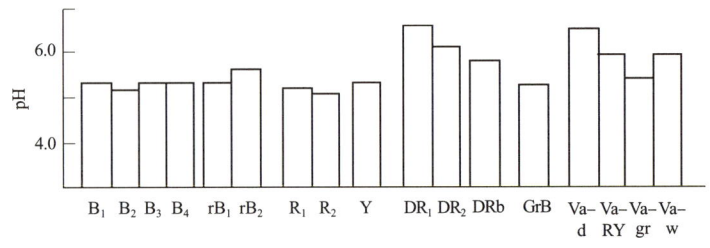

그림 5-2 산림토양 A층의 pH

## 4 식생과 pH

유기물층 분해에 의한 유기산 유출과 표토층 염기 용탈로 산림토양은 약산성에서 강산성이 된다. 침엽수림은 잎과 낙엽에 염기가 적어 산성이 더 강하다. 그러나 식물집단이 pH에 영향을 주기보다는 토양산도에 의해 식물사회가 구성된다. 예를 들어 버즘나무와 참나무류는 거의 중성을 좋아하고 활엽수는 약산성에서 잘 자란다. 솔송나무, 가문비나무류, 전나무류, 소나무류 등은 강산성 토양에서 잘 자라므로 이에 따라 지표수종(indicator plant)이 될 수 있다. 그러나 임목생장에는 토양산도뿐만 아니라 기후와 양분, 수분 등이 함께 영향을 미친다.

### 1) 토양 pH별 생육수종

(1) pH 3.9 이하인 강한 산성토양에서는 지의·이끼류 또는 관목이 자란다. 열대지방에서는 pH가 낮아도 나무가 잘 자란다.

(2) pH 4.0~4.7인 토양에서는 구주적송, 소나무, 일본잎갈나무 등 산성을 좋아하는 침엽수가 생장한다. 그러나 망간, 알루미늄이 다량 용해되어 임목생장에 피해를 준다. 산화알루미늄($Al_2O_3$)은 점토광물의 중요한 구성성분으로서 토양 속에 많이 있는데, 산성이 강하면 일부가 물에 용해되어 알루미늄(Al)이 용출된다. 이것은 가용성 인산철과 결합하여 양분흡수를 방해한다. 진달래는 알루미늄(Al)이 많은 토양에서도 잘 자란다.

(3) pH 4.8~5.5인 토양에서는 가문비나무류, 잣나무 등 침엽수 생장에는 적당하지만 활엽수에는 부적당하다. 이곳은 질산태 질소, 칼슘, 인산 등의 이용도가 낮아 활엽수 생장이 부진하다.

(4) pH 5.6~6.5인 토양에서는 대부분 침엽수 및 피나무, 단풍나무, 느릅나무, 참나무 등 생장에 적당하다.

(5) pH 6.6~7.3인 토양에서는 미생물 활동이 대단히 왕성하고 양분 이용률이 높으며, 유기물 형성이 잘 된다. 활엽수 특히 호두나무, 백합나무 등이 잘 자란다. 침엽수는 전나무류 일종이나 폰데로사소나무 등 염기성을 좋아하는 수종만 생육한다.

(6) pH 7.4~8.0인 토양에서는 마그네슘 양이 너무 많고 철이 적어서 침엽수 생육이 불량하다. 또한 활엽수에서는 개오동나무, 네군도단풍나무, 물푸레나무, 오리나무가 자랄 수 있다.

(7) pH 8.1~8.5인 토양에서는 황산염과 염화물이 너무 많아 모든 수종에 해롭다. 포플러(poplar)가 자랄 수 있다.

(8) pH 8.5 이상이면 임목생장이 어렵고 염생 식물이 점령한다. 예외적으로 사막화지역은 바다가 융기되어 생긴 곳으로서 pH 10인 곳도 있는데 자생수종이나 일부 포플러가 생육한다.

## 5 pH의 간접적 영향

토양산도는 미생물 활동과 양분이용에 간접적으로 관여한다. 붕소, 구리, 망간, 철과 같은 미량원소는 pH가 낮을 때 이용도가 높으며, pH가 높아지면 이용도가 감소한다(그림 5-3). 해안지방에는 철, 붕소 결핍현상이 보이며 석회암지대에서는 미량원소 부족으로 임목생장이 불량하다.

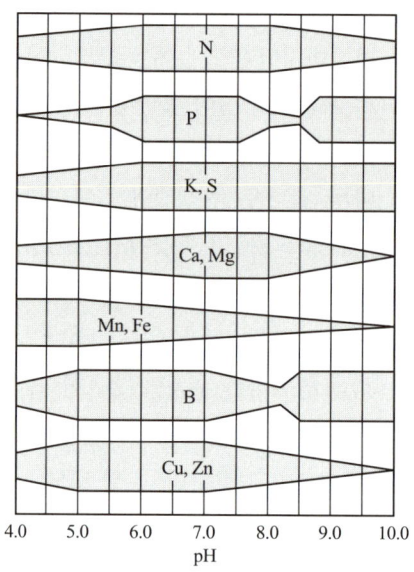

그림 5-3 pH별 토양양분 이용 범위

묘포의 산성토양은 관수 시 염류를 넣어 교정하며 특히 사토에서 철 부족 현상을 억제하는 데 유효하다. 산성토양을 유지하거나 염기성 토양을 교정하려면 황산암모늄을 준다. 진균은 산성에서 잘 자라나 pH 6에서는 다른 미생물과의 경쟁력이 떨어진다. 세균은 진균보다 산성에 견디는 힘이 약하다. 산성교정을 위하여 석회를 주면 낙엽 분해가 촉진되어 N, P 양분화가 쉽다.

## 5.2 탄질률

탄질률(C/N률, carbon-nitrogen ratio)은 토양식물체, 유기질 비료 등이 있는 탄소와 질소 함유량을 비율로 표시한 것으로 미생물의 유기물 분해정도 또는 진행상태를 나타낸다. 즉, 토양 유기태 질소의 무기화 정도를 나타내므로 토양 비옥도를 판정하는 유력한 기준이 된다. 유기물이나 동식물 유체의 탄수화물, 질소를 함유하지 않은 유기물은 모두 탄소원으로서 미생물에 의하여 분해된 후 최종적으로 $CO_2$와 물로 변한다. 또 단백질과 기타 질소 함유 유기물은 최종적으로 암모니아, 이산화탄소와 물로 분해된다.

미생물은 탄소원과 질소원을 모두 분해하여 얻은 에너지를 이용하여 생존한다. 동시에 탄소원과 질소원 분해물의 일부를 섭취하여 새로운 균체를 합성하고 증식한다. 토양미생물 균체의 탄질률은 약 10이고 식물 유체는 더 넓으므로 균체 내에서 단백질이 더 많다는 뜻이 된다.

유기물과 동식물유체 등 탄질률이 10 이상되는 물질을 미생물이 분해할 경우 탄소원은 주로 에너지로 이용되며 질소원은 균체의 단백질원을 새로 합성하는 데 이용된다. 그러므로 탄소는 이산화탄소($CO_2$)로 되어 없어지고 질소는 균체의 단백질로 되어 남아 있으므로 탄질률은 감소한다. 결국 탄질률 10 전후에서 안정되며 그후 탄소 10, 질소 1의 비율로써 유기물이 소비된다.

어분, 폐수찌꺼기(sludge) 등 탄질률이 10보다 작은 유기물이 분해되는 경우는 질소원이 미생물의 주 에너지가 되므로 많은 질소가 암모니아로 방출된다. 따라서 유기물 분해가 진행할수록 탄질률은 증가하여 10 전후에서 안정된다. 산림토양에 공급되는 낙엽의 탄질률은 침엽수가 50~200으로 활엽수(40~70)보다 비교적 높으며 성목림이 유령림보다, 척박지가 비옥지보다 높은 경향을 보인다. 공중질소고정 임목은 탄질률이 적다. 산림토양 토층의 탄질률은 하층으로 갈수록 감소한다. 비옥한 농경지 작토층의 탄질률은 8~12로서 평균 10이지만 산림토양 표토층 탄질률은 낙엽 분해가 극히 양호하더라도 12~13이다. 그러므로 토양 유기물이 분해되어 식물에 잘 흡수되는 질소를 공급하기 위해서는 탄질률이 상당히 낮아야 하며 탄질률이 높으면 암모니아 생성이 적다.

## 5.3 양이온치환용량

양이온치환용량(cation exchange capacity : CEC)은 염기치환용량이라고도 하며, 일정량의 토양이 보유하고 있는 치환성 이온 총량을 당량으로 표시한 것이다. 즉 토양 100g 속에 있는 음전하수와 같으며 mg 당량(mille equivalent : me)으로 표시한다. 1mg 당량은 원자량을 원자가로 나눈 값으로, 예를 들면

$$Ca^{+2} 1mg\ 당량 = 40.08/2.0 = 20.04mg$$

이다. 토양 콜로이드 작용으로 양이온을 흡착하는 능력을 CEC라 한다. 토양 내 유기물과 점토는 콜로이드(colloid)를 형성하고 있어 토양용액 중에서 음전하를 띤다. 염기는 용액 중에서 양이온과 음이온으로 분리되는데 예를 들면 NaCl은 물에 용해되어 $Na^+$ 이온과 $Cl^-$ 이온으로 해리되므로 음전하량이 많은 토양 콜로이드는 많은 양이온이 전기적으로 흡착한다.

식물이 쉽게 이용할 수 있는 유효태(available form) 양분 중 질산태 질소와 인산은 토양용액에서 음이온을 형성하나 다른 양분은 양이온으로 존재하여 식물이 양분을 흡수할 수 있게 한다. 염기포화도가 35% 이상인 토양에 인산 비료를 연속 시비하면 CEC가 증가한다.

우리나라 산림토양의 CEC는 A층에서 화산회산림토양이 20me/100g으로 가장 많고 갈색산림토양은 약 12~15me/100g이며, B층에서는 거의 10me/100g로서 일본 산림토양보다 적은 경향을 보인다(그림 5-4). 또한 유기물의 CEC는 63me/100g로서 점토(24me/100g)보다 크나. 현근주 등(1991)은 토성별 CEC를 분석한 결과 사토 2.9, 양질사토 4.7, 사양토 6.7, 양토 9.0, 미사질양토 10.2, 식양토 10.7, 사질식양토 8.6, 미사질식양토 12.2, 미사질식토 16.1, 식토 17.4me/100g이라고 하였다.

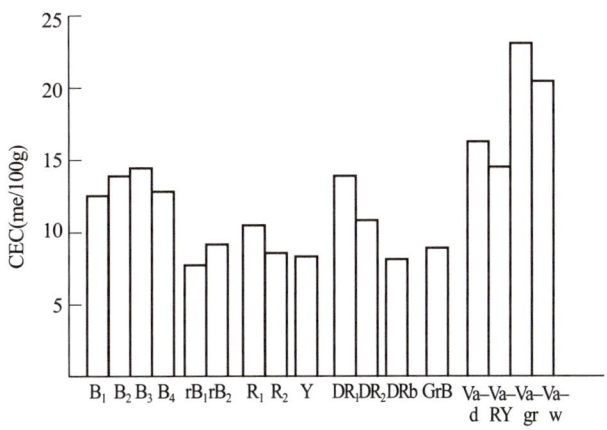

그림 5-4 산림토양 A층의 양이온치환용량

## 5.4 염기포화도

토양 콜로이드에 흡착된 양이온 중에서 Ca, Mg, K, Na 등 염기라 부르는 금속이온 양은 토양 성질 및 비옥도와 밀접한 관계가 있다. 이들은 치환성 염기라고 부르지만 함유율은 토양마다 다르다. 특히 pH와 밀접한 관계가 있어서 토양 pH가 높고 비옥하면 염기가 많으며, pH가 낮고 척박하면 염기가 적다. 비옥토에서는 Ca 〉 Mg 〉 K, Na의 순서로 염기 양이 감소하므로 치환성 Ca양이 토양 비옥도 지표가 된다. 최근에는 Ca와 Mg로써 결정하기도 한다.

CEC는 토양에 따라 큰 차가 있으므로 치환성 Ca와 Mg의 함유율보다는 염기포화도 즉, 치환성 염기 함유율/CEC로 나타내는 방법을 사용하는데 이것이 더 정확한 토양상태를 나타낸다. 우리나라 산림토양 A층 염기포화도는 갈색 산림토양이 20~30%인데 비하여 암적색 산림토양은 120~130%로서 상당히 높다(그림 5-5). 염기포화도가 100%를 초과한다는 것은 이론적으로 불가능하나 토양 콜로이드가 염기에 의해 포화되고 토양 중에 집적되어 있는 염기의 영향 때문이다. 포드졸과 같은 강산성 토양은 염기 용탈이 심하여 염기포화도는 몇 % 또는 0에 가까운 경우도 있다.

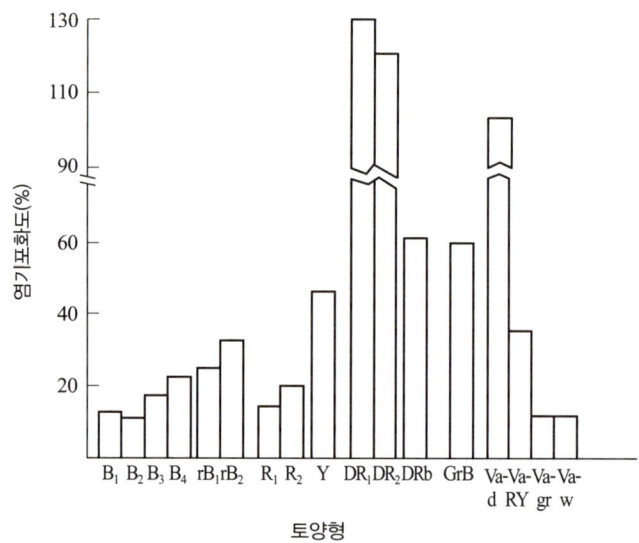

그림 5-5 산림토양 A층 염기포화도

## 5.5 필수원소

식물이 필요한 원소 중 C, H, O는 $CO_2$와 $H_2O$에서, 그리고 아미노산, 원형질, 단백질의 구성원인 N, P, S는 토양에서 흡수한다. 필수원소와 미량원소 B, Ca, Cl, Co, Fe, Mn, Mg, K, Si, Ca, Zn, Va 중 N, P, K는 식물이 가장 많이 필요하며 부족하기 쉽다. Ca, Mg, S는 부족하지는 않으나 다음으로 중요한 식물의 영양원이 된다.

### 1 질소(N)

질소는 대기 중에 78%가 있으나 고등식물에 직접 이용되지 못하고 미생물의 질소고정과 방전으로 $NO_3$와 $NH_4$ 이온형태로 약간 이용된다. 토양 내 질소는 낙엽의 분해와 축적이 계속되면서 평형상태에 이르며, 기후환경의 영향을 받는다. 토양 내 질소는 거의 유기물층과 $A_1$층에 존재하며 그 양은 헥타르당 1톤(사토) ~ 30톤(유기물이 많은 토양)이다. 산성토양에서 질소 양분화는 아주 낮으며 땅고르기나 벌채와 같은 토양교란 작업은 유기물 분해와 질소 유출을 증가시킨다. 또한 모두베기로 인한 지온 상승도 질소화를 촉진한다.

대부분 임목은 $NH_4$-N을 이용하여 자란다. 산불로 재가 표면에 쌓이면 일시적으로 질소이용률이 높아진다. 질소는 습하고 통기가 불량한 토양에서는 탈질작용으로 감소한다. 질소는 단백질원으로 엽록소를 만들기 때문에 질소가 공급되면 임목생장이 촉진되고 녹색이 짙어진다. 질소부족현상은 유기물층이 많은 추운 지방의 침엽수림과 온난기후대의 사토나 침식토에서 나타난다.

### 2 인(P)

인은 식물 생명을 유지하는 데 필요한 핵산, 단백질, 인지질, 아데노신3인산(ATP) 등을 구성하는 필수요소일 뿐만 아니라, 토양 내 질소 이용에 영향을 주는 인자이다. 토양에는 인산칼슘, 철, 인산알루미늄의 형태로 있으며, 식물은 $PO_4$ 이온 형태로 흡수한다. $A_1$층 내 인 총량은 30kg(사토) ~ 2ton/ha(유기물이 많은 토양)

으로 변화가 많으나 대부분 유기물이 인의 공급원이다. 임목에 필요한 무기태 인 이용은 토양산도에 따라 철, 알루미늄, 망간의 용해정도(이들 이온은 강산성 토양에서 불용성의 인 침전물을 형성한다), **칼슘 양**(산성토양에서 인과 결합하여 용해도를 저하시킨다), 유기물 분해량을 좌우하는 미생물 활동, 산화환원능력에 달려있다.

유효인산은 토양 pH의 영향을 크게 받는데 pH가 적정수준보다 높은 알칼리성 토양이나 점토함량이 높은 토양에서는 난용성이 되어 유효인산이 낮게 나타난다. 이러한 지역에서는 소나무의 생장이 불량하다.

해안지방 산성 사토와 침엽수 임지에서는 인 흡착능력이 낮아 인 함량이 낮다. 그러나 임목 뿌리에 균근이 형성되어 있으면 인은 더 이용될 수 있다. 식물에 인이 부족하면 구조직에서 신조직으로 전이한다. 인산질 비료 시비는 묘목 뿌리를 발달시키고, 시비 후 수년 동안 토양에 잔류되어 이용된다. 산림토양 종류별 인산 함량은 표 5-2와 같다.

표 5-2 산림토양의 인산 함량(ppm)

| 토양<br>층위 | 갈색<br>산림토양 | 적황색<br>산림토양 | 암적색<br>산림토양 | 회갈색<br>산림토양 | 화산회<br>산림토양 |
|---|---|---|---|---|---|
| A | 8.3~42.7 | 6.2~13.6 | 8.5~16.6 | 12.1 | 15.1~52.5 |
| B | 3.1~15.3 | 2.6~5.2 | 4.8~5.0 | 5.7 | 12.7~38.4 |

### 3  칼륨(K)

질소, 인, 황과 기타 원소가 원형질, 지방 등 식물을 구성하는 반면 칼륨은 생리적 기능의 촉매역할을 하며 내병성을 높인다. 산림토양에는 칼륨이 비교적 많은데 모암풍화 시 생긴 장석과 운모에 많이 들어 있고 무기화합물 형태이다. 농작물에 이용되기에는 풍화가 느려서 부족현상이 나타나기도 하지만, 산림토양에서는 20~100ppm이 들어있고 양분순환도 빠르며 효율적이므로 부족하지 않다.

표 5-3 산림토양의 칼륨 함량(me/100g)

| 층위 / 토양 | 갈색 산림토양 | 적황색 산림토양 | 암적색 산림토양 | 회갈색 산림토양 | 화산회 산림토양 |
|---|---|---|---|---|---|
| A | 0.08~0.25 | 0.07~0.20 | 0.21~0.30 | 0.28 | 0.20~0.96 |
| B | 0.08~0.15 | 0.08~0.17 | 0.12~0.17 | 0.21 | 0.09~0.49 |

### 4  칼슘(Ca)

식물에서 칼슘은 분열조직 발달과 뿌리 및 우듬지(신초, shoot) 생장에 관련하며 세포벽의 주성분이다. 임목의 적정생육을 위해서는 잎에 1~3%의 칼슘이 필요하다. 칼슘은 이동하기 어려운 성분으로 알려져 있으나 몬티콜라소나무(western white pine)는 저장된 칼슘이 구조직에서 신조직으로 이동한다. 토양 내 칼슘은 거의 무기태로 존재하며 표토층에서 50~1,000ppm이 치환성으로 존재한다. 건조토양은 습윤토양보다 칼슘 공급이 크며 심토층이 표토층보다 많은 칼슘을 갖고 있다. 칼슘요구도가 높은 심근성 수종은 심토층에 있는 칼슘을 흡수하여 낙엽으로 표토층 칼슘농도를 높인다.

표 5-4 산림토양 내 Ca의 함량(me/100g)

| 토양<br>층위 | 갈색<br>산림토양 | 적황색<br>산림토양 | 암적색<br>산림토양 | 회갈색<br>산림토양 | 화산회<br>산림토양 |
|---|---|---|---|---|---|
| A | 0.90~2.05 | 0.81~2.66 | 3.22~6.91 | 2.90 | 0.92~6.89 |
| B | 0.44~1.62 | 0.70~1.92 | 2.79~4.57 | 2.40 | 0.40~8.06 |

### 5 마그네슘(Mg)

엽록소를 만드는 유일한 무기원소이며 광합성 작용에도 필수요소이다. 부족할 때는 구조직에서 신조직으로 이동할 수 있으므로 K와 같이 마그네슘 부족현상이 구엽에서 가끔 나타난다. 대부분 산림토양에는 임목생장에 필요한 양의 마그네슘이 있으며, 부족하면 공업용 황산마그네슘을 주어 쉽게 교정할 수 있다. 마그네슘이 적은 토양에 칼륨비료를 많이 주면 마그네슘과 칼륨의 길항작용(antagonism)으로 인하여 묘목에 마그네슘 결핍증상이 나타나기 쉽다. 마그네슘 결핍토양에 칼륨비료를 줄 때는 Mg : K의 비율을 2 : 1로 하여 칼륨비료도 함께 주어야 한다.

표 5-5 산림토양 내 Mg의 함량(me/100g)

| 토양<br>층위 | 갈색<br>산림토양 | 적황색<br>산림토양 | 암적색<br>산림토양 | 회갈색<br>산림토양 | 화산회<br>산림토양 |
|---|---|---|---|---|---|
| A | 0.33~0.85 | 0.17~1.61 | 1.47~10.74 | 2.35 | 0.34~8.56 |
| B | 0.23~1.03 | 0.58~1.54 | 1.47~6.88 | 2.40 | 0.26~11.06 |

## 6 황(S)

황은 황철광이나 석고($CaSO_4 \cdot 2H_2O$)에서 나오나 이러한 광물이 없는 사토는 대기에서 황이 공급된다. 산업폐기물에서 나오는 황은 대기로 유입된 후 비나 눈이 내릴 때 지상으로 내려오는데 대도시에서는 연간 100kg/ha 이상 공급된다. 산림토양에 상당량의 황을 인과 함께 시비하면 황은 토양에서 곧 이용될 수 있다. 황을 산화하는 세균은 유기화합물의 황을 황산이나 황산염으로 바꾸고 식물은 이를 흡수하지만 식물이 없으면 자연히 용탈된다. 늪지와 같은 혐기성 조건에서는 황산염은 황화물로 된다. 황은 폰데로사소나무림, 코코넛 조림지, 활엽수림에서 부족현상이 나타난다.

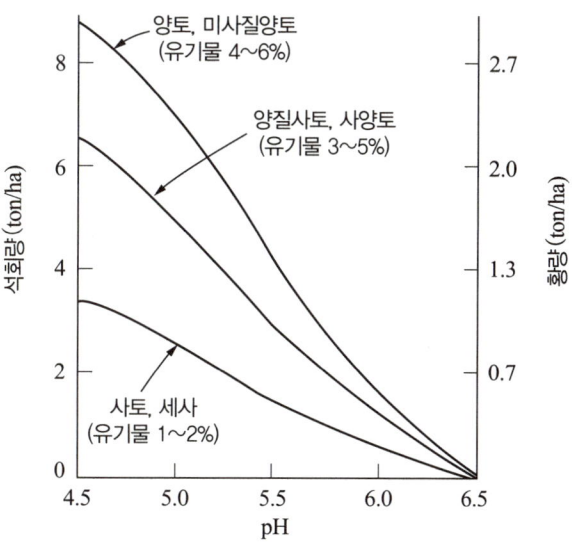

그림 5-6 산도교정을 위한 토성별 석회 및 황의 양

Chapter 06

# 토양수

6.1 수자원과 물의 순환
6.2 토양수 에너지
6.3 토양수 구분
6.4 토양수에 관계된 용어
6.5 토양수 측정방법
6.6 토양수 이동

## chapter 06
# 토양수

산지는 습하거나 건조하더라도 임목이 생육하기 때문에 토양수는 자연적으로 수종 분포를 유도한다. 양분이 많은 토양이라도 물 없이는 비생산임지가 되며 사토라도 수분이 많으면 생산임지로 변한다. 강우량이 많고 강우분포가 편중되어 있지 않은 열대림은 그 좋은 예이며, 여름 가뭄이 자주, 그리고 심하면 산림은 초지로 변한다. 또한 토지 사막화도 강우량 부족에 의한다. 물은 토양과 식물이 제기능을 발휘하는 데 필수적이며 특히 세포증식, 식물 동화작용과 밀접한 관계가 있으며 그 외에도 양분 이동매체, 용매, 산소원, 토양 온도나 공기의 완충, 그리고 토양 독성물질을 희석하는 역할을 한다.

## 6.1 수자원과 물의 순환

지구상의 물은 해수가 97.1%이고 나머지 2.9%가 담수이다. 지구상 물의 99%는 인간이 직접 이용할 수 없고 나머지 1%가 태양에너지에 의해 계속 순환한다. 물은 바다나 호수, 토양표면에서 증발하거나 식물의 증산작용에 의해 대기권으로 올라가며 대기온도가 낮아지면 수증기가 응결하여 비나 눈의 형태로 다시 지구상에 떨어진다. 땅 위에 떨어진 물은 낮은 곳으로 모여 하천을 이루고 일부는 땅속으로 침투하여 지하수 또는 지중수가 된다. 지하수는 대수층(aquifer) 내에 머무르다가 관정에 의해 이용되며, 지중수는 토양공극에 저장되었다가 서서히 하천으로 흘러나온다. 물은 증발산, 강수, 유출(runoff), 침투 과정을 거치며 순환하며 지속적으로 이용된다.

물 순환을 유지하는 중요한 인자는 태양에너지이다. 지구에 도달하는 태양에너지는 1일당 약 400cal/cm$^2$로 추산되며 이 중 약 50%가 물을 증발시키는 데 사용된다. 나머지 50%는 땅, 공기, 대양을 덥게 하여 대기 및 대양에 열을 주어 온난한 기후로 만들고 대양의 물을 증발시켜 육지로 이동시킨다(이천용 등, 1991).

숲에서는 낙엽이 지고 썩어서 좋은 흙을 만들고 여러 가지 생물이 유기물을 분해하며, 뿌리가 양분을 흡수하여 나무가 생장하는 물질 순환이 끊임없이 일어나는데 이 과정에는 물이 필수적이다. 물은 토양 → 숲 → 대기로 증발산되고, 강우 → 숲 → 토양 → 하천의 경로를 거쳐 유출된다. 여기서 숲은 강우를 저장하여 하천으로 유출되는 것을 늦추어 비가 한꺼번에 오더라도 계곡의 물은 급격히 늘지 않으며, 비가 오지 않을 때는 토양 속에 저장되었던 물이 흘러나와 하천에 일정한 수위를 유지시킨다. 그러나 나무를 베어 토양이 노출되면 물 저장구조가 파괴되고, 알베도(albedo)가 높아지며, 토양수분이 적어진다.

산림의 물순환에서 비가 올 때 숲의 나뭇가지, 잎, 풀 등의 표면에 붙어 있던 물이 비가 그친 후 증발하여 없어지는 것을 차단이라 하는데 그 양은 강수량이나 숲의 상태에 따라 차이가 있지만 활엽수림의 경우 총강수량의 20%, 침엽수림의 경우 30%가 차단된다. 침엽수가 많은 이유는 잎이 촘촘하여 물방울이 잘 걸리며 활엽수에 비해 엽량(葉量)이 많고 잎이 오래 붙어 있기 때문이며 활엽수는 낙엽이 지거나 엽량이 적으며 잎에서 물방울이 쉽게 굴러 떨어지기 때문이다. 그러므로 비가 올 때 적어도 한번에 10mm는 내려야 숲을 통과해서 땅 위로 흐르거나 땅속으로 침투한다.

유기물층을 통과한 빗물이 토양에 머물다가 서서히 빠져나가는 물을 숲의 저장량이라고 할 때 우리나라 숲이 불량한 혼합림에서 가장 안정된 활엽수림으로 바뀐다면 홍수기(7~9월)에는 62.4억 톤의 빗물을 더 저장하고 갈수기에는 65.1억 톤의 맑은 물을 더 생산할 수 있다. 활엽수림은 잎이 생장기에만 있어 증발산량에 의한 물소비가 적고, 잎이 잘 썩어서 토양 개량 능력이 침엽수림보다 커서 물의 저장 공간이 많기 때문이다. 수원함양기능이 높은 산림은 임목의 뿌리가 깊고 넓게 뻗어 있고 토양 내에 유기물 공급이 풍부하며 다양한 생물의 활동이 왕성하여 토양 내에 물을 저장할 수 있는 빈 공간, 즉 공극이 많이 형성되어 있는 산림이다.

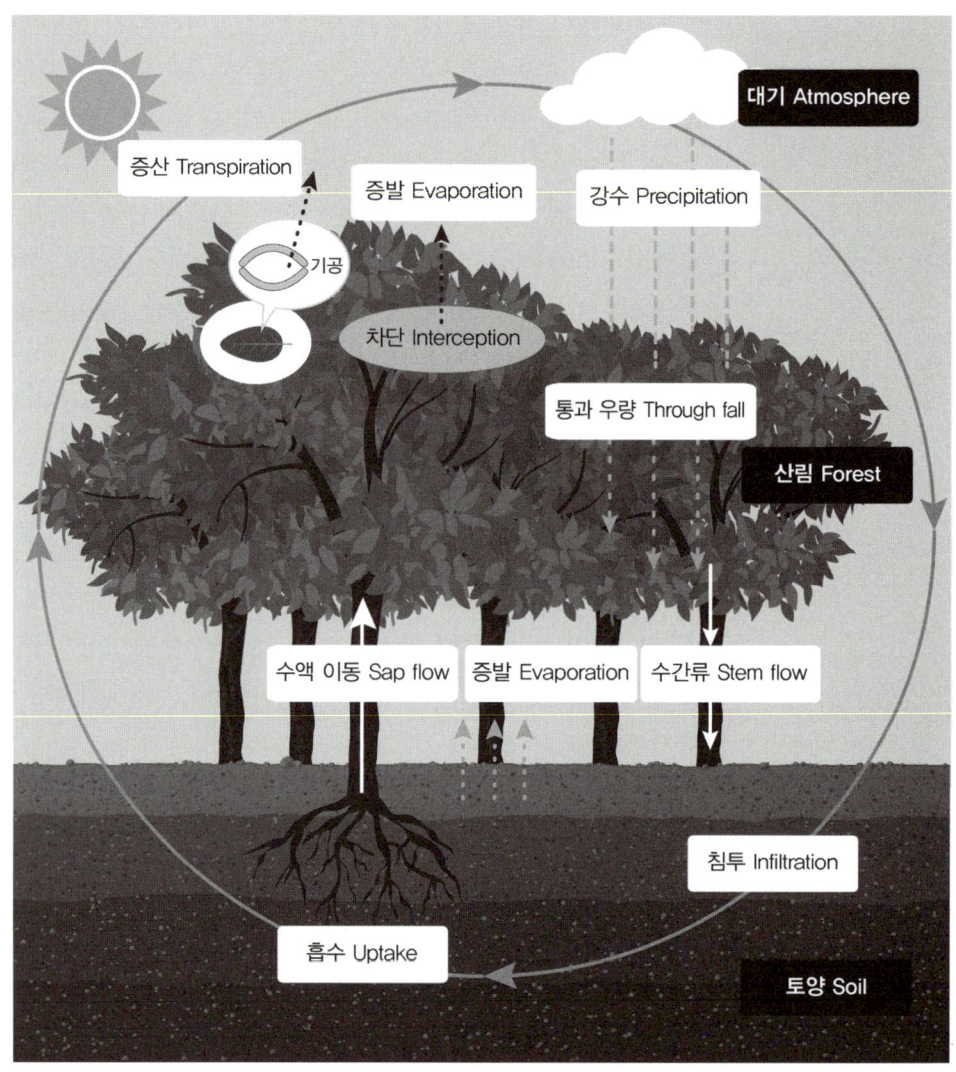

그림 6-1 산림의 물순환

우리나라 연평균 강수량은 약 1,300mm로써 세계 평균인 970mm의 1.3배나 되지만 산지의 경사가 급하여 물 저장용량이 적어 58%가 하천으로 유출되고 나머지 42%가 토양으로 침투하거나 증발산하는 것으로 본다. 연간 하천유량 662억 톤 중 405억 톤은 여름철에 직접 홍수로 흘러나가므로 실제 이용되는 물의 양은 평상시 유출되는 물로서 257억 톤이며 일단 토양에 침투된 토양수이다. 토양에 침투된 물은 일정기간 동안 공극에 있는데 전체 토양 부피의 20~30%를 차지한다. 침수토양에서는 공극이 완전히 물로 채워져 있고, 건조토양에는 대부분 공기가 차 있다. 공극과 공극 사이가 물입자로 연결되어 있다는 것은 토양 양분과 물 이동에 중요하다.

## 6.2 토양수 에너지

토양수는 건조한 토양에서 습한 토양으로 갈수록 증대하며, 동일한 토양에서도 계절적인 건습이 계속되면 단기 또는 장기적으로 수분상태가 변한다. 토양수는 일정하게 유지되지 않는데 강우에 의하여 토양이 포화되면 물은 중력에 의해 지하로 또는 비탈면을 따라 계곡으로 빠르게 이동한다. 또 일부는 토양 공극을 느슨하게 이동하며, 일부는 토양입자와 결합하여 이동하지 않는다. 이와 같이 토양 내 물 이동이 서로 다른 것은 토양입자와 공극에 있는 물의 에너지가 다르기 때문이다. 또 식물이 토양 중의 물을 쉽게 또는 어렵게 이용하는 것도 같은 이유이다. 토양의 수분상태는 함수율을 기준으로 하는데 토양 함수율이 30%인 경우 사질토양에서는 습한 상태라고 하나 점질토양과 유기물이 많은 토양에서는 상당히 건조한 상태이다(그림 6-2). 이와 같은 차이는 토양의 공극상태가 달라서 보수력이 다르다는 뜻이므로, 토양수 상태와 성질은 토양 공극의 물을 흡착·보유할 수 있는 힘을 기준으로 하는 것이 편리하다.

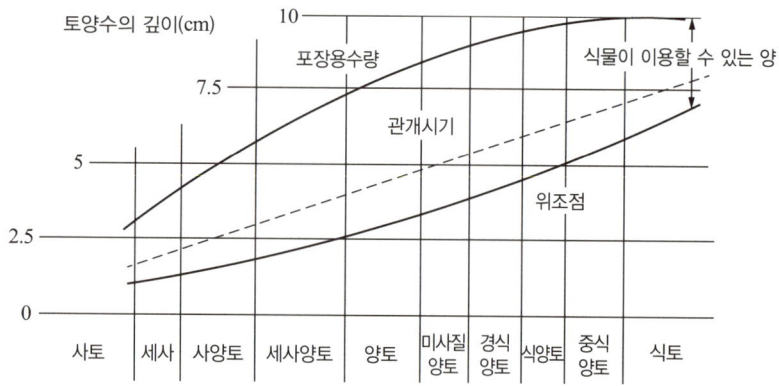

그림 6-2 **토성별 토양 수분 보유능**(soil water retention capacity)

그 기준을 pF(potential force)라고 하는데 pF란 토양공극이 물을 흡착·유지하는 힘의 세기를 수주압으로 표시한 것으로, 표 6-1과 같이 나타내며 수주압의 cm를 대수로 쓴다. 예를 들어 물이 있는 토양(pF 0)에 수주압 100cm(약 0.1bar)의 압력을 가하면 pF 2 이하의 힘으로 토양공극 중에 흡착되어 있는 물은 토양에서 이탈되지만 pF 2 이상의 물은 이탈되지 않는다. 또한 수주압 1,000cm(약 1bar)의 장력을 가하면 pF 2~3의 힘으로 토양에 흡착되어 있는 물이 이탈된다.

표 6-1 pF와 기압과의 관계

| pF | 단위 수주고(cm) | 기압(bar) | Mpa |
|---|---|---|---|
| 1 | 10 | 0.01 | 0.001 |
| 2 | $10^2$ | 0.1 | 0.01 |
| 3 | $10^3$ | 1 | 0.1 |
| 4 | $10^4$ | 10 | 1 |
| 5 | $10^5$ | $10^2$ | 10 |
| 6 | $10^6$ | $10^3$ | 100 |
| 7 | $10^7$ | $10^4$ | 1,000 |

## 6.3 토양수 구분

토양수는 존재하는 상태에 따라 결합수, 흡습수, 모세관수, 중력수로 구분한다. 결합수는 토양입자의 내부에 존재하나 흡습수, 모세관수, 중력수는 순서대로 입자표면으로부터 멀리 있으며 외적 변화에 따라 변한다. 토양입자와 물 사이의 친화력 크기는 입자 표면에서의 거리제곱에 반비례하므로 거리가 멀수록 급격히 약해진다. 중력수가 되면 이미 토양입자의 견인력은 거의 없어진다.

### 1 결합수(combined water)

토양입자에 존재하여 100~110℃로 가열해도 증발·분리되지 않는 물로서, 철통에 넣어 광물토양은 800℃, 이탄토는 300℃로 가열하여 생기는 수증기를 냉각시켜 구한다. pF 7 이상의 수분이다.

### 2 흡습수(hygroscopic water)

분자와 분자가 서로 끄는 힘에 의하여 토양입자 표면을 얇은 막으로 덮고 있는 물로서 그 두께는 2.5$\mu$ 정도이다. pF 4.5(31bar) 이상의 힘으로 흡착되어 있어, 삼투압이 약 15기압 이하의 고등식물 뿌리는 이용할 수 없다. 100~110℃에서 8~10시간 가열하면 제거된다.

### 3 모세관수(capillary water)

물의 표면장력에 의하여 중력에 견디고 토양입자 주위와 토양입자 사이의 모세관 공극 중에 있는 수분으로서 pF 2.7~4.5의 힘에 의해서 흡착되어 있으며 식물에 주로 이용되는 유효수분이다.
토양이 물로 가득차지 않은 상태에서 중력수와 흡습수를 빼거나, 토양이 중력에 견디어 보유할 수 있는 수분량에서 흡습수량을 빼면 이 값을 구할 수 있다.

### 4 중력수(gravitational water)

중력에 의하여 토양공극 속을 자유롭게 이동하는 물로서 pF 2.7 이하이다. 모세관이 포화된 후 비교적 단기간에 중력 작용에 의해 근권 밖으로 유출되는 물이다.

## 6.4 토양수에 관계된 용어

토양수 이동과 식물의 유효수분 상태를 표현하기 위해 다음과 같은 용어가 사용되고 있다.

### 1 포장용수량(field capacity)

많은 강우 또는 관수에 의하여 토양이 중력수를 갖고 있는 상태에 도달한 후 중력수가 아래쪽으로 완전히 이동한 시점의 함수상태를 말한다. pF 2.54이며 포장용수량에서 위조점을 뺀 나머지 수분을 유효수분이라 할 수 있다. 포장용수량은 포장보수력을 알기에는 편리하나 산림토양에서는 그다지 이용되지 않는다.

### 2 위조점(wilting point)

토양수가 식물에 의한 증산 또는 지표면의 증발 등으로 다시 감소하면 어느 시점부터 식불은 물을 흡수할 수 없어 세포 팽압을 유지하지 못하므로 시들기 시작한다. 식물의 시들기가 시작한 때의 함수비를 초기위조점 또는 일시위조점(temporary wilting point)이라 하며 pF는 3.8이다. 이때 토양에 물을 주면 뿌리가 물을 흡수하여 회복한다. 그러나 토양함수량이 계속 감소하면 식물은 물을 보충하여도 회복되지 않는 상태가 되는데 이때를 영구위조점(permanent wilting pont)이라 하며, pF는 4.2이다.

### 3 수분당량(moisture content)

물을 포화시킨 토양에 중력의 1,000배에 상당하는 원심력을 작용시킨 후 표본 토양에 남아 있는 물의 양을 수분당량이라 하는데, 이것은 포장용수량과 비슷한 뜻으로도 쓰인다. 그러나 토양 채취 시 토양이 교란되었다면 교란되지 않은 포장용수량과는 비교할 수 없다.

### 4 흡습계수(hygroscopic coefficient)

건조시킨 토양은 수증기로 포화된 공기 중에 방치하면 수분을 흡수하는데 이 수분량을 건조토양의 백분율로 환산한 값을 흡습계수라 하며, 때때로 유효수분의 최저값을 설정하는 데 사용된다.

## 6.5 토양수 측정방법

토양수 함량과 수분보유능을 알면 묘포, 채종원 및 특용수 관리에 유용하다.

### 1 수분보유능 측정

보수능 변화는 다음 방정식과 같다.

$$\triangle W = P - (O + U + E)$$

$\triangle W$ : 초기 수분함량 – 말기 수분함량
$P$ : 강수량
$O$ : 유출량
$U$ : 근권 외의 배수량
$E$ : 증발산량

이 식은 큰 유역에서 토양에 유입된 토양수의 변화를 측정하는 데 이용한다. $\triangle W$를 측정하는 가장 적합한 방법은 라이시미터(lysimeter)를 이용하는 것이나 뿌리 발달정도와 토양상태를 알 수 없으므로 정확히 측정하기 어렵다. 그러므로 산림토양수분 연구에서 라이시미터 이용을 제한한다. 토양수분함량을 재는 다른 방법은 오랫동안 지속적으로 토양수 변화를 측정하는 것인데 시간이 많이 걸린다.

### 2 중량법

가장 정확한 토양수분 측정은 중량을 재는 것으로서 무게를 측정한 후 토양을 100~105℃ 오븐에 넣고 18시간 동안 건조시킨 다음 다시 무게를 측정하는 것이다. 즉,

$$토양수분 = (건조토양 / 원래토양) \times 100$$

### 3 표면장력계(tensiometer)법

텐시오미터는 밑 부분의 다공성 컵, 이것과 연결되어 있는 물로 채워진 관, 그리고 관과 연결된 윗부분의 진공계로 구성되어 있다. 포장에 설치하고 수분의 연속적인 변화를 측정할 수 있다. 식물의 유효수분량을 평가할 수 있으며 관개시기와 관개수량을 알 수 있다.

### 4 전기저항(electric resistance)법

전기저항법은 한 쌍의 전극이 내장된 석고 블록(gypsum block)을 토양에 묻고, 주위의 토양과 밀착시켜 수분평형이 되게 한 다음, 전극 사이의 전기저항을 측정한다. 수분함량이 많으면 저항값이 작고 수분함량이 적으면 저항값이 크다. 석고 대신에 나일론 또는 섬유질 유리를 사용하기도 한다.

### 5 중성자법(neutron scattering)

중성자 수분측정기(neutron moisture meter)는 고가이고 방사선의 위험문제가 있으나 간편하고 신속하게 비파괴적으로 동일지점의 수분함량을 수시로 깊이별로 측정할 수 있는 장점을 갖고 있으며, 용적수분함량을 측정한다. 중성자 수분측정기의 중성자 방출원(방사능 소스)으로부터 나오는 중성자는 에너지가 높고 빠른 중성자(fast neutron)이다. 이들은 토양의 여러 원자와 충돌 산란에 의해 운동에너지가 느린 중성자(slow neutron)로 된다. 일단 느린 중성자로 되면 더 이상 에너지를 잃지 않고 토양 내에서 확산한다. 빠른 중성자를 느린 중성자로 감속시키는데 가장 효과적인 원소는 중성자와 크기와 질량이 비슷한 핵을 갖는 수소원자이다. 토양 내에서 토양수분의 감소는 이 수소원자를 가장 많이 감소시킨다. 이러한 느린 중성자를 방사능 탐지기(detector)로 감지, 계수화하여 수분함량을 측정하는 것이다.

### 6 TDR(time domain reflectometry)법

최근에 가장 상용화된 토양수분함량 측정법이다. TDR의 원리는 계측기(TDR Trace)로부터 고주파를 발생하고 한 쌍의 평형막대선으로 구성된 센서 막대를 타고 고주파가 흘러갔다가 막대의 끝에서 다시 되돌아오게 되는데 이 때의 전파속도를 읽어 토양수분함량을 측정한다. 센서 막대 주위의 토양수분함량에 따라 전파속도가 달라진다.

## 6.6 토양수 이동

토양수는 토양입자 사이에 있는 물분자의 인력과 토양용액에 있는 염기에 의해 발달된 삼투압으로 유지된다. 식물에 대한 토양수 이용은 수분포텐셜(water potential)과 수리전도도에 달려 있다. 토양 공극이 완전히 포화되지 않을 때 물의 이동은 임목생장에 중요하다. 불포화 상태에서 대공극은 대부분 공기가 있고 소공극은 물이 있어 물의 이동이 느리다. 토양에서 물의 이동률은 공극 내 공간이 적을수록 감소한다.

물은 건조토양에서는 아주 느리게 이동하여 약 15bar의 수분포텐셜에 이르면 중단되고 단지 증발에 의하여 이동한다. 표토와 심토의 기온차는 겨울에 물이 상승하고 여름에 물이 하강하는 데 도움을 준다. 수분함량이 낮은 지역으로의 확산(diffusion)은 비교적 건조한 토양에 생긴다. 토양수의 이동은 포장용수량 이하의 토양에서 활발한데 이것은 모세관류에 의해 낮은 지하수로부터 물이 상승하기 때문이다. 그러나 사토에서 토양수분 함량이 감소하면 모세관류는 급격히 감소한다. 장력이 높을 때 사토에 있는 물은 비교적 큰 입자 사이에 있는 물만 흡착한다. 이러한 상태에서는 물의 연속성이 없어서 이동 기회가 없다. 예를 들어 미사질토양에 들어 있는 물은 아래쪽으로 이동하기 어렵다. 토양 내 점토나 미사층 또는 사토나 자갈층이 있으면 물의 침투속도가 달라진다.

## 1 물의 침투와 손실

### 1) 침투(infiltration)

토양으로 들어가는 물은 초기함수량, 투수성, 토양 내부 특성(공극, 토양입자의 흡수능력, 유기물함량), 강우강도와 강우시간, 토양과 물의 온도에 좌우되어 빠르게 투수(percolation)된다. 강우강도가 토양 침투능을 넘으면 유출이 발생한다. 산림에는 스폰지(sponge)와 같은 유기물층과 배수가 좋은 광물토양이 있어 지표류는 많지 않다. 그러나 강우량이 침투능을 넘어서면 그 물은 지표에 머무르고 강으로 흘러 하천 유량을 증가시키며 단기유출량이 증대한다. 속도가 빠른 지표류는 침식을 유발한다. 벌채장비에 의한 답압과 땅고르기와 같은 토양교란은 침투능을 감소시키므로 지표류가 증가하고 결국 홍수로 이어져 피해가 발생한다. 토심이 얕은 토양은 침투능이 적어 특별한 관리를 해야 한다.

표 6-2 산림토양의 침투능(cc/분)

| 토양<br>층위 | 갈색산림토양 | 미숙토양 | 화산회산림토양 |
|---|---|---|---|
| A | 59~103 | 156 | 60~115 |
| B | 100~113 | 114 | ~ |

유기물층은 자체 무게의 몇 배나 되는 물을 흡수할 뿐만 아니라 물방울의 타격을 감소하며 토의(흙옷)와 지표면의 건조를 방지하면서 침투시간을 지속시킨다. 정부식은 조부식보다, 표토층은 심토층보다 침투능이 더 크고, 유기물이 있는 토양은 공극을 증대시키므로 침투능이 증가한다.

산림토양은 많은 양의 물이 이동할 수 있는 대공극을 갖고 있으며, 대공극은 토양 내 소동물이 만든 굴이나 뿌리에 의하여 형성되고 한편으로는 구조적인 공극과 토양 내 균열로 생긴다(그림 6-3). 토양 속에 돌이 있으면 토양과 돌 사이의 틈으로 침투능이 증가하나 저류능이 감소한다(그림 6-4). 늦가을 토양동결 전에 눈이 오면 토양 수분 동결이 방지되어 겨울 동안 침투가 양호하나, 눈이 쌓이기 전에 토양이 얼면 그 후 적설은 해빙을 지연시켜 침투능과 저류능이 감소되고 유출을 증가시킨다. 폭우 시 침투능은 경사가 심할수록 감소하나 유기물층이 발달하면 침투능은 크게 감소하지 않는다.

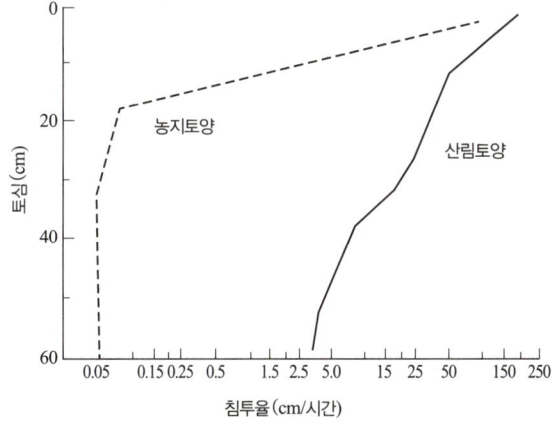

그림 6-3 산림토양과 농지토양의 토심별 침투율(Hoover, 1949)

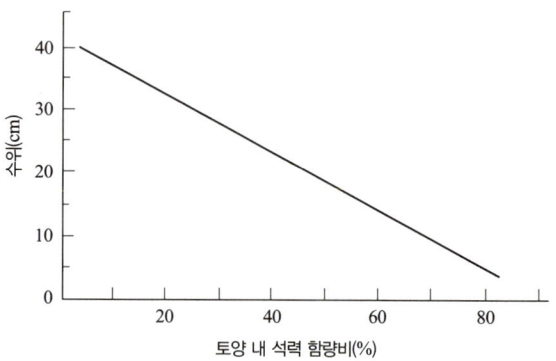

그림 6-4 **토양 석력 함량에 따른 수분 저류능**(Dyrness, 1969)

## 2) 물의 손실

토양에 침투된 물은 중력이나 증발산으로 다시 줄어든다. 중력에 의한 토양수 감소는 강우량이 적거나 증발산량이 많은 지역에서 더 심하다. 건조한 토양 표면에 물이 첨가되면 표토층의 모관수는 증가하나 심토층은 거의 영향을 받지 않는다. 중력수는 미사질토양보다 비모세관공극이 많은 사토에서 빠르게 이동한다. 표토층 증발량은 미사질토 함량, 수분 함량과 토양 온도가 증가할수록 많아지며 바람과 관계습도가 영향을 미친다.

유기물층이 없더라도 숲이 있는 토양은 숲이 없는 토양에 비해 증발량이 50%에 불과한데 그것은 수관이 그늘을 만들고 바람을 막아주기 때문이다. 유기물층이 있으면 증발이 방지되어 토양 저류능 역시 침투된 물 이동과 관계가 깊다. 미사질토는 사토보다 높은 저류능을 갖고 있으므로 폭우 후에도 많은 물을 저장할 수 있다. 그 외 유효토심과 초기함수량도 토양수 이동에 영향을 준다.

## 2 임목뿌리의 토양수 흡수

임목뿌리는 광합성과 증발로 손실된 물을 보충하기 위하여 많은 물을 흡수하는데 1일 손실량은 초여름일 경우 6mm이다. 1kg의 건물량을 생산하려면 300~500kg 물이 필요하며 비옥지보다 척박지에서 물이 더 요구된다. 임목뿌리는 토양수분이 적은 토양에서도 물을 효과적으로 이용하는데 소나무와 같이 뿌리가 발달된 수종은 균사가 물 흡수에 중요한 역할을 한다. 임목뿌리의 이러한 기능에도 불구하고 임목생장과 분포는 물의 공급과 밀접하다. 습윤한 온대지방에서 산림토양은 임목의 비생장기나 우기 후 일시적으로 포장용수량에 도달한다. 강우가 적으면 거의 수관에 차단되거나 표토층만 젖는다. 표토층에 수분이 있더라도 심토층이 장기간 말라 있으면 세근이 많은 표토층은 거의 위조점까지 내려간다. 그러므로 토양수분은 생장기간 동안 계속 부족하고 생장을 위축시킨다. 임목에 수분이 부족하면 간접적으로는 광합성, 질소동화작용, 염기흡수 및 전이와 생리작용이 방해받고 직접적으로는 세포가 커지지 못해 생장이 저하된다. 식물체 수분부족은 증산에 따른 손실과, 뿌리를 통한 흡수의 불균형 때문이며 토양수분 함량이 영향을 미친다. 콘톨타소나무(lodgepole pine)림의 토양수분포텐셜과 증산량의 관계는 그림 6-5와 같이 아주 밀접하다.

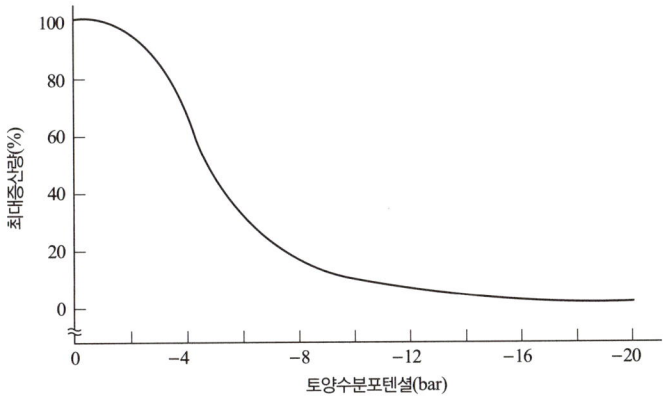

그림 6-5 콘톨타소나무의 증산량과 토양수분포텐셜의 관계(Lopushinsky, 1975)

한낮에는 토양 건습에 관계없이 증산량이 흡수량보다 많으므로 잎에 수분부족 현상이 나타나나 밤에는 반대현상이 일어나 다시 수분이 보충된다. 증산은 지상부 환경과 잎 구조에 좌우되나 흡수는 직접 토양인자의 영향을 받는다. 수분흡수는 토양수분장력, 토양 온도, 토양용액의 농도, 토양공기, 뿌리 분포와 크기 등 토양인자와 밀접한 관계가 있다.

뿌리가 물을 흡수하는 것은 두 가지로 설명할 수 있다. 즉 토양과 뿌리 사이의 수분포텐셜(water potential) 차이와 토양을 통하여 흐르는 수분 이동에 대한 저항성이다. 토성과 수리전도도 역시 뿌리 표면까지의 수분 이동을 억제한다. 통기성, 온도, 뿌리 목질화 정도는 이러한 저항성을 개선한다. 임목뿌리는 층화된 토양에서 각각 다른 수분을 함유하며 영구위조점 이상에서도 뿌리 일부가 생존한다. 흡수를 더 이상 할 수 없는 최소토양수분은 증산량이 적은 임목보다 많은 임목의 생장을 제한하는 인자이다.

뿌리는 생장기간 중 토양수분의 영향을 크게 받는데 봄철 수분 부족은 그 영향이 적으나 여름에 물이 부족하면 뿌리조직 신장이 늦거나 중단된다. 만약 토양수분이 일정 기간 내 다시 공급되면 우듬지 생장은 증대하지 않더라도 뿌리는 다시 자라기도 한다. 뿌리는 포장용수량에 가까운 묘포에서 잘 발달하며 영구위조점에 도달한 토양에서는 불량하다. 성목의 뿌리는 전토심에 걸쳐 있어 유효수분을 충분히 이용하며 세근은 지하수위 위의 모세관수까지 침투한다. 반면에 토양에 과도한 물과 불량한 통기도 뿌리 형태에 영향을 준다. 토양에서 가스교환이 제한되거나, 가비중이 높거나, 물이 많으면 뿌리는 얕고 옆으로 퍼진다.

## 3 토양수와 산림

토양수는 발아의 필요조건 중의 하나로서 천연갱신뿐만 아니라 묘목 생존과 생장에 영향을 준다. 사토에 침엽수 종자를 직접 파종하려면 발아기간 동안 지하수위가 지표 아래 20cm 내에 있어서 모세관수를 유지할 수 있어야 가능하다. 이식한 묘목은 뿌리가 늦게 자라므로 충분한 물을 흡수하지 못하면 과도한 증산으로 고사할 우려가 있다. 그러므로 이식묘 뿌리생장 상태는 곧 활착률 기준이 될 수 있다.

포장용수량 이하 토양에서는 습윤한 곳으로부터 건조한 곳으로 모세관류 이동이 아주 느리게 이동하므로 뿌리 쪽으로 모세관류 이동이 없고 뿌리가 계속 발달하지 않는 한 생장과 생존은 어려워진다. 조림한 나무는 물의 불균형으로 식재 후 수개월 동안 생장이 억제된다. 상층의 소나무 성목림을 벌채하면 증산량이 감소하여 토양수분 조건이 크게 개선된다. 임목의 양분이용, 흡수, 전이 역시 토양수분과 밀접하므로 토양 물리성, 토양 수분 저류능과 토양수 공급에 영향하는 지형인자는 지위 분류에 가장 중요하다.

Chapter 07

# 토양생물

7.1 토양미생물
7.2 토양동물

# chapter 07
# 토양생물

산림토양 내 생물상은 농지토양에 비해 다양성, 수, 활동성이 훨씬 크다. 유기물이 양호하면 토양 형성, 낙엽과 죽은 가지 분해, 양분순환, 임목 신진대사와 생장에 관련하여 복잡한 기능을 가지고 있는 특수한 환경이 생긴다. 토양생물은 그들의 특성과 습도, 온도, 통기성, 산도(pH), 양분과 같은 토양인자에 의하여 새로운 환경에 적응할 수 있는지 여부가 판단되며 동물상 분포에도 크게 영향을 준다. 대부분 생물은 유기물층과 토양에서 발견되는데, 토양동물은 유기물층 또는 A층에 공간과 빛이 그들의 생활조건에 적합하면 서식지를 만든다. 토양동물은 큰 동물을 제외하고 먹이와 밀접한 유기물층에서 움직인다. 한편 미생물상은 동물의 요구도와 다른 범위에서 활동하면서 토양전체에서 발견된다.

일본의 갈색산림토양에는 미생물이 L층에 31종, F층에 28종, 그리고, H층에 15종이 있다. 토양층위별로 1g당 미생물의 서식수를 보면 표층으로 갈수록 많고 미생물 중에는 세균이 가장 많다(표 7-1).

표 7-1 토양층위별 미생물수(100개/g)

| 층위 | 세균 | 방선균 | 진균 |
|---|---|---|---|
| $A_1$ | 9,792 | 1,104 | 191 |
| $A_2$ | 369 | 53 | 10 |
| $B_1$ | 400 | 1 | 1 |
| $B_2$ | 106 | 1 | 1 |

(Waksman, 1952)

독립영양생물 중에서 광영양생물(남조류 등)은 빛을 제한받지 않은 지표에서 발견되나 화학영양생물은 탄산가스로부터 탄소를 얻고 무기물 산화로 에너지를 얻으므로 생존공간 확보는 어렵지 않다. 미생물 중 아주 작은 종은 토양에서 자유롭게 움직이지 못하고 이온이 치환될 때 점토나 교질(colloid)에 의하여 움직인다. 유기물에서 나오는 물질은 뿌리 근처의 다른 미생물 생장을 촉진하므로 근권 미생물은 근권 외 미생물수의 10~100배나 많다. 그러므로 미생물은 유기물층과 근권에 가장 많고 토양으로 깊이 들어갈수록 감소한다.

산림토양은 유기물과 광물질 복합체로서 탄소와 에너지원을 세균에서 큰 동물까지 제공해 준다. 그래서 많은 생물은 생활 일부 또는 전체를 토양에서 보내며 이 집단의 복잡 다양성 때문에 분류체계가 필요하다. 식물과 동물은 형태나 분류학적으로 분류되지만 미생물은 신진대사의 특성 또는 산소요구도와 같은 생리적 특성에 의해 분류된다. 토양미생물을 활동하는 기능에 따라 분류할 때 토양 생성과정, 토성, 토양관리방법이 크게 관련한다.

## 7.1 토양미생물

토양미생물은 세균, 방선균, 진균(사상균) 그리고 조류 등 4개 군으로 나눈다. 토양미생물은 에너지와 탄소원에 따라 크게 둘로 나누는데 종속영양생물은 이미 만들어진 유기양분을 요구하며, 독립영양생물은 에너지를 광선이나 유기화합물의 산화로 얻고 탄소동화작용으로 탄소를 얻는다. 방선균, 세균의 대부분, 진균 그리고 동물은 종속영양생물이고 조류는 독립영양생물이다.

### 1 세균(bacteria)

세균은 크기가 작지만 수가 아주 많다. 세균과 진균은 통기가 좋은 토양에서 상당히 많지만 세균은 통기성이 나쁜 환경에서도 대부분 생화학적인 활동을 할 수 있다. 산소 유무에 따라 산소가 있으면 호기성 세균, 없으면 혐기성 세균, 그리고 산소에 관계없이 사는 통성혐기성 세균이 있다. 그러나 토양미생물을 이해하는 데 중요한 것은 산소에 의한 기준이 아니라 에너지원과 탄소원에 의한 기준이다.

### 1) 독립영양세균(자급영양세균, 무기영양세균)

독립영양세균에는 2가지 형이 있는데 태양광선을 에너지로 하는 광영양세균(photoautotrophs)과 무기물질 산화로 에너지를 얻는 화학영양세균(chemoautotrophs)이다. 이 중 후자는 몇 종에 불과하나 토양에서는 상당히 중요하다.

(1) 질소(N)화성균 : 에너지원으로서 질소화합물을 이용하는 세균은 암모니아를 아질산태(Nitrosomonas, Nitrosococcus)로, 또는 아질산태를 질산태(Nitrobacter)로 산화시킨다. 즉,

$$2NH_4 + 3O_2 \rightarrow 2NO_4 + 4H + 2H_2O \ (Nitrosomonas)$$

$$2NO_4 + O_4 \rightarrow 2NO_3 \ (Nitrobacter)$$

산림토양에는 이러한 세균 수가 많지 않으며 강산성일 때는 유기태 질소의 무기화가 느리게 진행된다. 따라서 산성을 교정하면 세균 수가 급격히 증가하여 식물이 이용할 수 있는 질소원이 많아진다. 또한 유기물의 분해도 질산화 작용에 영향을 준다. 왜냐하면 유기물층은 탄질률이 높기 때문에 질산화 작용을 하는 미생물이 밀도를 유지하기 위하여 유기물을 분해하는 동안 많은 질소화합물이 무기화한다.

질소 함량이 적은 낙엽이 유기물층에 떨어지면 유기태 질소가 나타나는 것을 질소의 부동화(immobilization)라고 한다. 그러나 어떤 물질의 탄질률이 20 : 1 이하로 감소하면 상당량 질소가 고등식물에 이용되기 시작한다. 산림토양에서는 이러한 탄질률을 가진 물질이 흔하지 않기 때문에 임목에 많이 이용되는 질소원은 유기화합물과 암모늄이다. 한편 질산은 용탈, 식물흡수, 부동화, 탈질작용 등으로 쉽게 없어지므로 농도가 낮다.

(2) **황(S)세균** : 화학영양세균으로서 황 또는 황화합물과 같이 무기화합물을 산화시켜 생장에 필요한 에너지를 얻는 세균이다. 황은 몇 가지 일차광물 속에 황화물로 존재하며 또한 동식물 유체와 강우로서 토양에 유입된다.

토양에서 황의 대부분은 질소와 같이 유기태로 있으며 임목에 이용되려면 무기태로 되어야 한다. 황은 황산염 형태로 뿌리에 흡수된다. 유기물 초기분해와 무기태 황화합물로의 전환은 종속영양세균에 의하여 이루어지고, 황화물과 황이 황산염으로 산화되는 것은 종속영양세균과 화학영양세균이 관여한다.

*Thiobacillus* 속 세균은 통기가 잘 되는 토양에서 산화를 잘 시킨다. 이 속에는 8종이 있고 서식범위가 넓다. 그러나 산성토양에 현저하게 나타나는 세균은 호기성균인 *T. thiooxidans*이다. 미생물에 의하여 황이 산화되면 다음과 같이 황산이 된다.

$$2S + 3SO_2 \rightarrow 2H_2O \rightarrow 2H_2SO_4$$

여기서 생기는 황산은 토양양분을 천천히 용해시켜 유효태로 만든다. P, K, Ca와 기타 미량원소의 용해도는 이러한 작용에 의하여 증가될 수 있다. 무기태 황화합물 산화는 종속영양세균, 방선균, 진균에 의하여 이루어지며 *T. denitrificans*는 공기가 없는 곳에서도 산화하는 능력이 있다.

(3) **철(Fe)세균** : 세균은 철, 망간, 그리고 중금속화합물을 변화시킨다. 철산화에 가장 중요한 화학영양세균은 *Thiobacillus ferroxidans*이다. 이 세균은 토양 속 철을 산화하여 에너지를 얻으므로 고등식물에 직접 이용되는 철과 경합을 일으켜 때때로 임목에서 철부족 현상을 보인다. 제1철은 토양에서 유실되기 쉽고, 저지대에서는 유기물 분자와 산화 또는 합성될 때 일종의 철층이 형성된다. *Bacillus, Pseudomonas* 등의 호기

성균과 어디에나 존재하는 혐기성균에 의한 제1철의 감소는 종속영양
세균이 한다.

### 2) 종속영양세균(타급영양세균, 유기영양세균)

탄소와 에너지원으로서 이미 만들어진 유기화합물을 요구하는 종속영양
세균은 토양세균에서 가장 큰 집단이며 비공생질소고정균과 지방, 단백
질, 셀룰로스, 탄수화물 분해균이 있다. 생물질소고정은 비공생질소고정
균(또는 남조류)이 단독으로 하거나 미생물과 고등식물 간의 공생에 의하여
이루어진다. $N_2$를 이용할 수 있는 능력을 가진 비공생질소고정균에는 호
기성인 *Azomonas*, *Azotobacter*, *Beijerinckia*, *Azospirillum*과 혐기성인
*Clostridium*, *Desulfovibrio* 등이 있다. 이들은 대기분만 아니라 유기태나
무기태 화합물에서도 질소를 얻는다.

균의 생존은 여러 토양조건에서 가능하나 질소를 고정하는 조건은 제한
되어 있어, *Azotobacter*는 호기성의 20∼30℃를 좋아하며 pH 6.0 이하
에서는 고정능력을 상실한다. *Beijerinckia* 역시 호기성이고 산성조건에서
잘 증식하나 열대지방 토양에는 드물다. 혐기성 세균 중 가장 우수한 것은
*Clostridium*인데 남조류와 함께 습하고 범람토양에 많으며 pH 5∼9에서
활동이 왕성하다. 탄질률이 넓은 유기물층에서는 비공생미생물에 의한 질소
고정이 나타나기도 하는데 그 양은 1∼3kg/ha이므로 크게 중요하지 않다.
Distefano와 Gholz(1989)는 엘리오티소나무산림에서의 질소고정량은 토
양에서 2∼3kg, 유기물층에서 0.1kg으로 임목이 흡수한 전체 질소량 중
15%를 차지한다고 하였으며 또한 처방화입과 질소시비가 질소고정을 촉
진하지 않으며 식물생육이 왕성한 봄에 질소고정이 크다고 하였다. 그러
나 *Rhizobium*속 공생질소고정균은 산림에 많은 콩과식물의 근류(nodule)에
있다.

콩과식물은 조림 시 질소원으로 함께 식재되는데 뉴질랜드에서는 모래언덕
고정을 위하여 lupine을 초본류, 소나무와 함께 심고 집약적으로 관리함으

로써 lupine이 5~7년 동안 생존하면서 토양 내 P, K가 충분할 경우 ha당 50~200kg의 질소를 고정한 사례도 있다(표 7-2). 우리나라에서도 척박지에 리기다소나무를 식재할 때 아까시나무와 싸리를 함께 식재하거나 파종하여 토양을 비옥하게 하고 있다. *Rhizobium*과 *Frankia*는 인산, 몰리브덴, 마그네슘을 충분히 공급해 주어야 질소고정량이 많아지며 빛의 양, 토양산도, 토양수분, 기온, 토양공기 등 환경인자에 아주 민감하다.

표 7-2 산림 내 질소고정량

| | 지역 | 수종 | 미생물서식지 | 고정량 |
|---|---|---|---|---|
| 독립영양세균 | 스웨덴 | 구주적송, 독일가문비나무 | 수관 | 0~0.15 |
| | | | 임상 | 0~7.5 |
| | | | 토양 | 0~0.5 |
| | 미국 남동지역 | 테에다소나무 | 유기물층과 토양 | 0~1.0 |
| | 미국 북서지역 | 미송 | 유기물층 | 0~1.0 |
| | | | 토양 | 0.1 이하 |
| | | | 썩은나무 | 1.4 |
| | | | 수관(이끼) | 3~4 |
| 공생 | 뉴질랜드 | 라디아타소나무와 혼식한 아까시나무 | 뿌리 혹의 *Rhizobium* | 90~160 |
| | 미국 중부지역 | 아까시나무 | 뿌리 혹의 *Rhizobium* | 35~200 |
| | 유럽 | 회오리나무 | 뿌리 혹의 *Frankia* | 43 |
| | 유럽, 캐나다 | 흑오리나무 | 뿌리 혹의 *Frankia* | 16~60 |
| | 미국 남서지역 | 적오리나무 | 뿌리 혹의 *Frankia* | 40~150 |
| | | 시트카오리나무 | 뿌리 혹의 *Frankia* | 20~150 |
| | | 갈매나무(*Ceanothus*) | 뿌리 혹의 *Frankia* | 0~110 |

*Alnus*, *Myrica*, *Hippophae*, *Elaeagnus*, *Shepherdea*, *Casuarina*, *Coriatia*, *Ceanothus* 등 비콩과수종도 근류를 갖고 있으며 질소고정능력이 있다. 피자식물 외에 나한송(*Podocarpus*)과 소철(*Cycas*)같은 나자식물도 근류와 비슷한 구조를 갖고 있으나 소철만 조류와 함께 질소고정에 영향을 준다. 질소고정량은 오리나무류가 가장 많고 소귀나무류(*Myrica*)가 가장 적다.

유기물 분해 세균은 낙엽, 식물뿌리, 동물유체, 배설물, 다른 미생물조직의 셀룰로스, 헤미셀룰로스, 전분, 지방, 왁스(wax), 기름, 수지, 단백질과 같은 이질적인 성분을 감소시키는 데 큰 역할을 한다. 이러한 다양한 물질은 진균, 방선균과 종속영양세균의 서식지가 되며 분해과정도 환경조건과 서식 미생물에 따라 변화한다. 유기물은 미생물 번식을 위한 에너지와 세포 형성에 필요한 탄소를 공급하며 최종적으로 $CO_2$, 메탄, 유기산, 알코올 등을 생성한다.

호기성 셀룰로스 분해세균은 산성과 혐기성 토양에 약하며 pH 5.5 이하에서 활동이 중단되므로 강산성이 아닌 활엽수림과 소나무 - 활엽수 혼합림 유기물층에서 주로 발견된다. 혐기성 세균은 강산성과 배수가 안 되는 토양에도 살지만 유기물 분해속도는 호기성 조건보다 느리므로 유기물 퇴적이 심하다. 식물체 분해율은 질소함량에 달려 있는데 질소는 대사를 왕성하게 하는 단백질원으로써 미생물이 분해할 탄소는 많은 대신 미생물의 수는 적어서 분해속도가 느려진다. 예를 들어 톱밥을 묘포에 사용하면 묘목의 질소부족현상이 생기므로 질소질 비료를 추가로 시비해 주어야 한다. 습한 토양에서 특히 pH가 중성일 때 탈질작용을 일으키는 미생물은 질소화작용을 하는 균의 활동보다 크다. 혐기적 조건하에서 어떤 세균은 질소산화물에서 산소를 얻는다. 즉, $NO_3 \rightarrow NO_2 \rightarrow N_2$가 된다. 탈질에 작용하는 균은 *Pseudomonas*, *Achromobacter*, *Bacillus*, *Micrococcus* 등이며 이들은 생활범위가 넓어 여러 토양에도 살 수 있다. 상당한 탈질작용이 범람토양과 같이 혐기성 조건에서 생기며, 강산성 산림토양에서도 질소가 휘산되므로 질소부족현상이 나타난다.

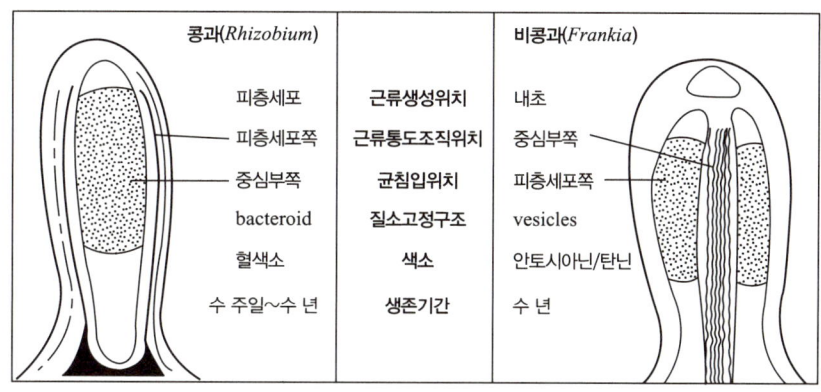

그림 7-1 근류의 해부학적 비교

## 2 방선균(actinomycetes)

세균과 진균의 중간 형태로서 가느다란 분지형(branching form : 원줄기에서 갈라져 나온 가지 형태)의 사상체(paraphysis : 세포질에 흩어져있는 실꼴 또는 낱알꼴의 작은 모양)로 만들며 분절증식(몇 개의 마디로 갈라짐)을 하거나 무성포자를 만들어 분열한다. 방선균은 세균 다음으로 많으며 분류학적으로 세균에 가깝고 생활환경 역시 비슷하다. 습지보다는 건조지에 많으며 pH 5.0 이하의 토양을 싫어하고 따뜻한 지역에 많다. *Streptomyces*는 키틴(chitin)을 분해하는 능력이 있고 *Nocardia*는 파라핀, 페놀, 스테로이드(steroid), 피라미딘(pyrimidine)을 변화시킨다. 공생질소고정균인 *Frankia*는 오리나무류, 소귀나무류, 갈매나무류와 같은 비콩과식물에 근류를 형성하여 질소를 고정한다. 방선균 중 *Streptomyce*는 항생물질을 만들거나, 세균을 죽이는 효소를 생산하여 세균이나 진균을 없애므로 토양미생물상 구성을 조절하지만 한편 토양에서는 식물병해를 일으킨다.

## 3 진균(fungi)

진균이라는 단어는 세균(작은 균, bacteria)과 비교하여 '진짜 균'이라는 의미를 가지고 있다. 과거에는 곰팡이라는 우리말을 사용하였으나 학술용어로 진균이라는 단어가 널리 사용되고 있다. 영어로는 fungus(복수형은 fungi)라고 하며 이 집단에는 효모모양 진균과 실 모양 진균이 모두 포함된다.

산림토양 유기물을 분해하는 미생물군은 진균이 가장 많고 산성조건에서 유기물을 썩게하는 기능을 담당한다. 산림이 습할 때 발생하는 많은 버섯은 진균의 분포를 증명한다. 진균은 균사를 갖고 있으며 균사는 횡벽(cross wall)과 격막에 의하여 독립된 세포로 구성되어 있다. 균사는 유기물층에 널리 퍼져 있으며 조부식과 반부식에서 발견된다.

분류학적으로 토양진균은 *Hyphomycetes*와 *Zygomycetes*로 구분한다. 한천배지에서 생육하는 진균 중에서 가장 흔히 볼 수 있는 것은 *Hyphomycetes*에 속하는 계통으로서 무성적으로 포자를 생산한다. 균사는 격막을 가지고 있으며 무성포자의 분생자형(conidial)이 분생자병이라 부르는 분화된 구조체 위에 생성된다. 그러나 *Zygomycetes*는 유·무성 번식으로 포자를 증식한다.

## 4 조류(algae)

토양 조류는 단세포이며 짧은 사상체 또는 집합체(colony)로 나타날 수도 있다. 녹조류, 남조류, 황조류, 막대형 규조류로 분류하며 엽록소가 있어서 에너지원인 탄소를 광합성 작용으로 만든다. 황조류와 규조류는 염기가 잘 공급되고 유효태 질소와 인산이 풍부한 비옥토에서 발견되고 척박한 산성 사토에는 드물다. 온대림에서는 녹조류와 규조류가 많으며 남조류는 열대지방에 많다. 조류는 토양 양분을 수용성으로 만들고 풍화작용을 촉진하여 무기물질에서 유기물을 만들므로 유기물 함량을 높인다. 남조류는 공중질소를 고정할 수 있어 토양에 질소를 공급하며, 습지나 산불이 난 후 알칼리성이 증가된 표토에 많다. 남조류는 에너지원으로 유기물을 이용하지 않으므로 불모지나 사토에 고등식물이 침입하기 전에 먼저 들어온다.

지의류는 진균과 조류가 공생한 것으로서 노출된 토양에 가장 먼저 침입하며 식물천이를 위하여 유기물을 제공하고 딱딱한 껍질 같은 집단을 형성한다. 녹조류는 가장 보편적인 지의류를 만드는 조류이며, 남조류는 때때로 온대림에서 우세종이다. Denison(1973)은 지의류 *Lobaria oregona*가 미송림에서 1년간 2~10kg/ha 질소를 고정한다고 하였다.

## 7.2 토양동물

토양동물은 대형동물과 단순한 단세포동물인 원형동물을 포함하며 토양에 대한 중요도는 크기에 반비례한다. 과도한 산림 내 방목지를 제외하고는 척추동물은 식생과 토양의 물리성에 미치는 영향은 아주 작으나 배설물, 답압, 토양 내 서식 등으로 토양에 영향을 준다. 또한 원생동물(protozoa)이나 선충과 같은 동물은 질소 양분화를 증가시킨다.

절지동물 중 톡토기(collembola)와 응애류는 무기태 질소를 증가시키는데, F층과 H층에서 전체 양분화된 질소량의 10~26%를 담당한다. 탄질률이 높거나 건조하여 미생물 활동이 적은 토양에서는 토양동물 역할이 크다(Persson, 1989).

### 1 척추동물(vertebrates)

두더지, 쥐류 등은 토양 내 굴을 파고 유기물을 분쇄하며 토양과 무기물을 혼합하므로 토양발달에 중요하다. 특히 두더지는 유럽 산림에서 정부식 형성에 큰 역할을 하기 때문에 mull과 mole의 어원이 같다. 대형동물은 표토층을 교란하지만, 소형동물은 물의 침투능과 토양공기를 증대시킨다. 쥐, 두더지와 소동물은 농지보다는 산림에 많으며 온대림 산림토양에 영향을 준다. 서식지, 배설물, 저장된 먹이, 동물 유체 등은 유기물을 공급하고 토양을 비옥하게 한다. 갈색포드졸토양에서 $A_2$층이 없는 것은 표토층에서 토양과 유기물이 섞였기 때문이다. 건조지에서 땅을 파는 두더지 역할은 습지의 지렁이와 거의 비슷하다. 들쥐(*Geomys* sp.)는 상당량의 토양을 경작한다.

## 2 절지동물(arthropods)

절지동물은 마디가 있는 토양동물의 하나로서 유기물층에 많다. 딱정벌레, 개미, 지네, 노래기, 톡토기, 쥐며느리, 거미, 응애류 등이 유기물 분해에 중요한 동물이다(그림 7-2). 쥐며느리는 낙엽과 죽은 나무를 잘 소화하며 낙하된 생잎을 분해하는 데도 큰 몫을 한다. 갑각류(가재, 왕새우)는 습한 해안평지에서 배수와 통기성을 좋게 한다. 썩은 것을 먹고 사는 응애(mite)는 $m^3$당 수 만 마리가 있으며 유기물층의 입단구조를 만들기 때문에 절지동물 중에서 가장 중요하다. 이들은 썩은 잎, 죽은 나무, 균사와 다른 동물 유체를 분쇄한다. 지네는 다른 토양동물을 잡아먹는 포식성 동물이지만 토양생성에는 크게 관련되어 있지 않다. 노래기는 썩은 유기물을 먹고 사는데 특히 칼슘이 많은 잎을 좋아하며 주로 활엽수림 정부식이 있는 토양에 많다.

톡토기와 좀류(bristle tail)는 작고 날개가 없으며 썩은 낙엽을 먹이로 하는 우점종이다. 극상림의 산림토양에는 톡토기류가 가장 많고 응애류가 다음으로 많다. 광릉시험림의 톡토기와 날개응애의 평균밀도는 전체 미소절지동물 밀도의 각각 44%와 42%를 차지하고 있다(어진우 등, 2011). 딱정벌레와 파리의 성충과 유충은 유기물을 분쇄하며 표토구조를 개선한다. 개미와 흰개미(termites) 역시 땅에 굴을 뚫고 활동량이 많으므로 토양개량에 중요한 동물이며 온대·한대림보다는 열대·난대림에 그 수가 더 많다. 온대지방에서 개미가 유기물층 위에 흙을 쌓아놓는 것은 포드졸토양의 발달에 중요한데 그것은 개미가 수년 동안 B층의 토양을 A층 위에 쌓기 때문이다. 거친 구조의 토양표면에 세립질 토양이 쌓이면 양이온치환용량과 유효수분이 증가하고, 종자피복과 뿌리생장에 도움을 준다. 산불은 유기물층에서 절지동물의 수를 일시적으로 감소시키나 동물이 모두 감소하는 것은 아니다.

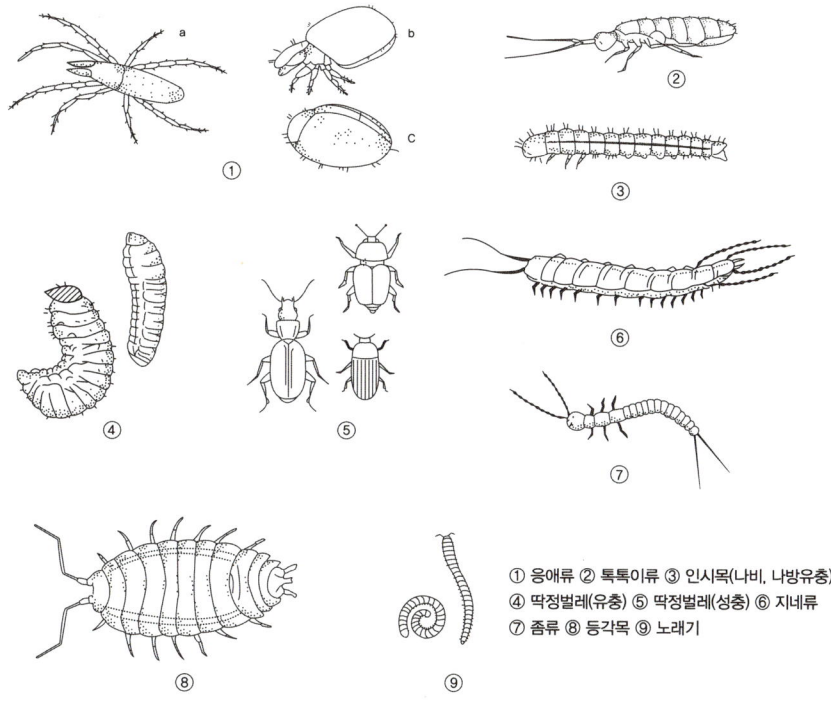

그림 7-2 산림토양동물의 종류

## 3 지렁이(earthworm)

환형동물인 지렁이는 전세계에 5,500종이 있으며 우리나라에는 60종이 있다고 알려져 있다. 마디가 있는 형과 마디가 없고 둥근형이 있는데 전자가 토양형성에 아주 중요하다. 지렁이는 토양생물상에서 가장 중요하며 대형이고 덩어리로 뭉쳐 있는 *Lumbricidae*와 소형이고 밝은 색의 *Enchytraeidae*로 분류한다. 지렁이 분포는 정부식과 관계가 깊으며 특히 *Lumbricidae terrestris*는 토양동물 전체의 80%를 차지한다. 이들은 낙엽과 유기물을 먹고, 입자가 아주 작은 토양도 함께 체내를 통과시킨다. 매년 1ha에 있는 지렁이는 토양과 유기물 30ton을 소화한다. 배설물에는 전질소와 질산태 질소, 유효인산, 칼륨, 칼슘, 마그네슘이 많으며 pH와 양이온치환용량도 개선한다.

지렁이는 유기물과 광물토양을 섞으며 토양구조와 통기성을 좋게 하므로 표토층은 지렁이 유기물이라고 하는 입단구조가 된다. 지렁이 수는 ha당 50만~250만 마리로 추정되며 기후와 토양인자에 좌우된다. 최적 토양 pH는 6.0~8.0로서 중성이며, 강산성 토양에는 약산성 토양보다 지렁이가 적고, 사토나 아주 건조한 토양은 지렁이 생육환경에 적합하지 않다. *Lumbricus rubellus*와 *L. festivus*는 *L. terrestris*보다 산성에 잘 견디며 침엽수림 조부식에서 많이 발견된다. *Lumbricus*와 크기는 비슷하나 색이 옅은 *Allolobophora*속은 유럽과 북미의 산림토양에 많고 활엽수림 정부식 발달에 큰 영향을 미친다.

Graham 등(1991)은 참나무림에는 지렁이가 많아서 지렁이가 거의 없는 소나무림보다 A층을 형성하는 속도가 빠르다고 하였다. *Octolaseum* 속, *Dendrobaena* 속과 같은 작은 지렁이는 유기물을 잘 먹으며 표토층의 이화학적 성질을 개선한다. 길이가 수 cm인 작은 지렁이는 토양형성에 중요하지 않다고 볼 수 있으나 불리한 환경에서도 잘 생존하므로 정부식보다는 조부식에 많다.

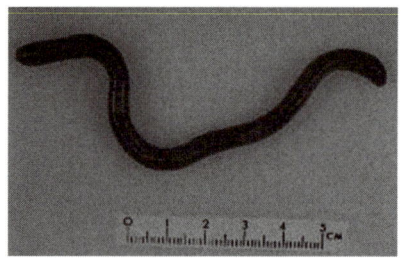

그림 7-3 지렁이

### 4 원생동물(protozoa)

원생동물은 토양생물상에서 가장 많아 토양 1g당 1,500~10,000마리가 있다. 이 단세포생물은 활동형 또는 포낭(cyst)으로 토양 내 존재하나 주로 호기성이므로 표토층에 많다. 원생동물 번식에 좋은 토양조건은 세균과 비슷하며 침엽수와 활엽수에 모두 있고 분해된 유기물과 세균을 먹고 산다.

## 5 선충(nematodes)

선충은 현미경으로 겨우 볼 수 있을 정도로 작으며, 전체 산림토양에 분포한다. 선충 밀도도 A층에서 높고 곰팡이섭식성 선충의 밀도는 침엽수림 토양보다 활엽수림 토양이 높다(어진우 등, 2011). 사물기생(necrotrophism) 또는 활물기생(biotrophism) 선충이 있는데 사물기생 선충은 자유로이 살며 유기물화 과정에서 유익하다. 활물기생 선충은 세균, 원생동물, 진균, 작은 절지동물과 다른 선충을 잡아먹어 유익하기도 하나 어떤 선충은 임목 뿌리에 상당한 피해를 입힌다. 미국 해안평지의 3년생 엘리오티소나무 조림지에서 선충을 조사한 결과 조림지 전체지역에서 발견되었고 *Helicotyenchus*와 *Criconemoides*가 가장 많았다. 선충이 임목 활력과 생장에 미치는 영향은 잘 알려지지 않았으나 조림지에서 발견된 몇 종은 소나무에 피해를 준다고 보고되어 있다. 위의 2종 이외에도 *Hemicycliophora*, *Hoplolaimus*, *Tylenchorhychus*, *Xiphinema*가 있다. 토양 내 선충 수는 토양 소독 후에는 거의 소멸되나 1~2년 후에는 원래 상태로 되며 종 다양성은 오랜 기간이 경과되어야 회복된다. 선충은 6월에 비하여 7, 8월에 1.6배 더 증가한다(그림 7-4).

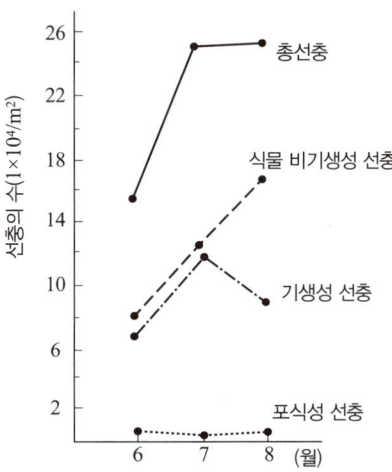

그림 7-4 **토심 15cm 내 계절별 선충 밀도**(이 등, 1983)

Chapter 08

# 균근

8.1 균근의 분류 및 형태
8.2 균근 분포
8.3 균근 생리
8.4 균근과 토양병원균
8.5 질소고정식물과 균근
8.6 균근균의 접종효과

# chapter 08
# 균근

지구상 대부분 유관속식물은 균근(mycorrhizae)을 갖고 있으며 과수와 산림수종도 모두 균근을 형성한다. 균근은 토양 내 이용도가 낮은 양분, 특히 인산 흡수를 촉진시키고 토양병원균의 식물뿌리 침투를 억제하며 그 외에 토양 온도의 급격한 변화, 한발, 강산성과 토양독성 물질에 의한 피해를 경감시킨다. 그러므로 균근은 식물생장에 도움을 주면서 식물과 공생관계를 유지한다. 균근은 자연적으로 형성되지만 최근 인공적으로 배양하여 균근균(mycorrhizal fungi)을 접종하면 기주식물 생장을 10배 이상 촉진하는 예도 있으며 척박한 토양 혹은 식물이 거의 살 수 없는 환경 속에서도 성공적으로 식생을 생육하게 한다.

## 8.1 균근의 분류 및 형태

균근은 균사가 뿌리세포에 침투하는 양상에 따라 수지상균근(vesicular arbuscular endomycorrhiza), 진달래균근(ericaceous endomycorrhiza), 난초균근(orchidaceous endomycorrhiza), 내외생균근(ectendomycorrhiza) 그리고 외생균근(ectomycorrhiza) 등 5개 군으로 나눈다. 이에 대한 기주식물과 균근균, 그리고 형태적 특성은 표 8-1과 같다.

균근의 내부형태를 보면 어떤 균근균도 뿌리 끝의 분열조직이나 내피세포층 이상의 안쪽 세포 즉, 중심부의 통도조직으로는 들어가지 않으므로 양분과 수분 이동을 방해하지 않는다.

표 8-1 균근 분류

| 균근의 분류 | 형태 | 균근균 | 기주식물 |
|---|---|---|---|
| 수지상균근<br>(VA내생균근) | 균사가 피층세포 내부까지 침투하여 vesicles이나 arbuscules를 형성하고 뿌리외부에는 40~300μm의 포자 형성 | 균사에 격막이 없다. 접합자균으로서 Endogonaceae과의 Glomus, Gigaspora, Acaulospora, Sclerocysis, Entroposphora 등 160여종 | 소나무과, 십자화과의 일부와 수생식물을 제외한 목본 및 초본식물의 대부분 |
| 진달래균근 | 균사가 피층세포 내부까지 침투하여 코일 또는 결절(tubercle)모양 형성 | 균사에 격막이 있다. Pezizella ericae, Clavaria 속 | 진달래과의 Erica 속 |
| 난초균근 | 균사가 피층세포 내부 침투 | 균사에 격막이 있다. Rhizoctonia | 난초과 |
| 내외생균근 | 표피와 피층세포의 외부와 내부에 존재, Hartig 망 형성 | 외생균근 수종이 어린 시기에 일시적으로 형성 | 잘 알려져 있지 않음 |
| 외생균근 | 뿌리표면에 균사층, 표피와 피층세포층에 Hartig 망 형성 | 담자균류, 자낭균류, 송이버섯 등 | 소나무과, 자작나무과 참나무과, 버드나무속 피나무속 |

(Brundrett, 1996)

## 1 수지상균근(arbuscular mycorrhiza)

내생균근의 형태가 나뭇가지 모양으로 되어 있어 수지상이라고 하며, VA내생균근이라고도 부른다. 외부에는 뿌리털이 발달하고 뚜렷한 균사층이 없기 때문에 비균근과 균근을 구별하기가 힘들다. 균사는 피층세포의 내부에 침투해서 vesicles(소낭)와 arbuscules(작은 나무 모양)을 만든다. vesicle은 피층세포 내부나 외부에 모두 생기는데 질소생성기관으로 추정되며 arbuscule은 주로 내피세포층에 가까운 안쪽 피층세포층에 발달하고 기주식물과 균사가 양분을 교환하는 장소로서[흡기, haustorium] 점점 기주식물에 소화, 흡수된다(그림 8-1). 수지상균근은 땅 속에 40~300m의 포자를 형성한다.

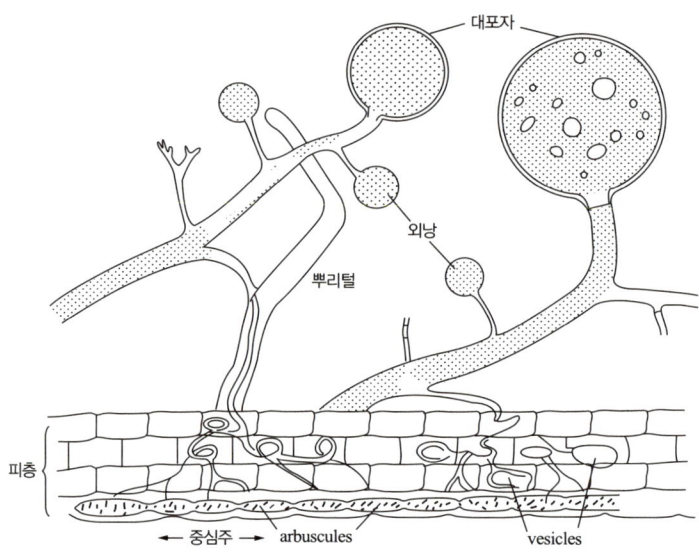

그림 8-1 **수지상균근의 구조**(Nicolson, 1967)

수지상균근은 *Endogonaceae*과(family)에 속하며, *Glomus*, *Gigaspora*, *Acaulospora*, *Sclerocystis*, *Endogone*, *Complexipes*, *Entrophospora*, *Glaziella*, *Modicella* 등 9개의 속(genus)이 있다. 이 중에서 *Endogone*속은 외생균근도 형성한다.

우리나라 산림토양에서는 수지상균근균이 5개속에서 50여종이 동정되었고, 포자낭과를 형성하는 *Glomus*(*Sclerocystis*)속이 전국적으로 분포하고 있다. 수지상균근균은 토심 15cm 깊이에서 전체의 90%가 분포하고 균의 다양성은 한반도의 남쪽으로 갈수록 높아지고 토양수분이 충분하고 비옥도가 높아질수록 다양해진다. 선구식물종인 돌콩은 질소고정식물과도 공생하므로 생태계 복원에서 토양 비옥도를 증진시키는 핵심종으로 이용할 필요가 있다. 산림 내 싸리, 차풀, 억새 등이 자라는 토양에서 빈도가 높은 *Gigaspora margarita* 포자는 인공배지에서 발아하여 약 50일 동안 자랄 수 있으며, 보조세포는 발아 7일 후 2차 균사에서 형성된다.

### 2 진달래균근(Ericoid mycorrhiza)

진달래과 *Erica*속 식물에서 나타나며 분리, 배양, 접종으로 확인된 균은 자낭균인 *Pezizella ericae* 뿐이지만 담자균인 *Clavaria*도 관찰된 적이 있다. 균근 표면에는 균사가 거미줄모양으로 뻗어 있고 표피세포나 피층세포 내에서도 균사가 coil 혹은 결절모양으로 들어차 있다. 그러나 내피세포 이상 안쪽으로는 들어가지 않는다.

### 3 난초균근(Orchid mycorrhiza)

이를 형성하는 균근균은 *Rhizoctonia*로서 소나무류 뿌리에는 병을 일으키는 균이다. 난초류의 균근공생관계는 병원성과 공생성 사이의 묘한 관계이다. 균사는 난초뿌리에 병을 일으키지만 결국에는 뿌리 세포 내에서 분해되어 기주식물에 흡수된다. 엽록체가 없는 난초류는 평생을 균근공생관계에 의지하고, 엽록체가 있더라도 발아 시에는 균근균에 의지한다. 관상용 난초 재배의 어려움은 이 공생관계에 기인한다.

### 4 내외생균근(Ectendo mycorrhiza)

균근 중에서 가장 연구가 미약하며 외생균근을 형성하는 균이 소나무과 유묘 피층세포 내부까지 침입함으로써 생긴다. 균투(fungal mantle)나 하티그 망(Hartig net) 발달은 엉성하며 피층세포 내에도 균사가 존재한다. 진달래과 *arbutus*종 식물에서 볼 수 있는 arbutoid 균근은 내외생균근과 비슷한 형태이다.

## 5 외생균근(ectomycorrhiza)

외생균근균은 내생균근균보다 기주식물 범위가 좁고 형태적으로 단순하다. 전형적인 외생균근은 표피세포 외부에 균투를 형성하고 세근 내부 피층세포층 세포 사이에 들어가서 하티그 망을 만들지만 세포내부에는 침투하지 않는다(그림 8-2). 외부형태는 뭉툭한 곤봉모양, Y자형으로 계속 가지친 모양, 산호모양 등이 있고 잣나무, 참나무류, 미송 등에서는 산호모양의 균근 전체를 둘러싸는 또 하나의 균투가 생겨서 근류모양으로 되는 것도 있다.

그림 8-2 흰색 Y형 외생균근(구창덕, 2008)

외생균근을 형성하는 균은 대체로 담자균으로서 기주식물의 뿌리가 있는 곳에서만 자실체(버섯)를 만들고 인공배지에서는 자실체를 형성하지 않는다. 외생균근균의 종수는 북미에만 2,100여 종으로 추산될 정도로 상당히 많다. 대표적으로 소나무와 공생하는 송이가 있다(그림 8-3). 송이균근은 소나무의 세근에 균투와 하티그 망을 형성하는 전형적인 외생균근이지만(그림 8-4) 정단부에는 균투가 없어서 계속 길이 생장을 하며, 이미 형성된 균근은 시간이 지남에 따라 표피세포와 피층세포의 하티그 망이 함께 검게 사멸하고, 정단부에서 계속 자라는 부위에서는 새 균근이 형성되는 균근 공생체이다(구창덕 등, 2000). 송이는 인공적으로 재배할 수 없으나 최근 50% 이상 송이균이 감염된 묘목을 20여년생 소나무림에 식재한 결과 송이가 생겼는데 1개의 송이는 감염묘를 이식한지 6.6년만에, 5개의 송이는 13.5년만에 발생하였다. 5개의 송이는 감염된 소나무에서 90~115cm 떨어진 곳에서 발생하였다(가강현 등, 2017).

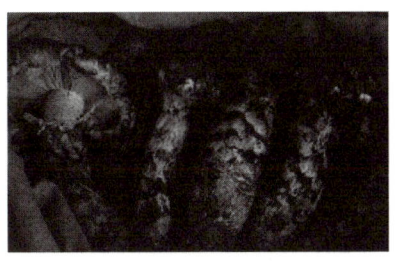
그림 8-3 송이(구창덕, 2008)

그림 8-4 송이균근 균사(구창덕, 2008)

버섯 중 유럽에서 진귀한 식용버섯인 덩이버섯(truffles)은 자낭균에 속하며 검정균근균(black mycorrhizae)으로 알려진 *Cenococcum graniforme*와 *C. geophillum*은 불완전균근균에 속한다.

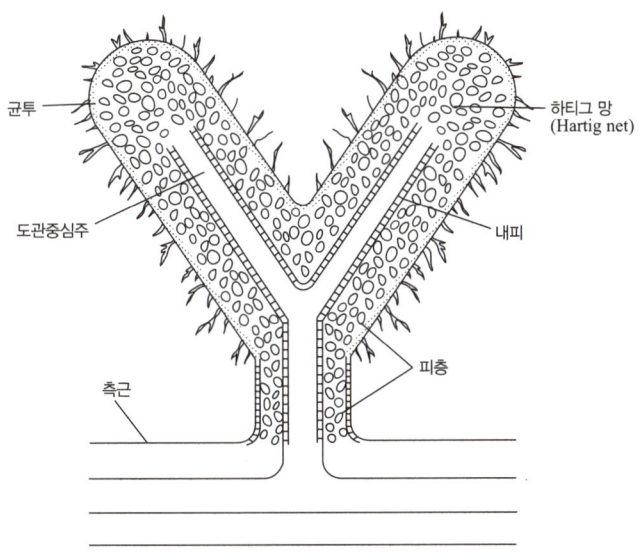
그림 8-5 외생균근의 구조(Marx, 1966)

외생균근균은 생활사를 완성하기 위하여 기주식물이 분비하는 여러 가지 양분 즉 탄수화물, 아미노산, 비타민 등을 필요로 하기 때문에 식물 뿌리와 공생관계, 즉 균근을 형성해야 하며 그 길이는 5cm 이하이다.

## 8.2 균근 분포

지구상에 존재하는 유관속식물의 95% 이상이 균근을 형성하며 균근을 형성하지 않는 식물은 수생식물이나 습생식물, 사막에서 자라는 일부 식물뿐이다. 외생균근은 대부분 목본식물에 있는데 소나무과 수종과 절대공생하는 것으로 알려져 있고 그 외 참나무과, 자작나무과, 버드나무속, 피나무속에서 잘 볼 수 있다. 수지상균근은 전적으로 외생균근만 갖는 식물(소나무과, 참나무과 등), 격막이 있는 내생균근균과 공생하는 난초, 진달래과 그리고 균근을 형성하지 않는 명아주과, 십자화과, 현호색과, 사초과, 닭의장풀과, 쐐기풀과, 마디풀과를 제외한 모든 초본식물과 목본식물에서 볼 수 있다. 이경준 등(1983)은 한국목본식물의 내생균근을 조사한 결과 102개의 대상수종 중에서 외생균근을 형성하는 수종과 붉나무를 제외한 전수종에서 확인되었다.

균근균의 활동이 왕성하고 균근형성률이 높아지려면 적절한 산소공급, 즉 통기성이 양호하고, 약산성이며, 수분공급이 원활해야 한다. 균근은 호기성이므로 주로 지표에 가까운 곳에 많이 발달한다. 식물뿌리는 땅속 3m 이상의 깊이에도 생장하지만 균근형성률은 지표면에 가까운 곳이 높다. 약산성의 정부식에서는 미생물활동이 활발하고 균근빈도가 높다. 토양이 비옥하면 세근이 적게 생기므로 정부식에서는 균근형성률이 높으나 절대수는 조부식에서 많다.

유기물, 썩은 나무, 숯 등은 보습력이 높아서 균근의 좋은 서식지가 된다. 봄이나 초여름에 유기물층에 균근이 가장 많으며, 덥고 건조한 여름에는 뿌리생장이 멈추므로 균근은 주로 수분이 적절히 유지되는 썩은 나무 속에 많이 존재한다(그림 8-6).

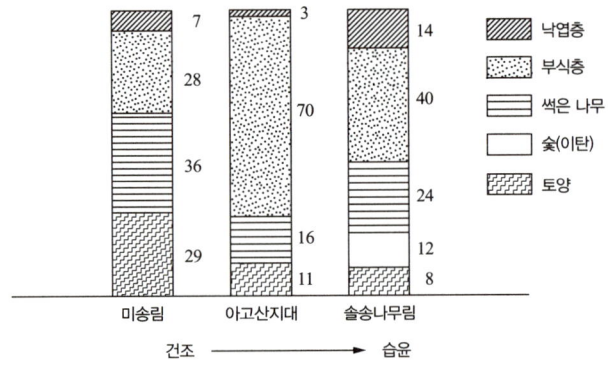

그림 8-6 산림토양 층위별 균근의 분포(%)

## 8.3 균근 생리

### 1 균근의 역할

외생균근은 주로 Y자형이나 산호모양이므로 토양과 접촉면적이 커서 양분흡수 면적이 넓으며 균근으로부터 뻗어나온 많은 균사들은 뿌리가 닿지 않는 곳까지 뻗어서 이동이 적은 양분(인산, 구리, 아연 등)을 흡수하여 기주식물에 공급하며, 생물적인 풍화작용으로 양분 유효화를 증대시킨다. 외생균근은 뿌리 외부에서 두꺼운 균사층인 균투를 형성하고 뿌리 내부 피층세포 사이에 침입하여 하티그 망을 형성함으로써 토양독성, 뿌리병원균, 높은 토양 온도, 한발, 낮은 pH, 높은 염도 등으로부터 뿌리를 보호한다.

균근은 diatretyne nitrile와 diatretyne3이라는 항생물질을 생산하여 주위에 있는 병원균의 번식을 억제하고 옥신(auxin), 시토키닌(cytokinin), 지베렐린(gibberellin) 같은 식물생장호르몬을 생성하여 식물생장을 촉진하기도 한다. 균근은 식물을 이식했을 때 생존율을 높여준다. 균근을 인공접종한 묘목은 무접종 묘목보다 조림 시에 활착률이 높을 뿐만 아니라 초기생장도 월등하여 주변 식생과의 경쟁에서 우세한 위치를 차지할 수 있다. 이천용 등(1988)은 모래밭버섯균을 접종한 리기다소나무 묘목을 척박지에 조림한 결과 활착률이 무접종묘보다 14% 높았다고 하였다. 그러므로 탄광폐석지, 황폐지, 척박지에 나무를 심을 때 균근을 접종한 묘목은 활착과 생장이 양호하다.

### 2 균근과 식물 무기영양

경제적으로 중요한 수목과 농작물을 대상으로 하여 외생균근과 수지상균근이 뿌리의 양분흡수에 미치는 영향에 대해서 많이 연구되고 있는데 특히 척박한 토양에서는 균근을 형성한 식물이, 형성하지 않은 식물보다 양분을 더 많이 흡수한다는 것이 증명되었다.

균근균과 기주식물의 영양관계를 이해하기 위하여 균근의 미세구조(ultrastructure)를 전자현미경으로 관찰해 보면 수지상균근의 경우 arbuscules가 형성되어 기주식물의 세포가 크게 확장되고 핵도 커진다. 그리고 색소체(plastid)와 미토콘

드리아(mitochondria)의 숫자가 증가하는 반면에 액포(vacuole)는 줄어들게 된다. arbuscules가 사멸될 때에는 세포가 축소되면서 액포가 다시 늘어나서 균근이 없는 액포 형태와 유사하게 된다. 즉 균과 기주식물의 양분교환은 살아 있는 세포의 원형질막을 통하여 일어나므로 양분교환과정은 에너지를 소모하는 활발한 대사활동이다.

균근을 가지고 있는 식물은 토양 중의 P, N, S, Zn, Cu 등의 흡수가 촉진되는데 이 중에서 가장 현저한 것은 P이다. P는 기주식물로부터 땅속으로 뻗어나간 무수한 균사가 뿌리털보다 더 많은 토양과 접촉함으로써 균사 주변의 가용성 인산을 효율적으로 빠른 시간에 흡수한다. 수지상균근의 균사 길이는 토양 $1cm^3$당 총 55m에 달할 만큼 많다. 식물이 토양 내 인산을 흡수하는 제한요소는 토양 중 대부분 인산이 불용성으로 고정되어 있다는 것인데 균사는 식물뿌리가 닿지 못하는 곳까지 넓게, 그리고 속속들이 뻗어서 매우 적게 존재하는 가용성 인산을 효율적으로 흡수하여 기주식물에게 전달한다. 또한 균근이 비균근보다 흡수면적이 클 뿐만 아니라 실제로 인산에 대한 친화력도 크다. 일단 흡수된 인산은 균사내에서 중합인산염(polyphosphate)의 형태로 바뀌어서 기주에서 전달된다.

외생균근은 양분을 흡수하여 균투에 N, P, K, Ca 등을 저장한 후 기주식물에 공급한다. 토양 내 질소가 질산태로 충분하게 존재하고 토양수분이 적당하다면 식물은 질소를 쉽게 흡수할 수 있으므로 균근 효과는 거의 나타나지 않는다. 그러나 질산태질소 농도가 낮거나 토양수분이 부족할 경우 혹은 질소가 주로 암모니아태로 존재하여 질산태질소에 비하여 흡수가 어려운 경우에는 질소가 부족하게 되는데 균근은 토양 내 광범위하게 뻗어 있는 균사를 통해 질소 흡수가 촉진된다. 균근은 유기물층에 많으므로 유기질 형태 질소가 A층으로 용탈되기 전에 흡수한다. 결국 균근은 산림토양에서 인산뿐만 아니라 질소흡수도 촉진한다.

## 3 균근 형성

비옥한 토양에서는 식물체 뿌리 자체가 잘 발달하지 않고 균근형성율도 낮다. 특히 인산 함량이 많을 때에는 이러한 현상이 더 뚜렷해진다. 그 원인은 토양 내 인산함량보다 기주식물 뿌리 내 인산농도 때문이다. 토양에 가용성 인산 농도가 낮을 때는 기주식물 내 인산 함량도 적어짐과 동시에 뿌리세포의 원형질막 투과성이 증가하고 따라서 뿌리 삼투압이 증가하여 뿌리 주변 균근균이 자극을 받아 뿌리에 침입하게 된다. 반대로 토양 중에 인산 함량이 많을 때는 위에서 말한 것과는 반대현상이 일어나서 뿌리 삼투압이 감소하여 뿌리 주변의 균근균이 이용할 수 있는 대사물질이 결핍하게 되고 결국에는 균근균 활동이 억제된다. Marx 등(1977)은 외생균근의 경우에 토양비옥도가 높으면 뿌리 내의 자당(sucrose) 함량이 감소하여 균근균 감염이 어렵게 된다고 하였다. 반대로 세근 내에 자당이 증가하면 균근형성률이 높아진다(그림 8-7). 식물체 내에 질소/인 비율이 증가하면 균근 수는 감소한다(그림 8-8).

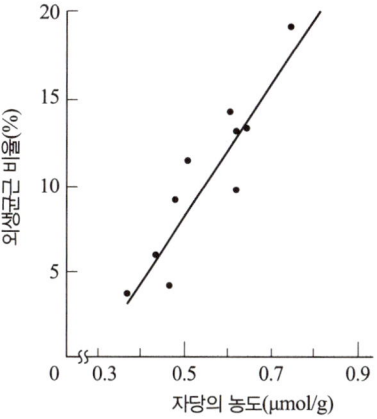

그림 8-7 테에다소나무 세근 내 자당 농도와 모래밭버섯균근의 형성 관계(Marx 등, 1977)

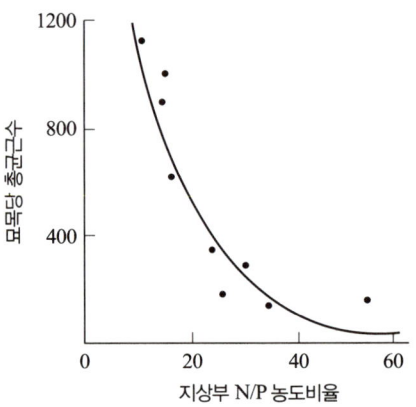

그림 8-8 테에다소나무 지상부 내 질소/인비율과 총균근수의 관계(Pritchett, 1972)

균근 형성에 관여하는 환경인자는 토양비옥도 외에 빛의 세기[광도], 토양 온도, 수분, pH, 통기성, 뿌리 주변 미생물 등이 있다. 토양 내 유기물, 전질소, 유효인산 함량이 낮아질수록 균근 발달이 왕성하다. 균근은 약산성에서 잘 형성되는데 pH 5보다는 pH 6에서 더 왕성하다(표 8-2). 빛의 세기가 약하면 광합성률이 낮아지고 그 결과 뿌리 내 가용성 탄수화물이 적어지므로 균근형성이 억제된다. 모든 균근균은 호기성이므로 과습하거나 통기성이 불량해지면 균근 발달이 저조해진다. 적당한 양의 수분은 균근발달을 촉진한다. 균근균은 유기물을 분해하지 못하며 유기물 함량이 낮은 곳에서 균근형성이 더 잘 되지만 주기적인 건기가 있는 산림에서는 토양보다 보습력이 높은 숯, 썩은 나무덩이, 유기물층에서 더 발달한다. 주기적으로 심하게 건조될 수 있는 사질토양에서는 이에 적응된 균종으로서 내건성이 강한 검정균근이 발달한다.

표 8-2 라디아타소나무 묘목의 토양 pH별 균근 형성과 생장

| 토양 pH | 뿌리의 중량(g) | 균근형성률(%) | 균근의 색깔 분포(%) | |
|---|---|---|---|---|
| | | | 갈색 | 흰색 |
| 4.5 | 1.16 | 41 | 43 | 57 |
| 6.2 | 1.61 | 53 | 67 | 33 |
| 8.0 | 0.33 | 18 | 100 | 0 |

균근균이 자라는 적정온도는 18~27℃이다(그림 8-9). 균근균은 5℃ 이하나 35℃ 이상에서는 생장을 멈추지만 균종에 따라서는 생장온도 범위가 커서 저온이나 고온에서 모두 생장하는 균이 있다. 그러나 같은 종이라도 품종에 따라 다르다. 모래밭버섯균(*Pisolithus tinctorius*)은 40~42℃에서도 자라고 동결된 땅에서도 월동할 수 있으므로 생장기간이 짧거나, 저온, 건조 등의 불리한 환경에서도 기주식물에 양분을 공급할 수 있다.

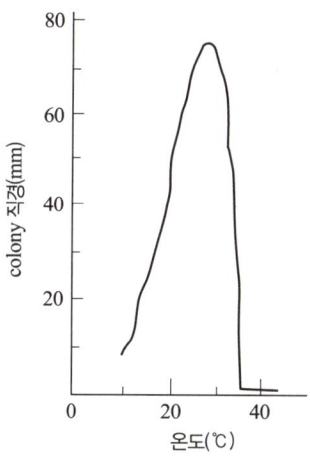

그림 8-9 *Rhizopogon luteolus*의 생장과 온도의 관계(Theodorou 등, 1971)

## 8.4 균근과 토양병원균

균근은 뿌리 내부나 뿌리 주위에 서식하는 미생물 집단에 물리적 혹은 생화학적으로 영향을 주며 균근형성으로 인하여 변화된 식물영양상태와 생육상태 개선은 줄기나 가지, 잎에 침입하는 병원균에게도 영향을 줄 수 있다.

외생균근 주위에 서식하는 미생물 즉 바이러스, 세균, 방선균, 진균 등의 종류나 숫자는 비균근 주위의 미생물의 종류나 숫자와 크게 다르다. 균근 주위에는 사물기생성 균류(Trichoderma 속, Penicillium 속, Paecilomtces 속)가 주로 서식하는 데 반하여 비균근 주위에는 병원성균류(Fusarium 속, Pythium 속, Cylindrocarpon 속)가 많으며 세균의 종이나 수도 균근 주위에 많다.

내생균근에서도 외생균근과 같은 현상을 관찰할 수 있다. 수지상균근균이 균근 주위의 비공생질소고정균인 Azotobacter와 그 외 세균, 방선균 등의 수를 증가시킨다. 미생물 중에서 중요한 것은 식물병원균인데 식물체에 치명적으로 해를 줄 수 있는 병원균을 막는 균근 기작은 다음 네 가지로 제시할 수 있다.

(1) 균근균은 뿌리가 분비하는 탄수화물을 먼저 소비하여 병원균이 이용할 수 있는 양분을 없앤다.
(2) 균근균이 형성한 균투와 하티그 망(hartig net)은 병원균 침입에 대한 물리적인 방어 장벽이 된다.
(3) 균근균은 병원균 생장을 억제하는 항생물질을 생산한다.
(4) 뿌리나 균근균 자체가 분비하는 물질은 균근 형성으로 인하여 변화되어 균근 주위 미생물상이 바뀌고 이것이 병원성균 발달을 억제한다.

수지상균근균은 양분흡수를 증가시켜서 기주식물의 생장을 촉진한다. 그러므로 식물영양적인 면에서 수지상균근균 역할이 무엇보다 중요하다. 영양상태가 양호한 식물은 병원균에게 좋은 서식지가 될 수 있으므로 가지나 잎에서 자주 병이 발생한다. 그러나 수지상균근균이 존재하는 뿌리조직은 병원균 침입에 대하여 내성을 띠므로 토양병원균에 저항성을 높인다.

## 8.5 질소고정식물과 균근

산림에서 질소고정식물은 연간 50~100kg/ha의 공중질소를 고정하여 임지에 남긴다. 질소고정식물은 인을 많이 요구하는데 그 이유는 질소고정효소(nitrogenase)의 활성화에는 다량의 아데노신삼인산(ATP)이 필요하고, ATP/ADP(아데노신이인산)의 비율이 낮으면 질소고정효소의 활동이 저해되기 때문이기도 하다. 아데노신에 인산기가 1개가 붙으면 아데노신1인산(Adenosine Monophosphate·AMP), 2개면 아데노신2인산(Adenosine Diphosphate·ADP), 3개면 ATP다. ATP는 생물체 내에서 수많은 화학반응을 일으키며 그 에너지는 활동과 물질 수송에 사용된다. 1몰(Mol)의 ATP가 ADP로 변하면 약 7.3cal(kcal)의 에너지가 생기고, ADP가 AMP로 가수분해되면 같은 양의 에너지가 나온다. ATP는 세포 속 미토콘드리아에서 소화 흡수된 포도당, 아미노산, 지방산 등의 양분이 산화(세포호흡, Krebs cycle)되어 생기는데 이 과정에서 에너지가 발생하고 그 에너지를 생명 유지에 사용하는 것이다.

균근균은 기주식물의 인 흡수를 증가시키기 때문에 인 요구량이 높은 질소고정식물에서는 균근균 역할이 더욱 중요하다. Trappe(1979)가 표 8-3과 같이 정리한 것처럼 지금까지 조사된 모든 질소고정식물은 근류(뿌리혹)와 균근을 함께 갖고 있다. 그래서 이들을 기주식물, 질소고정미생물 그리고 균근균의 3자공생(three-membered symbiosis 또는 tripartite symbiosis)이라고 한다.

표 8-3 질소고정식물의 균근

| 과명 | 속명 | 균근 형태 |
|---|---|---|
| Betulaceae | *Alnus* | Ecto M., VAM. |
| Casuarinaceae | *Casuarina* | VAM. |
| Cycadaceae | *Cycas* | VAM. |
| Myricaceae | *Comptonia*<br>*Myrica* | Ecto M., VAM.<br>Ecto M., VAM. |
| Elaegnaceae | *Elaeagnus*<br>*Hippophae*<br>*Shepherdia* | VAM.<br>VAM.<br>VAM. |
| Rhamnaceae | *Ceanothus*<br>*Colletia*<br>*Discaris* | VAM.<br>VAM.<br>VAM. |
| Leguminosae | Herbaceous<br>Woody | VAM.<br>Ecto M., VAM. |
| Rosaceae | *Cercocarpus*<br>*Cryas*<br>*Purshia*<br>*Rubus* | Ecto M., VAM.<br>Ecto M., VAM.<br>VAM.<br>VAM. |
| Coriariaceae | *Coriaria* | Ecto M., VAM. |
| Ulmaceae | *Parasponia* | VAM. |

양분이 거의 없는 황폐지나 탄광폐석지에서는 목적수종 외에 아까시나무, 오리나무, 보리수나무 등의 질소고정식물을 함께 식재한다. 탄광폐석지 식생을 조사해보면 질소고정식물이 많으며 이들은 모두 균근을 형성한다. 특히 인 함량이 적은 토양에서 질소고정식물이 근류를 형성하여 질소를 고정하면서 정상적인 생장을 하려면 균근형성이 선행되어야 한다. 농작물에서도 인 함량이 낮은 토양에서는 균근균을 접종하였을 때 콩과식물의 근류가 증가한다는 결과가 많다. 콩과작물에 균근균을 접종하면 비접종식물보다 인 흡수가 증대되어 근류가 많아지고 질소고정효과가 활성화되므로 아세틸렌(acetylene) 환원력이 증가하고 식물생장이 증대되어 곡물생산량이 많아진다.

그러나 산림에서는 인이 부족하면 균근균을 접종하여도 근류 형성이 잘 되지 않을 수 있으므로 인산질비료 시비가 절대적으로 필요하고 질소질비료도 과다하지 않으면 근류 형성을 촉진한다(그림 8-10).

비콩과 질소고정식물에서도 균근균은 같은 역할을 하는데 우리나라 자생수종은 오리나무류, 보리수나무류, 소귀나무류 등이 있다. 보리수나무류는 내생균근을 갖고 있어 건조와 염분에 강하므로 바닷가에 식재하면 좋다. 오리나무류는 일찍부터 비료목 및 사방용 수종으로 식재되어 왔는데 오리나무가 척박지에서도 잘 자랄 수 있는 것은 질소고정균과 균근균을 함께 가지고 있어서 질소고정균에서 질소를 공급받고, 균근균에서 인이나 기타 양분을 공급받기 때문이다. 특히 오리나무류는 외생균근뿐만 아니라 내생균근도 형성한다.

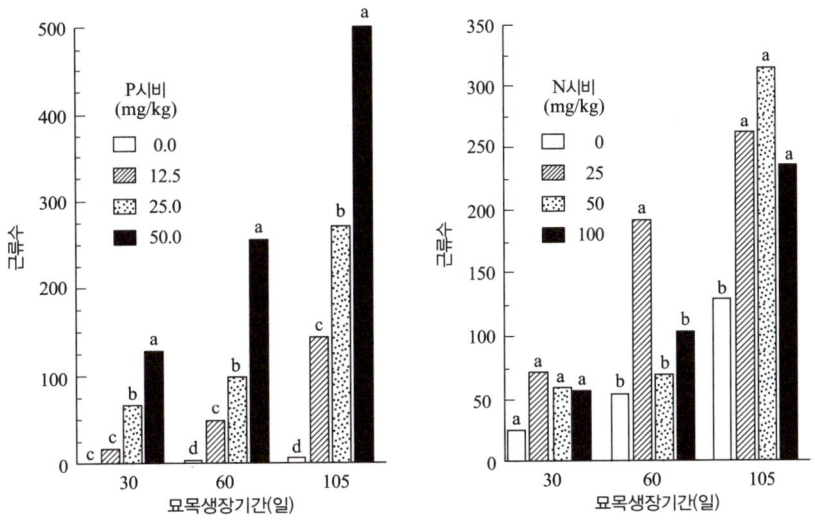

그림 8-10 **질소 및 인 시비에 따른 근류수의 변화**(Reinsvold와 Pope, 1987)

## 8.6 균근균의 접종효과

균근균을 접종하면 묘목 생장이 촉진된다. 토양병원균, 해충, 잡초 등을 방제하기 위하여 토양을 철저히 소독하면 식물 초기생장이 매우 불량할 수 있다. 이러한 현상은 시비수준을 높이거나 균근균을 인공적으로 접종하면 없어지게 된다.

### 1 수지상균근균 접종효과

수지상균근균의 접종효과는 백당나무, 사과나무, 귤나무 등 과수나 원예식물의 생장과 접수, 발근을 촉진하는 효과가 있다. 균근균을 접종하지 않고 시비수준만 높이면 균근균접종 만큼의 효과를 못 얻을 때도 있지만 균근균접종과 동시에 적절히 시비하면 생장을 촉진할 수 있다.

이러한 결과는 버즘나무 파종묘에서도 나타났는데 *Glomus fasciculatus* 수지상균근균을 접종한 지 12주 후에 균근균 접종묘는 비접종묘보다 건중량이 200% 증가한 예도 있다. 또한 대표적인 수경 재배용 배양액인 Hoagland용액[$Ca(NO_3)_2$ 820ppm, $KNO_3$ 510ppm, $KH_2PO_4$ 136ppm, $MgSO_4$ 490ppm]을 1배, 2배, 4배 수준으로 시비한 결과 4배 수준에서는 균근 형성률이 낮고 생장도 2배 수준보다 못하였다. 벚나무, 단풍나무, 물푸레나무, 버즘나무, 흑호두나무, 미국풍나무(sweet gum) 등에 *Glomus*속의 균종을 접종하였을 때에도 균종과 수종에 따라 차이는 있지만 2~80배의 생장촉진효과가 나타난다. 탄광폐석지나 모래땅 등의 척박지에서도 균접종묘목이 비접종묘목에 비하여 생장이 월등하다.

### 2 외생균근균 접종효과

묘목에서 접종원으로 사용되는 균종으로는 모래밭버섯균이 많이 연구되었다. 이 균은 토양 온도가 높거나 pH가 낮고 양분이 부족한 척박지에도 잘 자라고 기주식물범위가 넓으며 자실체의 포자생산량이 많고 인공적으로 대량증식배양이 가능하기 때문이다. 접종효과는 묘포장에서 수종이나 환경에 따라 달라지지만 테에다소나무에서는 규격묘 생산을 75~155%, 생중량을 24~125% 증가시켰다(Marx 등, 1978).

우리나라에서 미국산 모래밭버섯균을 접종한 결과 토양소독이나 접종을 하지 않은 묘목에 비하여 건중량이 소나무에서는 143%, 리기테다소나무에서는 128% 증가되었으며 T/R율은 소나무에서 1.7, 리디테에다소나무에서 2.5로서 균형적인 생장을 보였다(구창덕 등, 1986). 모래밭버섯균의 접종효과는 탄광폐석지에 식재하였을 때에도 나타났는데 사마귀버섯균(*Thelephora terrestris*)으로 접종된 묘목에 비하여 활착률이 6~12%, 근원경 생장이 59~61% 증가하였고 겨울에는 동해를 적게 받으며, 다음 해 봄에는 왕성한 생장을 일찍 시작하였다(Marx Artman, 1979).

균근균 접종효과는 상대적으로 균이 적고 양분이 부족한 토양에서 크게 나타나며 토양이 비옥하거나 수분이 많은 곳에서는 접종효과가 낮아진다. 묘포에서 균근균을 접종한 후 균근형성이 잘 되려면 토양살균이 완벽하여 경쟁적인 다른 토양미생물이 적어야 한다. 그리고 묘목 세근에 50% 이상 균근을 형성하여야 임지에 식재하였을 때 활착과 생장이 촉진될 수 있으므로 효과가 크고 많은 균근이 형성된 묘목을 조림해야 한다. 접종된 pot묘를 조림하면 부족한 객토량을 보완하고 다른 미생물이 침입할 시간을 지연하므로 생존율과 생장률이 높아진다.

Chapter 09

# 산림의 양분순환

9.1 양분 공급과 손실
9.2 토양과 임목 간의 양분순환
9.3 토양 내 질소순환 측정방법
9.4 산림관리와 양분순환

Forest Environmental Soil Science

## chapter 09
# 산림의 양분순환

생물은 생물권 내 양분순환과정(nutrient cycling)에서 필요한 양분을 얻는다. 여러 가지 양분 중 탄소와 질소의 주공급원은 대기이며, 기타 칼슘, 인, 칼륨은 모암 풍화작용에 의하여 토양에서 공급되므로 광물원소라고도 한다. 산림토양 양분은 공급과 손실에서 균형이 필요하며 산불, 병충해, 폭풍, 벌채, 방목과 같은 자연적 또는 인위적인 활동이 있으면 균형이 파괴된다.

토양양분에 대한 보편적인 연구는 양분 균형에 관한 내용이며, 생태계의 많은 부분을 차지하고 있는 원소 양을 계산하여 양분 총량(pool)을 구명하는 것이다. 총량은 공급량과 손실량의 차이에 따라 변하며, 하나의 양분원(토양)에서 다른 양분원(임목)으로 이동하는 비율로 표현된다. 이것이 양분 유출입(flux)이다.

양분순환량은 총공급량과 총손실량을 측정하여 그 차이를 알면 되지만 기상, 지질, 생물 등 각 인자에 의한 공급과 손실의 차를 알려면 유수유토량(run off) 측정시설을 설치하여 상류유역의 양분순환 과정을 구명해야 한다. 양분순환 초기 연구는 라이지미터를 이용하여 토양수분 이동과 관련된 유출을 일정기간 동안 조사하는 것인데 이 자료로서 토양과 산림의 양분과 강우 및 대기에 의한 공급량 측정이 가능하였다. 일정면적에서 유입과 유출의 변화는 전체 임분 생장기간 중

그림 9-1 **유수유토량 측정시설**(좌 : 유역 내 시설, 우 : V-notch)

일부 또는 전체를 조사하여 구명하지만 잘 보존된 천연림은 그 변화가 미세하여 수십년을 조사해야 정확한 결과를 얻을 수 있다.

산림-토양 생태계에서 양분 공급원은 대기, 지질, 생물이다. 대기에 의한 공급은 미세먼지, 강수가 있고 지질에 의한 공급은 고체 또는 용해된 형태로서 침누수(seepage flow)나 물에 씻긴 물질, 화산활동, 암석풍화 등이다. 생물적 공급은 질소고정 또는 시비와 같이 인간활동과 관련된다. 3가지 주요 공급원은 손실원이 될 수도 있는데 질소와 탄소는 휘산하여 대기로 유입되고, 다른 원소는 침식에 의해 없어지며(지질적), 동물이나 낙엽채취, 산불, 벌채 등 인간활동에 의하여 없어진다(생물적) (그림 9-2). 세 가지 작용에 의한 공급과 손실은 양분순환에 중요하지만 산림생태계의 토양 – 식생 – 토양 간 내부 양분순환이 특정 산림의 생장에 더 큰 영향을 준다.

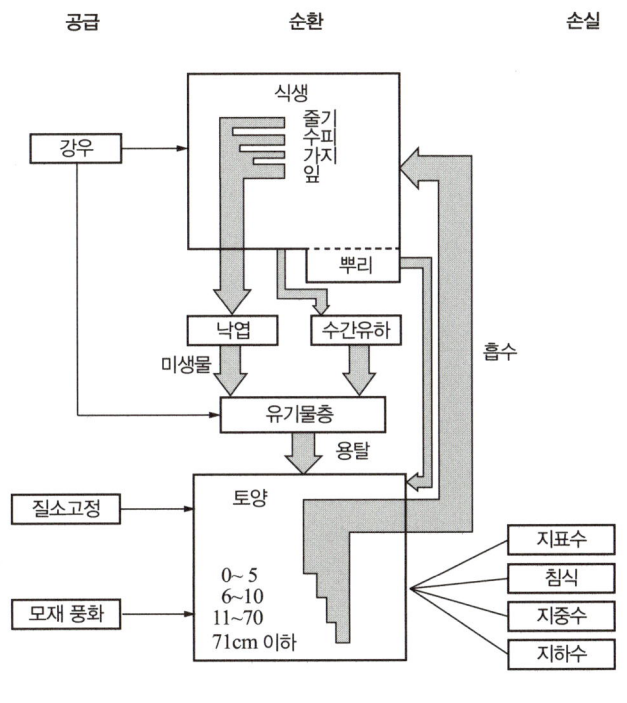

그림 9-2 양분의 순환

산림생태계는 두 가지 순환계가 있다. 외적인 지화학적 체계와 내적인 생물학적 체계로서 전자는 생태계를 출입하는 것이고, 후자는 폐쇄된 생태계에서 식물-토양 간의 교환을 의미한다.

산림생태계의 뚜렷한 특징은 낙엽, 낙지가 퇴적된 유기물층의 발달이다. 이곳에서 임목이 토양에서 흡수한 많은 양분이 환원되고 약간의 양분만 나무에 남아 있다. 유기물이 분해되어 땅속으로 내려가면 임목이 뿌리를 통해 양분을 이용하나, 만약 토양에서 임목으로 순환되는 과정이 방해받으면(예를 들어 유기물층의 난분해) 임목생장은 제한된다.

양분의 공급과 순환은 지질, 화학, 생물적 작용이 복합되어 계속되므로 토양유기물과 양분은 다시 보충되고 유지되며 임지생산성을 지속시킨다. 그러므로 유기물층을 제거하면 양분순환이 방해되어 임지생산성은 점차 악화된다. 출입된 양분의 양은 토양의 성질, 기후조건, 식생형, 위치에 따라 달라진다.

## 9.1 양분 공급과 손실

### 1 양분 공급

#### 1) 대기

강우와 먼지에 의한 양분 공급은 지역과 계절에 따라 많은 차가 있으며 주로 오염원과 번개 발생 횟수가 좌우한다. 질소분자는 방전에 의하여 암모늄, 질산화합물, 질소로 변하고 대기 수분에 용해된 후 강우로 토양에 유입된다. 강우에 의하여 공급되는 질소와 기타 원소의 양은 일정하지 않지만 한랭지대에서는 적고 열대지방에서 많다. 온대지방에서는 연간 N 2.1~8.6kg, P 0.3kg, K 3kg, Ca 8kg, Mg 2.5kg/ha이며 수분이 부족한 건조지역에서는 공급량이 많지 않으나 임목생장에 중요한 역할을 한다. 표 9-1은 여러 산림지역에서 강우에 의하여 공급된 양분을 나타낸 것으로 산림 부근에 공장이 많으면 대기 중의 N, Na, Ca 값이 높아진다. 큰 산불이 난 곳은 N이 증가하고, 해안지방에서는 Ca, Na, Mg 등이 해풍으로 공급된다. 열대지방에서 강우에 의한 질소공급량은 연간 14kg/ha이나 유출은 29kg/ha이므로 양분이 부족하지만 수분이 충분하고 생장기간이 길어서 임목생장이 양호하다.

표 9-1 산림지역의 강우 내 양분 함량(kg/ha/년)

| 강우(cm) | N | P | K | Ca | Mg | 지역 |
|---|---|---|---|---|---|---|
| 185 | 14. | 0.41 | 17. | 12.7 | 11.3 | 나이지리아 |
| - | - | - | 12.5 | 14.0 | 3.3 | 말레이시아 |
| 215~251 | 0.90~1.08 | 0.27 | 0.11~0.27 | 2.33~7.65 | 0.72~1.32 | 미국 오레곤주 |
| - | - | - | 2.4 | 3.3 | 2.1 | 미국 뉴욕주 |
| 95.3 | 4.94 | 0.09 | 4.0 | 5.6 | 0.8 | 캐나다 |
| 173.9 | 9.13 | 0.35 | 3.91 | 12.54 | 5.36 | 영국 |
| - | 0.8~4.9 | - | 1~4 | 6~9 | - | 스웨덴 |
| - | - | 0.28 | 5.6 | 3.4 | - | 뉴질랜드 |
| 98.2 | - | - | 2.01 | 2.74 | 5.36 | 호주 |

(Armson 종합, 1979)

산림의 통과우량이나 수간류(stem flow)로서 유기물층에 도달하는 강우의 화학적 구성비는 개활지와 다르다. 어떤 원소는 식생에 의하여 흡수되고 어떤 원소는 식생에서 용탈되는데 일반적으로 K는 증가한다. 표 9-2는 미송성목림과 습윤열대림의 강우 내 양분함유량인데 수간류에 있는 양분 중 N, Ca, Mg는 통과우량에 들어있는 것보다 훨씬 적고 P, K는 큰 차이가 없다. 도로에서 생긴 먼지에 의한 유입은 Ca만 약간 많을 뿐(최고 연 6kg/ha) Na, K, P는 아주 적고 그 영향도 도로에서부터 수m에 불과하다.

표 9-2 강우와 산림 내 양분 함량(kg/ha/년)

| 산림 종류 | | N | P | K | Ca | Mg |
|---|---|---|---|---|---|---|
| 미송림 | 강우 | 1.40 | 0.23 | 0.11 | 2.09 | 1.27 |
| | 통과우량 | 3.35 | 2.74 | 21.72 | 4.42 | 2.12 |
| | 수관에서 얻어진 양분 | 1.95 | 2.51 | 21.61 | 2.33 | 0.85 |
| 습윤 열대우림 | 강우 | 14.01 | 0.42 | 17.49 | 12.67 | 11.32 |
| | 통과우량 | 26.45 | 4.10 | 237.51 | 41.58 | 29.14 |
| | 수관에서 얻어진 양분 | 12.44 | 3.68 | 220.02 | 28.91 | 17.82 |

(Abee와 Lavender, 1972 ; Nye, 1961)

## 2) 질소고정

질소 순환과정 중 연간 100kg/ha 이상으로 추정되는 대기의 질소가 미생물에 의하여 지상부 식생에 고정된다. 이러한 질소고정을 식물권(phytosphere)고정이라 한다. 침엽수와 질소고정식물을 함께 식재하면 토양 미생물은 질소를 고정하여 침엽수에 질소를 공급한다. 양분이 부족한 해안 지역 침엽수 조림지에 콩과식물을 도입하면 4년 후에는 충분한 양의 질소가 침엽수에 공급된다.

비공생인 조류(algae)나 세균(*Clostridium*, *Beijerinckia*)은 산성 산림토양에서는 활동이 활발하지 못하여 개체당 질소고정량이 많지 않으나 남조류는 빛이 잘 들어오는 미송림에서 수 kg의 질소를 고정하며 혐기성 세균인 *Clostridium*은 개체수가 많아 질소고정에 중요하다. 공생 질소고정은 콩과식물의 *Rhizobium*에 의해 이루어지며, 오리나무류는 ha당 50~200kg의 질소를 고정하지만 강한 빛과 양분을 요구하기 때문에 산림에서는 생장이 불량하다. 많은 질소고정식물이 척박지에 질소원으로서 도입되었으나 온대지방에서는 천연 또는 인공으로 조성된 콩과식물이 큰 역할을 못한다. 미생물에 의한 공중질소 고정량은 토양 조건과 임목 종류에 따라 다르지만 1년간 고정량은 참나무림 13kg, 너도밤나무 22kg, 콩과수종 100~200kg/ha이다. 토양미생물의 자체적인 성분은 질소 10%, 인산 2.5%, 칼륨 0.6%, 석회 0.6%로 되어 있다.

## 3) 모암풍화

화산암, 잔적토, 표석점토(erratic clay), 하상토와 같은 토양은 인산이 풍부하며, 해안 모래언덕의 유기질토양은 인(P) 순환이 빈약하다. 산림토양은 모암이 풍화되면서 이온의 적절한 순환을 돕는 모질물을 만들고 충분한 1·2차 광물질을 함유한다. 즉 K는 장석과 백운모에는 적으나 흑운모에는 많다. Ca, Mg, 규산염 함유 광물은 K가 들어있는 광물보다 빨리 풍화되는데 토양 속에 있는 탄산염 때문이며 그 결과 상당량의 Ca과 Mg이 계속 공급된다. 모암풍화로 공급되는 양분은 연간 K 4~15kg, Ca 8~24kg, Mg 8~9kg, Na 6~7kg/ha이다.

표 9-3 모암별 산림토양 양분 함량

| 모암 | 전질소(%) | 유효인산(ppm) | 치환성칼륨(me/100g) |
|---|---|---|---|
| 화강암 | 0.29 | 23.42(0.0023) | 0.24(0.0094) |
| 화강편마암 | 0.14 | 25.24(0.0025) | 0.31(0.0121) |
| 결정편암 | 0.56 | 23.62(0.0024) | 0.19(0.0074) |
| 신라통 | 0.13 | 22.08(0.0022) | 0.37(0.0145) |
| 반암 | 0.13 | 26.12(0.0026) | 0.35(0.0137) |
| 낙동통 | 0.13 | 18.78(0.0019) | 0.30(0.0117) |
| 평균 | 0.23 | 23.21(0.0023) | 0.29(0.0113) |

[주] 치환성칼륨의 ( )는 %

## 2 양분 손실

### 1) 대기 및 유수

기후인자에 의한 손실은 기화(氣化)를 들 수 있다. 질소는 미생물 활동에 의하여, 특수한 양분은 바람에 의하여 대기로 휘산된다. 산림토양에서 휘산에 의한 양분 손실을 측정하기는 어려우나 질소 시비 후 손실되는 양은 측정이 가능하다. 질소가 토양에 $NH_4$나 $NO_3$ 형태로 공급되면 휘산이 적게 되나 요소 등을 뿌리면 손실이 커진다. 손실량은 시비한 요소 양과 토양수분, 유기물 상태에 따라 달라지는데 대체로 시비량의 5~30%이다. 토양표면에서 휘산된 질소 일부분은 $NH_4$의 형태로 식생에 흡수되므로 대기로의 손실이 감소한다. 바람에 의하여 토양입자가 날리는 것은 산림토양이 유기물로 덮여 있지 않고 노출되어 있기 때문이다.

강우에 의한 양분공급과 지표수 또는 지중수에 의한 양분 손실은 표 9-4와 같이 강우로 유입되는 양분은 대부분 적으나 너도밤나무림에서 질소는 상당히 많았다. 손실이 가장 많은 임상은 미송림인데 원소별로 보면 Si 〉 Ca 〉 Na 〉 Mg 순이었다. 여름철 계류에는 약 0.1ppm의 질소가 있지만, 임목

생장이 정지된 11월부터는 임목이 질소를 이용하지 않아서 토양에서 질소가 증가한 후 3, 4월에 용탈되면 계류의 질소농도는 2ppm이 되며 이 양은 강우에 의한 공급량과 비슷하다.

표 9-4 산림 내 양분의 유출입(kg/ha/년)

| 산림 종류 | | N | P | Na | K | Ca | Mg | Si | 조사자 |
|---|---|---|---|---|---|---|---|---|---|
| Brookhaven림 | 유입(강우, 대기) | – | – | 3.3 | 2.4 | 3.3 | 2.1 | – | Woodwell과 Whittaker (1968) |
| | 유출(지중수) | – | – | 23.2 | 4.1 | 9.3 | 7.3 | – | |
| 미송림 | 유입(강우) | 0.90 | 0.27 | 2.34 | 0.11 | 2.33 | 1.32 | 미량 | Fredriksen (1972) |
| | 유출(계류) | 0.38 | 0.52 | 25.72 | 2.25 | 50.32 | 12.44 | 99.3 | |
| 너도밤나무림(독일) | 유입(강우) | 23.9 | 0.48 | 7.3 | 2.0 | 12.4 | 1.79 | – | Ulrich와 Mayer (1972) |
| | 유출(지중수) | 6.2 | 0.01 | 8.8 | 1.6 | 14.1 | 2.40 | – | |

## 2) 지질

지질에서의 공급과 손실은 거의 침식으로 생기며 가끔 화산활동이나 융기에 의해 발생한다. 비교적 안정된 지형에서 지질에 의한 양분공급은 아주 적으며 양분 손실은 보통 계류에 의한다. 토양 침식에 의한 양분유입량은 토양의 화학적 조성과 토양퇴적량에 따라 크게 달라진다. Van Cleve 등(1971)이 알래스카에서 실시한 질소 축적에 관한 연구에 의하면 식토와 사토의 홍수퇴적물에는 토심 69cm까지 397kg/ha의 전질소가 들어있다고 하였다.

또한 Si, Na, Ca, Mg도 화학적 풍화작용에서 생긴다. Brookhaven 토양에서 풍화로 인한 일차광물의 손실량은 공급량보다 상당히 많다. 자연상태에서 총양분량에 미치는 지질적인 영향은 적으며 손실량도 지역, 광물과 모암의 풍화정도 및 구성물질에 따라 달라지므로 산림토양마다 다르다. 뉴질랜드의 라디아타소나무가 식재되어 있는 부석토양(pumice soil)의 연손실량은 각각 N 4.82, P 0.22, K 12.3, Na 10.1, Ca 26.9, Mg 2.6kg/ha로서 Ca가 가장 많았다.

## 3) 생물

인간 활동은 양분의 손실과 공급에 가장 중요한 역할을 한다. 벌채로 임목을 제거하면 양분이 크게 손실되는데 특히 낙엽을 채취하면 ha당 600kg의 질소가 없어진다. 벌채하면 K와 Ca가 각각 5~10kg, Mg와 P는 각각 1kg/ha의 양분이 손실된다. 산림벌채와 관련된 손실량은 크게 두 가지로 나누는데 그것은 목재이용 정도와 윤벌기이다. 가문비나무림에서 가지와 수간을 전부 반출하면 수간(stem)만을 수확했을 때보다 양분손실량이 3~4배 많다. 또한 활엽수혼합림에서 가지까지 채취하면 양분손실량은 2배가 된다. 그러므로 산림에서 바이오매스 반출량이 많아지면 이듬해 조림목은 양분 부족으로 생장이 감소할 수 있다. 이용 정도 차이와 윤벌기를 단축했을 때의 영향은 표 9-5와 같이 원소에 따라 손실량이 14~61%까지 증가한다.

표 9-5 미국 남동부지방의 비옥한 테에다소나무 천연림에서의 윤벌기에 따른 양분손실(kg/ha/년)

| 양료 | 수간, 수피만 반출 | | 전간수확 | |
|---|---|---|---|---|
| | 20년 | 40년 | 20년 | 40년 |
| N | 14.6 | 11.6 | 19.2 | 14.2 |
| P | 0.8 | 0.7 | 1.4 | 1.0 |
| K | 8.4 | 7.3 | 10.6 | 8.6 |
| Ca | 8.9 | 7.6 | 10.2 | 8.8 |

(Switzer와 Nelson, 1973)

임업경영에서 윤벌기를 단축하면 양분손실량이 많아진다. 그 이유는 ① 윤벌기 단축이란 인공갱신을 자주 하는 것이므로 단벌기와 관련된 집약경영은 토양교란이 증가하고 수확과 갱신이 빈번하기 때문에 토양침식이 증가하고, ② 단벌기 임업에서는 용탈에 의한 양분유출이 증가하는데, 갱신횟수가 빈번하면 유기물 분해가 증가하고 강수로 인해 유수가 증가하면 양분이 손실되며, ③ 임분생장은 양분이 가장 많은 잎 발달과 밀접한 관계가 있는데, 40년에 한번 생산되는 엽량을 2개의 울폐된 수관을 가진 20년 윤벌기림에서 생산해야 하므로 엽량이 부족해지기 때문이다.

수관이 충분히 발달하고 토양 내 임목뿌리가 많아진 다음 윤벌기를 단축하면 양분부족은 그렇게 심하지 않다. 그러므로 비옥한 토양의 침엽수림에서는 윤벌기를 100년에서 80년으로 단축하여도 전체적인 양분량에는 큰 영향을 주지 않는다. 그러나 임목뿌리와 관목류를 제거하면 산림토양 – 식물생태계 간에서 양분감소가 뚜렷하다. 양분손실의 다른 요인은 산림 상태 및 임목의 유전적인 차이에 따라 양분흡수량이 달라지므로 흡수하지 못한 양분은 용탈된다.

산림토양의 중요한 양분공급은 비료를 주는 것이다. 시비지역은 전체 산림의 일부분이지만 집약경영을 하는 곳은 조림에서 벌채 전까지 일정 간격으로 계속 시비를 해야 한다. 칼륨비료는 사질토양의 천연림을 베고 조림한 곳에 주면 효과가 크다. 시비하려면 임목이 이용가능한 유효양분량을 고려해야 한다. 요소를 주면 질소의 일부가 휘산하고 간접적으로는 비료 내의 황산염, 염소와 같은 음이온이 양이온의 용탈을 자극한다. 그리고 한 성분만 들어있는 비료를 주면 다른 성분을 잃기도 한다. 폐기물찌꺼기[sludge]의 과다 시용은 병, 수질오염, 중금속오염 등의 위험이 있다.

## 9.2 토양과 임목 간의 양분순환

임업경영에서 가장 큰 관심은 임목-토양 간의 양분순환이다. 산림의 임목, 유기물층, 토양(60~70cm까지의 깊이)에 있는 각 양분의 분포비율을 조사한 결과 표 9-6과 같이 모든 양분의 약 90%가 토양에 있다. 또한 미송림의 위치별 양분량은 표 9-7과 같이 질소와 인은 토양에 가장 많은데 특히 P가 K와 Ca보다 훨씬 많다. K나 Ca는 치환성만 계산했기 때문인데 만약 총 K량과 기타 원소를 비교한다면 K량이 더 많다.

표 9-6 임목, 유기물층, 토양 내의 양분비율(%)

| 수종 | 구분 | N | P | K | Ca | Mg |
|---|---|---|---|---|---|---|
| 일본 잎갈나무 | 지상부 | 1.5 | 9.0 | 8.4 | 5.2 | 0.4 |
| | 유기물층 | 1.5 | 4.0 | 0.6 | 6.0 | 0.2 |
| | 토양 | 97.0 | 87.0 | 91.0 | 88.8 | 99.4 |
| 소나무 | 지상부 | 7.8 | 3.5 | 4.5 | 4.9 | 1.7 |
| | 유기물층 | 11.1 | 4.2 | 1.2 | 8.3 | 1.3 |
| | 토양 | 81.1 | 92.3 | 94.3 | 86.8 | 97.0 |

표 9-7 산림생태계의 양분 분포(36년생 미송림)

| 구분 | 전질소 kg/ha | % | P kg/ha | % | K kg/ha | % | Ca kg/ha | % |
|---|---|---|---|---|---|---|---|---|
| 임분 | 320 | 9.7 | 66 | 1.7 | 220 | 446 | 333 | 27.3 |
| 관목 | 6 | 0.2 | 1 | 0.1 | 7 | 1.4 | 9 | 0.7 |
| 유기물층 | 175 | 5.3 | 26 | 0.6 | 32 | 6.5 | 137 | 11.2 |
| 토양(60m까지) | 2,809[1] | 84.8 | 3,878[1] | 97.6 | 234[2] | 47.5 | 741[2] | 60.8 |
| 계 | 3,310 | 100 | 3,971 | 100 | 493 | 100 | 1,220 | 100 |

[주] 1) 총량, 2) 치환성 (Cole 등, 1968)

## 1 임목

임목의 양분요구도는 뿌리특성과 깊은 관계가 있다. 천근성 수종은 뿌리가 얕게 분포하여 쉽게 이용될 수 있는 양분만 흡수하지만 심근성 수종은 비이용상태의 양분도 흡수하므로 토양조건에 크게 좌우되지 않는다. 총양분량은 임분발달에 따라 변화하는데 임목이 양분을 최대로 흡수하는 시기는 울폐 직후이다. 산림식생이 증가하면 생중량과 N이 증가하며 N의 재순환은 이동하기 어려운 Ca보다 잘 이루어진다.

수령이 다른 2개의 활엽수림에서 토양과 식생에 들어 있는 양분을 조사한 결과 표 9-8과 같이 토심이 깊고 식생이 많은 We've-Wavreille(W-W) 산림은 토심이 얕고 식생이 적은 Virelles Blaimont(V-B) 산림보다 거의 2배가 많았다. 임분의 연흡수량과 환원량은 수령이 많은 W-W산림에서 N, P, K, Mg량이 많았지만 치환성 Ca량은 V-B산림이 거의 5배나 많았는데 임분 나이가 적을수록 흡수량이 많기 때문이다. 이 결과는 K, Ca, Mg가 연간 흡수량 또는 연간 환원량에 관계하여 산림 - 토양 순환계에서 중요하다는 것을 강조하고 있다.

표 9-8 활엽수림의 양분 흡수량과 환원량 비교

**Virelles Blaimont(혼합참나무림, 수령 70~75년)**
**생중량 156ton/ha, 토양무게 1,360ton/ha**

| 구분 | | 양분(kg/ha) | | | | |
|---|---|---|---|---|---|---|
| | | N | P | K | Ca | Mg |
| 식생 | | 533 | 44 | 342 | 1,248 | 102 |
| 토양 | 전체 | 4,500 | 900 | 26,800 | 133,000 | 6,500 |
| | 치환성 | – | – | 157 | 13,600 | 151 |
| 연간 총흡수량 | | 92 | 6.9 | 69 | 201 | 18.6 |
| 연간환원량(낙엽, 수간류 및 통과우량) | | 62 | 4.7 | 53 | 127 | 13 |

**We've-Wavreille(참나무와 물푸레나무혼합림, 수령 115~160년)**
**생중량 380ton/ha, 토양무게 6,318ton/ha**

| 구분 | | 양분(kg/ha) | | | | |
|---|---|---|---|---|---|---|
| | | N | P | K | Ca | Mg |
| 식생 | | 1,260 | 95 | 624 | 1,648 | 156 |
| 토양 | 전체 | 13,800 | 2,200 | 185,000 | 33,300 | 50,100 |
| | 치환성 | – | – | 767 | 13,865 | 1007 |
| 연간 총흡수량 | | 123 | 9.4 | 99 | 129 | 24 |
| 연간환원량(낙엽, 수간류 및 통과우량) | | 79 | 5.4 | 78 | 87 | 19 |

(Duvigneaud 와 Denaeyer-De Smet, 1970)

Smet(1970)는 활엽수혼합림 토양과 식생 내 양분량은 너도밤나무, 가문비나무, 소나무 단순림보다 많다고 하였는데 참나무혼합림의 연간 총흡수량은 너도밤나무보다 Mg는 8배, Ca는 4배, K는 2배를 흡수한다고 하였다.

낙엽에 의한 환원량은 임목의 양분 흡수능력에 따라 다르다. 온대림에서는 낙엽의 연간 양분 환원량이 양분순환과정에서 가장 중요하다. 그러나 열대림에서는 낙엽의 분해가 너무 빨라 양분으로 전환될 수 없으므로 낙엽에 의한 환원량은 통과우량이나 수간류에 비하면 아주 적다.

그림 9-3, 9-4와 같이 비슷한 조건에 있는 루브라(rubur)참나무림과 구주적송림의 K 순환의 차이를 볼 때 참나무의 흡수량은 소나무보다 많고 공급량은 낙엽이 큰 비중을 차지한다. 소나무림의 지피식생에서 일어나는 K 순환은 참나무림보다 크다. 지피식물 중 양분순환에 가장 크게 관여하는 식물은 고사리류로서 고사리가 죽거나 제거되면 토양 내 K의 괄목할만한 증가를 가져온다. 산림-토양 양분순환계에서 지피식생이 여러 종류의 양분 공급에 큰 역할을 하고 있으므로 산림경영을 할 때 임목관리뿐만 아니라 지피식생에도 관심을 두어야 한다.

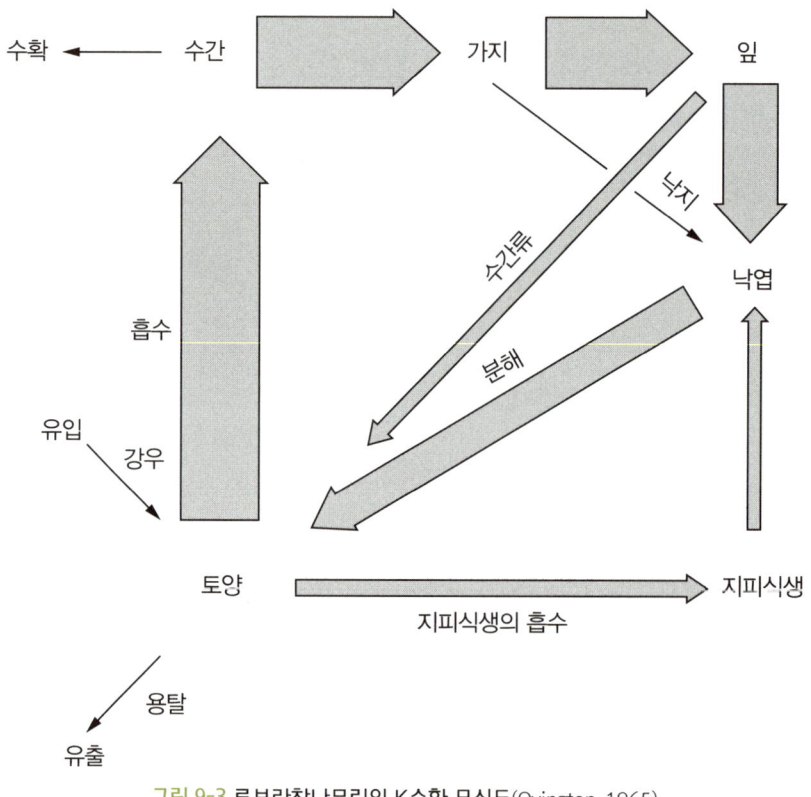

그림 9-3 루브라참나무림의 K순환 모식도(Ovington, 1965)
(막대 크기는 양의 차이를 나타냄)

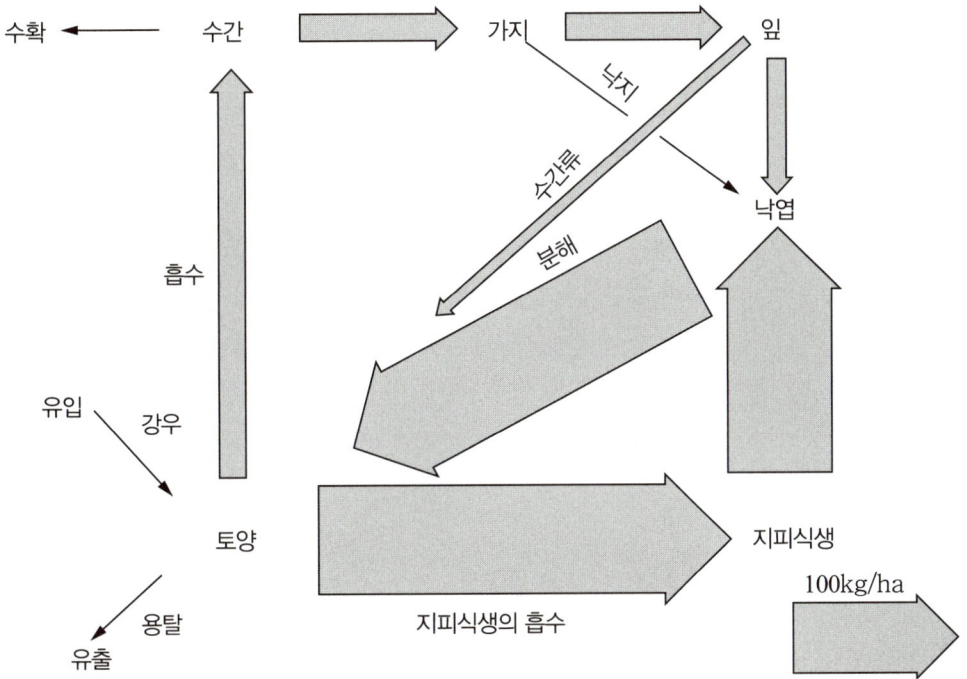

그림 9-4 **구주적송의 K순환 모식도**(Ovington, 1965)
(막대 크기는 양의 차이를 나타냄)

양분순환에 영향을 주는 다른 인자는 임분발달과정이다. 임분이 생장하고 발달하면서 양분 흡수율이 변한다. 발달초기단계에서는 총생중량에서 수관과 잎이 차지하는 비율은 노령림보다 높다. 또한 임분의 총엽량은 수령과 임목밀도에 관계없이 울폐 직후 가장 많으며 그 후 감소하여 일정한 값을 보인다. 수종별로는 삼나무가 ha당 20ton 내외로 가장 많으며 소나무의 경우 연년생장량이 최대인 15년생일 때가 가장 많다. 질소를 고정하는 콩과수종 생잎의 전질소함량은 교목류가 평균 3.5%이고 관목류는 4.5%로서 지피식생의 중요성을 알 수 있다. 생잎의 양분 중 전질소 함량은 활엽수가 3~4%, 침엽수가 1~2%로, 활엽수가 더 많다(표 9-9). 침엽수 생잎의 평균 양분 함량은 질소 1.5%, 인산 0.05%, 칼륨 0.7%로서 질소가 가장 많으며 인산은 아주 적다.(표 9-10)

표 9-9 주요 수종 생잎의 전질소 함량(%)

| 수종 | 전질소 | 수종 | 전질소 | 수종 | 전질소 |
|---|---|---|---|---|---|
| 아까시나무 | 3.72 | 오리나무 | 3.54 | 예덕나무 | 4.70 |
| 자귀나무 | 3.59 | 물오리나무 | 3.16 | 산벚나무 | 3.20 |
| 족제비싸리 | 4.19 | 사방오리 | 3.51 | 졸참나무 | 3.09 |
| 골담초 | 4.20 | 좀사방오리 | 2.71 | 떡갈나무 | 3.00 |
| 싸리 | 4.40 | 보리수나무 | 4.45 | 삼나무 | 1.50 |
| 붉나무 | 2.80 | 포플러 | 2.78 | 편백 | 2.00 |
| 등나무 | 4.13 | 누리장나무 | 5.04 | | |

표 9-10 주요 침엽수종별 생잎의 양분 함량(%)

| 수종 | 질소 | 인산 | 칼륨 |
|---|---|---|---|
| 잣나무 | 1.54 | 0.04 | 0.69 |
| 소나무 | 1.51 | 0.05 | 0.97 |
| 리기다소나무 | 1.42 | 0.05 | 0.59 |
| 일본잎갈나무 | 1.76 | 0.05 | 0.71 |

테에다소나무의 주요 양분 연평균 축적량은 표 9-11과 같이 질소와 칼륨, 칼슘이 가장 많으며 생장 초기에 많았던 양분은 30년을 정점으로 감소한다. 각 양분의 최대 축적시기를 보면 질소는 처음 10년까지, 인과 칼륨은 10~20년 사이에, 칼슘과 마그네슘은 20~30년 사이이다.

20년까지 양분량 변화를 보면 표 9-12와 같이 10년 동안 테에다소나무가 왕성하게 생장함에 따라 지피식생은 감소하므로 이곳에는 양분이 거의 없다. 그러나 유기물층 양분은 크게 증가되며 10년째에는 임목 - 초본류 - 유기물층에 있는 양분 총량에 대한 유기물층의 양분비율은 N 46%, P 42%, K 20%, Ca 64%, Mg 50%이다. 이 비율은 20년생이 될 때까지 약간 감소한다. 이때의 평균순환률은 총양분량의 18%이며, 칼슘이 7%로 낮고, 칼륨이 28%로 가장 높다.

표 9-11 테에다소나무림의 연평균 양분축적량(kg/ha)

| 임령 | N | P | K | Ca | Mg |
|---|---|---|---|---|---|
| 0~10 | 8.3 | 0.8 | 4.1 | 2.6 | 0.9 |
| 10~20 | 8.0 | 1.8 | 5.6 | 4.9 | 1.5 |
| 20~30 | 4.9 | 0.5 | 3.5 | 5.2 | 1.7 |
| 30~40 | 3.0 | 0.1 | 1.7 | 3.8 | 1.4 |
| 40~50 | 0.8 | 0.04 | 0.8 | 1.9 | 0.8 |
| 50~60 | 0 | 0.02 | 0.4 | 0.8 | 0.3 |

(Switzer 등, 1968)

표 9-12 테에다소나무 조림지의 임분발달에 따른 양분변화(kg/ha)

| 임령 | 구분 | N | P | K | Ca | Mg |
|---|---|---|---|---|---|---|
| 0 | 임목 | 0 | 0 | 0 | 0 | 0 |
|  | 초류 | 75 | 7.8 | 10 | 23 | 8.2 |
|  | 유기물층 | 0 | 0 | 0 | 0 | 0 |
|  | 계 | 75 | 7.8 | 10 | 23 | 8.2 |
| 5 | 임목 | 22 | 22.3 | 13 | 7 | 3.4 |
|  | 초류 | 43 | 3.3 | 7 | 14 | 3.8 |
|  | 유기물층 | 15 | 1.1 | 5 | 16 | 2.3 |
|  | 계 | 80 | 6.7 | 25 | 37 | 9.5 |
| 10 | 임목 | 85 | 9.5 | 49 | 33 | 20.5 |
|  | 초류 | 0 | 0 | 0 | 0 | 0 |
|  | 유기물층 | 75 | 6.9 | 12 | 59 | 10.5 |
|  | 계 | 160 | 16.4 | 61 | 92 | 21 |
| 15 | 임목 | 140 | 15.8 | 82 | 62 | 17.3 |
|  | 초류 | 0 | 0 | 0 | 0 | 0 |
|  | 유기물층 | 108 | 8.2 | 14 | 73 | 14.2 |
|  | 계 | 248 | 24 | 96 | 135 | 31.5 |
| 20 | 임목 | 174 | 19.3 | 99 | 91 | 24.2 |
|  | 초류 | 0 | 0 | 0 | 0 | 0 |
|  | 유기물층 | 124 | 9.1 | 16 | 80 | 15.4 |
|  | 계 | 298 | 28.4 | 115 | 171 | 39.6 |

(Switzer와 Nelson, 1972)

## 2 토양

양분의 내부순환 연구에서 가장 큰 관심은 표본추출과 인공 처리가 쉬운 지상부 생중량(biomass)이다. 지상부 생중량 증가는 토양양분과 중요한 관계가 있다. 토양의 양분 함량은 일정한 토심에 들어있는 양분을 의미한다. 양분 축적량은 모암이 큰 영향을 미치는데 암석에 Ca, K, Mg와 같은 염기가 많으면 토양비옥도가 높아지지만 미생물에 의한 흡수와 용탈에 따라 양분 형태와 이용도가 달라질 수 있다. 또한 유효토심과 뿌리 양, 토양수분 이동 변화, 토양 온도 등은 토양이 임목에 공급하는 양분량을 좌우한다. 해안 모래언덕에 조림하고 모래언덕를 고정하면 토양 양분이 증가한다.

천근성의 어린 임분에서는 양분 소비가 공급보다 많거나 같다. 그러나 수관이 발달하고 산림이 울폐되면 낙엽이 쌓여 유기물층이 발달하고, 그 다음 용탈에 의하여 토양으로 침투된다. 유기물층에서 용탈되는 양이온과 A층에서 용탈되는 양이온을 비교해보면 유기물층이 더 많이 용탈된다. 양이온 이동에 관계하는 인자는 음이온 수준인데 가장 많은 음이온은 $HCO_3^-$이며 식물 호흡에서 간접적으로 생산되기 때문에 유기물층에서 농도가 높다. 미송림 유기물층에서 6월에 $CO_2$를 측정한 결과 1.3%였다는 보고도 있다. 또한 낙엽이 분해될 때 생성된 유기산의 음이온은 양이온 이동을 증가시킨다.

## 3 양분순환

Ebermayer는 토양 회분량을 기준으로 양분 요구량이 많은 수종은 느릅나무 〉 사시나무 〉 노르웨이단풍나무 〉 참나무 〉 물푸레나무 〉 너도밤나무 〉 가문비나무 〉 전나무 〉 일본잎갈나무 〉 소나무 〉 자작나무 순이라고 하였고 Morozov는 잎 속에 있는 회분량으로 양분요구량을 구명한 결과 아까시나무 〉 느릅나무 〉 너도밤나무 〉 참나무 〉 오리나무 〉 가문비나무 〉 자작나무 〉 일본잎갈나무 〉 구주적송 〉 스트로브잣나무 순이라고 하였다. 결국 자작나무를 제외한 활엽수가 침엽수보다 양분요구도가 높다. 추운 지방에서 자작나무는 K, P, S를 많이 흡수하며, 기타 수종은 Al, Fe을 약간 흡수하고 Na를 가장 적게 흡수한다.

활엽수와 침엽수의 양분순환량은 다음 표 9-14와 같이 대체로 임목 양분요구량의 1/3은 구조직에서 신조직으로 전이되고, 임목에 고정된 양은 전체의 1/4 ~ 1/5이다. 침엽수는 흡수량, 요구량, 환원량에서 인을 제외하고는 활엽수의 1/2이며 흡수량과 요구량을 볼 때 양분별로 N과 K는 비슷하나 Ca는 흡수량이 더 많은데 이것은 양분의 고정과 잎에서의 공급 때문이다. 산림 내의 양분순환률을 계산하는 방법은

$D = A + B + C$이며 순환률은 $(B + C)/D$

$D$ : 총양분량
$A$ : 간벌재에 함유된 양분
$B$ : 벌채 시 환원량
$C$ : 낙엽 등 벌채 전까지의 전환된 양

## 9.3 토양 내 질소순환 측정방법

토양 내 질소순환 연구는 광범위하게 진행되고 있으므로 이의 측정방법도 발전되어 왔다. 보통 실내실험과 야외실험을 실시한다.

### 1 실내실험

비교적 단기간에 결과를 알 수 있는 장점이 있다. 인공환경에서 질소순환과정을 밝히거나 환경변화를 주어 그 과정을 조사한다.

항온저장법(incubation)이 가장 많이 사용되며 그 방법은, 토양을 2mm 체로 쳐서 그릇에 담고 일정 온도와 수분으로 일정시간 동안 항온실에 둔 다음 변화한 질소를 조사하는 것인데, 오차가 많은 편이다. 토양시료를 야외토양상태로 유지할 수 있으면 인공환경도 비슷하게 하여 저장할 수 있다. 두 가지 전형적인 질소량 측정방법은 폐쇄된 용기 또는 관(tube)에 물을 정기적으로 부어 용탈된 양을 측정하는 것이다.

용기를 이용하는 방법은, 체로 친 토양을 포장용수량의 60%로 포화시켜 150ml의 밀폐된 용기에 넣고 공기가 통할 수 있도록 작은 구멍을 뚫은 뚜껑을 덮는다. 시료는 20~25℃의 습기가 있는 넓은 장소에 15~30일간 방치하면서 토양수분함량을 조절한다. 저장기간과 토양의 교란(체로 치거나 수분의 재포화)은 질소를 변화시키므로 3주 이상 저장해야 안정된 값을 얻을 수 있다. 그러나 질산화는 한 달 동안 저장해도 크게 진행되지 않으므로 더 오래 둘 필요가 있다.

토양수분 함량이 질소양분화에 미치는 영향에 대하여 Matson과 Vitousek(1981)는 활엽수 벌채적지 또는 활엽수림의 양분화 및 질산화율이 토양수분의 증가(15%에서 35%)로 2배가 되었다고 하였다. 즉 수분 영향에 따라 질소생산량이 변화하므로 같은 토양이라도 장소가 다르면 동일한 결과를 얻을 수 없다. 이 방법은 양분화율 측정에 좋은 결과를 얻을 수 있으나, 저장기간에 따른 변화가 크다.

관에 물을 부어 양분을 용탈시키는 방법은 토양을 모래나 버미큘라이트와 섞고 60~70 K pascal로 조정한 후 마개를 막은 다음 35℃에 저장한다. 2주마다 0.01M $CaCl_2$ 용액으로 씻어 양분을 측정한다. 30주까지 놓아두면 질소 양분화율은 갈수록 감소하나 2 ~ 4주 동안은 무기태 질소가 계속 증가한다. Robertson 등(1987)은 직경 2.2cm, 길이 20cm의 PVC관을 토양에 박은 후 일정시간이 경과된 다음 꺼내어 양쪽을 막고 10 K pascal의 아세틸렌을 주입하고 하룻동안 저장한 결과 $N_2O$가 증가하였는데 이 양을 질산화량이라고 하였다.

## 2 야외실험

모든 야외실험은 어느 정도 토양을 교란시킨다. 초기의 질소량과 말기의 질소량을 비교하려면 그때마다 토양시료(sample)를 채취해야 한다. 야외에서 질소 양분화와 질산화율 구명을 위한 방법은 비닐백묻기와 수지백(resin bag)묻기이다. 이 방법은 식물흡수에 따른 양분소비와 토양 내 질소증가량을 측정하는 것이다. 농업에서 최초로 사용한 비닐백묻기는 산림생태계의 질소순환 구명에 넓게 사용되고 있다. 교란되지 않은 일정량의 토양을 채취하여 얇은 비닐백에 넣고 이것을 다시 야외 현지 토양에 묻어 한 달 이상 방치한다. 그러면 양분화하고 질산화한 양을 알 수 있다. 그러나 다음과 같은 문제점이 있다.

(1) 비닐백이 토양수분은 유지하나 외부토양의 습도에 따라 변화하지 못한다. 즉 건조와 습윤의 반복은 질소의 양분화를 촉진하지만 비닐백 속의 토양은 실제 값보다 적은 값이 된다.

(2) 뿌리에 의한 흡수량이 배제되므로 질소전이율이 달라진다. 따라서 토양 내 $NH_4$가 증가하므로 질산화율이 바뀐다.

(3) 산소와 탄산가스의 교환은 비닐의 특성으로 감소하지만 크게 중요한 문제는 아니다.

(4) 때때로 질소고정이 백 속에서 생기지만 매장기간이 길면 없어진다.

수지백묻기는 질산 용탈을 정량화하기 위해 사용하였으나 점차 산림토양의 질산화와 양분화 연구에 사용하고 있다. 이 방법은 적당량의 혼합이온교환수지나 양이온과 음이온 교환수지를 나일론백에 넣어 토양에 묻는다. 수지는 제조회사마다 약간씩 다른 흡수력을 갖고 있다. 수지백은 일정깊이의 토양에 묻고 일정기간 후 수거한다. 매장기간은 1주일에서 6개월까지이며 흡수한 무기태질소를 추출하여 측정한다.

표 9-13 질소측정에 사용하는 수지 종류

| 수지명 | 이온 | 사용한 양(g/백) | 화학처리 |
|---|---|---|---|
| J.T. Baker(M-614) | 혼합 | 8 | 1N KCL 100ml |
| Amberite IR 120 | 양 | 7 | 물 50ml |
| Amberite IRA-402 | 음 | 5 | 5% HCl, 물 |
| Amberite IR-20 | 양 | 20 | 없음 |
| Amberite IRA-400 | 음 | 28 | 없음 |
| Rexyn I-300 | 혼합 | 20 | 없음 |
| Biorex 70 | 양 | ? | 물 |
| Biorad AG-X4A | 음 | ? | HCl, 1M NaCl |
| Dowex 50W-X8 | 양 | 14 | 2N KCl |
| ANGA 542 | 음 | 14 | 2N KCl |
| Dowex 50W-X8 | 양 | 14 | NaCl |
| J.T. Baker | 음 | 14 | NaCl |

수지백은 야외의 질소양분화를 정확히 측정할 수 있는데 토양수분이 자연환경에 따라 변화하며 수분이동을 방해하지 않기 때문이다. 단점은 무기태 질소가 확산이나 중력에 의해 이동하므로 측정하기 어렵고, 수지 내 질소농도를 토양이나 면적개념으로 환산하기 어렵다. 또한 분석실에서 질소가 완전히 추출되지 않고 자동분석기에서 파장 변화로 분석이 어렵다. 이 방법은 비닐백을 묻는 방법과 비교한 결과 높은 상관이 있으며, 수지백이 비닐백보다 비교적 $NH_4$ 흡수가 많다. 그 이유는 비닐백에서는 질산화가 촉진되었으나 수지백에서는 $NH_4$의 이동이 적기 때문이다. 최근 수지백을 PVC관(core)과 같이 설치하여 수지백의 결점을 보완하고 있다. 이 방법은 토양의 부피를 알 수 있고 토양과 수지 내 무기

태질소를 추출함으로써 양분화량을 계산한다. 그림 9-5에서 위 수지백은 강우로 유입되는 질소량을 파악하고 아래 수지백은 용탈되는 질소량을 알 수 있다.

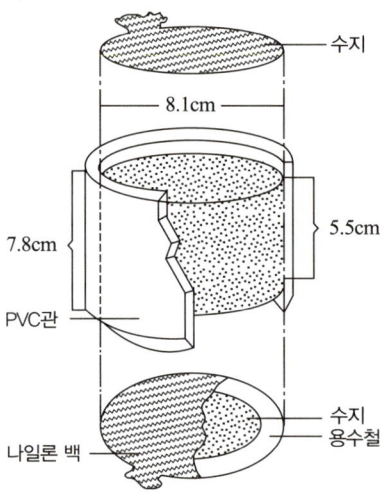

**그림 9-5** 야외에서 N양분화 측정을 위한 수지백과 코어의 모형도(Distefano와 Gholz, 1986)

## 3 동위원소

대부분의 실내실험과 야외실험은 질소순환과정의 총량을 측정하지만, 순양분화율을 알기 위해서는 다른 경쟁인자를 없애거나 방사성 동위원소인 추적자(tracer)를 이용한다. 동위원소 희석법은 1950년대 중반에 처음 실시하였으나 광범위한 적용은 최근 일이다. 그림 9-6과 같이 B에 $^{15}N$을 놓으면 질산화작용에 의해 N이 B에 공급되어 $^{15}N$의 농도가 시간이 갈수록 낮아진다. 그러므로 $N_2O$와 $N_2$ 속에 있는 $^{15}N$ atom %를 계산하면 N의 질산화량을 알 수 있다.

$$\text{atom\%} = 100 \times \frac{^{15}N}{^{14}N + ^{15}N}$$

초기에는 질량분석기의 부정확으로 많은 표본이 필요했으나 최근에는 훨씬 정확도가 높아 표본수도 적게 필요하다.

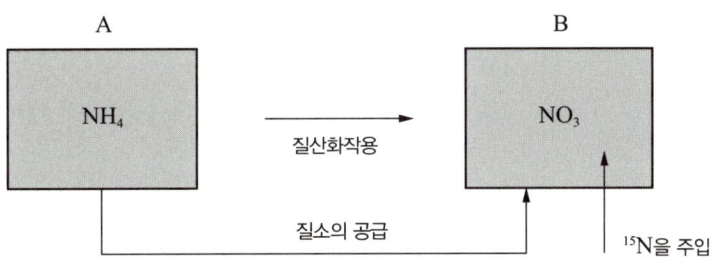

그림 9-6 동위원소 희석법

## 9.4 산림관리와 양분순환

양분은 임목이 생장하고 발달함에 따라 임목자체와 유기물층에 증가된다. 침엽수에서는 유령림일 때 증가율이 크며, 토양에는 토양-식물생태계 전체와 특히 생태계 내에 연간 순환되는 양 때문에 항상 많다. 만약 유입 양분량과 유출 양분량이 동일하다면 생태계 양분공급은 내부순환에서 이루어질 것이며, 천연적인 공급과 지질적인 유출의 관계에서 생기는 작은 손실은 토양의 총양분량 감소를 의미한다. 임목이 병에 걸렸거나 임분구조가 크게 변하면 양분 총량도 환경에 따른 전이율 차이에 의하여 변한다.

천연림에서 산불, 바람, 병충해로 인하여 산림이 교란되면 예외없이 양분순환 과정이 변화한다. 교란의 영향은 우세목이 활력을 점점 잃는 산림에서 가장 크며 교란인자에 따라 결과가 각각 다르다. Greenland와 Kowal(1960)은, 습윤열대림에서 산림을 벌채하고 불을 놓으면(처방화입) N 외의 양분이 약 50% 손실되었다고 하는데 이 양은 ha당 P 67kg, K 449kg, Ca 1,345kg, Mg 196kg이다. 이것은 토심 30cm 내에 있는 이용가능한 양분이 P 11kg, 치환성 칼륨 650kg,

Ca 2,578kg, Mg 370kg인 것에 비하면 상당히 많은 양이다.

산불은 정기적인 양분순환에 큰 영향을 준다. 산림토양에는 낙엽이 양분을 공급하므로 조부식이 두껍게 쌓이고 유기물층의 어떤 부분은 지피식생 발달에 이용된다. 유기물층은 처음 수 년간 평형상태를 향하여 발전하지 않고 잘 분해되지 않는 양분으로 계속 증가할 때 인위적인 산불[처방화입]은 토양비옥도를 유지하는 데 중요하다. 그러나 산불이 빈번하게 발생하면 임목 및 유기물층에 있는 양분은 타버려 사라지므로 크게 감소한다. 더구나 산불이 용탈, 침식 또 기타 손실 요인과 함께 발생하면 총양분 공급량이 손실되므로 토양양분 공급이 감소한다. 산불이 드물게 발생하여 식물체와 유기물층을 약간 제거하여 양분 손실이 적으면 토양의 양분공급 능력은 상승한다. 강한 바람은 임목의 한 부분을 부러뜨려 유기물층의 양분을 많게 한다. 미생물의 분해 능력도 양분의 증감에 관여한다.

산림벌채는 양분순환과 유출 변화에 큰 영향을 준다. 사질토양에서 자라는 코르시카소나무는 생장이 좋을 때 솎아베기가 잔존목의 양분상태에 전혀 변화를 주지 않으나 생장이 불량할 때 강한 솎아베기는 잔존목에 N, K, Mg을 증가시킨다. Cole과 Gessel(1965)은 자갈이 많은 사양토의 산림에서 가을에 벌채하고 시비한 후 9월부터 이듬해 8월까지 2개 깊이별로 양분 이동을 조사한 결과 표 9-14와 같이 모두베기구가 대조구에 비하여 토심 2.5cm까지의 양분 이동이 2배 이상 되었다고 하였다. 모두베기에 의한 양분 증가는 표토층의 양분 손실이라고 생각할 수 있으나 Ca만 약간 많을 뿐 다른 양분은 적었다. 질소비료의 차이에 따른 양분이동을 조사한 결과 2.5cm 깊이에서 유안비료구가 요소비료구보다 질소가 15% 많았으나 토심 90cm까지 뚜렷한 양분이동은 없었다. 유안 시비는 황산음이온의 증가로 모두베기 시 손실되는 Ca의 양만큼 양이온이 유실되었는데 비료종류에 따라 유실되는 양이온의 양도 달라지므로 비료선택에 충분한 고려가 있어야 한다.

표 9-14 벌채 및 시비에 따른 양분 유출(kg/ha)

| 처리 | 토심(cm) | N | P | K | Ca |
|---|---|---|---|---|---|
| 무처리 | 2.5 | 3.9 | 0.84 | 7.44 | 11.68 |
| | 90 | 0.54 | 0.03 | 0.91 | 4.07 |
| 모두베기 | 2.5 | 10.7 | 2.31 | 16.12 | 20.85 |
| | 90 | 0.98 | 0.11 | 1.07 | 8.75 |
| 요소시비 (질소성분량 224kg/ha) | 2.5 | 173.5 | 5.55 | 13.37 | 9.09 |
| | 90 | 0.69 | 0.08 | 0.97 | 5.68 |
| 유안시비 (질소성분량 224kg/ha) | 2.5 | 201.5 | 4.51 | 13.73 | 22.17 |
| | 90 | 1.1 | 0.17 | 2.60 | 8.51 |

(Cole과 Gessel, 1965)

모두베기 후 제초제를 두 계절 동안 살포하면 유출된 질산태질소와 양이온이 계류에서 크게 증가한다. Hubbard Brook에서 3년간 조사한 연평균 손실량은 질산태질소 175, K 43, Ca 103, Mg 23kg/ha이다. 모두베기로 증산량이 감소하면 상당한 양의 음이온이 지중수에 증가된다. 질산화율이 높아지면 계류 내 질소가 증가하므로 양분 손실은 유역면적을 고려해야 한다. 유역면적이 작으면 단기간에 손실이 증가할 수 있지만 넓으면 손실이 적고 계류 내 농도도 낮아진다. 산림 발달상태와 양분순환특성을 알고 시비하면 더 효과를 얻을 수 있다. 집약경영을 하고 있는 묘포에서는 묘목의 계절적인 양분흡수 패턴이 다르다. 글라우카가문비나무(White spruce) 묘목의 질소흡수는 생장률과 정비례 관계가 있으나 인은 쌍봉분포(bimodal)패턴을 보인다.

Smith(1971) 등은 테에다소나무조림지에서 계절별로 잎의 질소농도를 조사한 결과, 봄에는 증가하다가 여름에는 일정하게 있고, 늦여름과 초가을에 최고가 된다고 하였다. 같은 기간 동안 건중량은 시간에 비례하여 증가하여도 잎에는 오랜 시간이 지난 후에도 다른 기관에서 이동된 질소가 축적되어 있다.

토양수분은 양분흡수량을 결정하는 하나의 인자이다. 시비한 비료가 유효토심에 유효한 형태로 남아 있거나 최고로 흡수될 가능성이 있을 때 관수하면 상승효과가 있다.

Chapter 10

# 임목 뿌리

10.1 임목 뿌리의 형태와 양
10.2 뿌리생장과 토양조건

chapter 10

# 임목 뿌리

임목 뿌리는 나무와 토양을 연결함으로써 나무를 서 있게 하고, 물과 양분을 흡수하여 지상부 줄기나 잎으로 보내는 역할을 한다. 뿌리는 토양 깊이 생장하면서 토양단면 발달에 큰 영향을 주고 죽은 후에는 토양유기물로 되어 유기물 함량을 증가시키며, 토양생물의 서식지로서 양분순환과정의 일부가 된다. 5년생 엘리오티소나무의 ha당 뿌리생중량은 14.8kg으로서 전체 임목생중량의 20%나 된다. 뿌리의 생장과 분포에 따라 지상부생장이 크게 좌우되며 뿌리 생장에 영향을 주는 인자는 지상부 생장에 영향하는 인자와 거의 비슷하다. 주로 토양의 이화학적, 생물적 성질과 빛의 세기, 기온, 바람이 영향을 미친다.

그림 10-1 소나무의 뿌리가 C층을 지나 암반까지 연결되어 있다.

가지생장과 뿌리생장은 그림 10-2와 같이 양의 상관(positive correlation)이 있다. 또한 뿌리는 침식이나 붕괴가 일어나기 쉬운 지형에서 토양입자의 결속력을 높인다. 이것은 세근과 균사가 표토층을 고정하고 직근이 다른 층위까지 침투하기 때문이며, 따라서 벌채 후 몇 년이 지나면 뿌리가 고사하면서 결속력이 느슨해지므로 폭우가 내리면 산사태가 발생하기도 한다(그림 10-3).

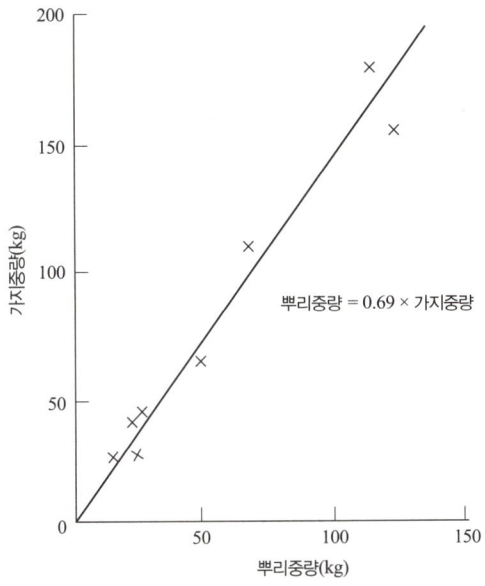

그림 10-2 18년생 라디아타소나무의 뿌리중량과 가지중량의 관계(Will, 1966)

그림 10-3 산불 후 임목을 벌채한 결과 산사태 발생

## 10.1 임목 뿌리의 형태와 양

토양이 좋으면 생육초기의 임목 뿌리는 수종에 따라 독특하게 발달한다. 뿌리의 형태, 길이, 크기에는 자연상태에서 토성, 견밀도, 토양수분, 불투수층의 존재유무, 토양양분 등이 영향을 주며, 인위적으로 식재한 임목은 임분밀도에 따른 뿌리 경쟁으로 측근이 발달한다.

### 1 뿌리 형태

임목 뿌리 형태는 뿌리의 습성과 활력도에 의하여 좌우되며 수직근, 폭근, 수평근 등 3가지가 있다(그림 10-4). 수직근(tap root)은 주근이 아래쪽으로 깊게 뻗어있고 측근이 거의 없다. 호두나무, 참나무류, 소나무류가 해당된다. 폭근(heart root)은 주근이 없지만 뿌리가 많고 여러 개의 큰 측근이 수직으로 뻗어내린 형태이다. 일본잎갈나무, 자작나무, 서어나무, 피나무류가 있다. 수평근(flat root)은 굵은 뿌리가 수평으로 뻗어있고 가는 측근이 수직적으로 분포한다. 가문비나무, 포플러류, 물푸레나무, 아까시나무가 있다.

뿌리 형태는 주위 수종과 경쟁하거나 위축 또는 소실됨에 따라 변형되지만 토양조건에 구애받지 않은 우량한 뿌리를 육종으로 개선할 수 있다. 뿌리는 입지조건이 어느 정도 제한된 곳에서 잘 자란다. 직근이 발달된 나무는 토심이 상당히 깊은 곳까지 뿌리를 빨리 뻗어 건조한 지역에서도 생존하며 측근이 많은 나무는 토심이 얕은 곳에서도 잘 산다. 대부분의 임목 뿌리는 토양수가 많으면 상대적으로 공기가 부족하여 생장이 빈약하나 리기다소나무는 지하수위가 높아도 살 수 있다.

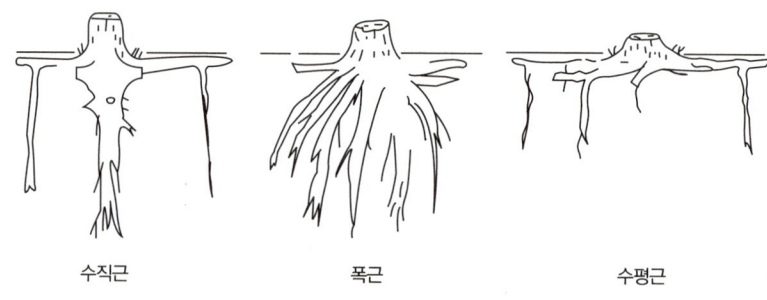

그림 10-4 임목 뿌리 형태

폭근을 가진 수종은 토심이 깊고 통기성이 양호한 토양에서 잘 자라며 다른 형태의 뿌리보다 모암을 풍화하는 능력이 크다. 뿌리는 굵기에 따라 대근, 중근, 소근으로 구분하기도 한다.

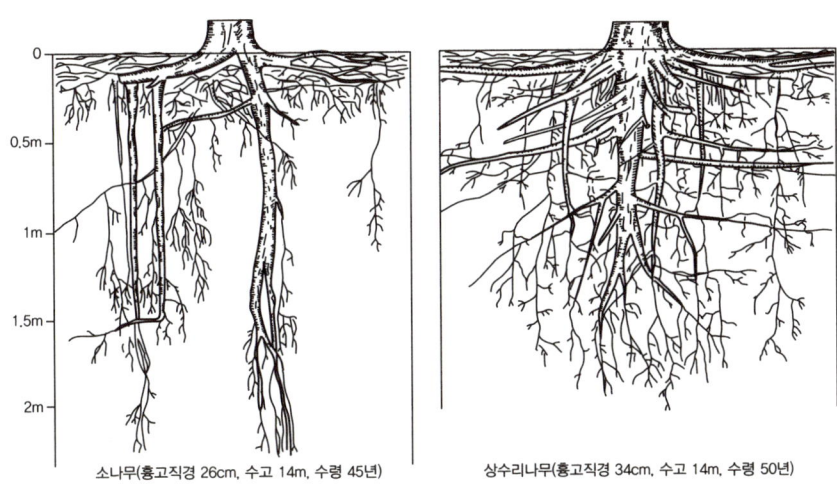

그림 10-5 **우리나라 주요 수종의 뿌리형태**

## 2 뿌리의 양

임목 뿌리는 수종, 나이, 토양조건 등에 따라 그 양이 다르다. 직근은 토심 1m 이상에도 분포하지만 대부분의 뿌리는 토심 20cm 내에 있다. 뿌리에서 가장 중요한 세근(직경 2mm 이하)은 주로 표토층에 분포하며 그 양은 균사와 균근, 토양양분, 수분공급정도, 기온 및 통기성에 크게 좌우된다. 세근의 양을 측정하려면 토양채취기를 이용하여 일정한 용기 내에 들어있는 세근의 총생중량을 계산하거나, 뿌리의 발달이 보이는 투명유리를 설치하거나, 원래의 토양을 뽑아내고 그 자리에 모래를 채워 그 속으로 침투한 뿌리를 측정한다. 살아있는 수피 속의 전분 함량은 세근의 양과 정의 상관이 있으므로 전분함량을 분석하기도 한다. 토심에 따른 직경 3mm 이하의 뿌리를 조사한 결과 표토층에 가까울수록 많은데 토심 16cm 이상되면 크게 감소한다.(표 10-1).

수종별 세근량과 연간 순생산량을 조사한 결과 표 10-2와 같이 세근량은 활엽수와 침엽수 간 큰 차이가 없으나 순생산량은 참나무류가 많았으며 전체 뿌리에서 세근이 차지하는 비율이 높은 수종은 흑참나무와 자작나무였다.

표 10-1 산림토양 깊이별 세근량(ton/ha)

| 토심 | 미국북부지역 활엽수림(80년생) | 레지노사소나무(53년생) |
|---|---|---|
| 유기물층 | 4.9 | 2.7 |
| 0~15cm | 2.8 | 2.8 |
| 16~30cm | 1.4 | 1.5 |
| 31~45cm | 1.1 | 1.2 |
| 46cm 이상 | 0.3 | 0.9 |

표 10-2 수종별 세근량과 연간 순생산량

| 수종 | 세근량 (ton/ha) | 1차 순생산량 (ton/ha/년) | 전체 뿌리량에 대한 세근량(%) |
|---|---|---|---|
| 흑참나무 | 2.7 | 5.9 | 35 |
| 적참나무 | 2.7 | 5.2 | 25 |
| 백참나무 | 3.4 | 4.1 | 28 |
| 단풍나무 | 4.3 | 4.0 | 30 |
| 자작나무 | 3.2 | 3.2 | 32 |
| 백송 | 3.7 | 2.6 | 24 |
| 소나무류 | 3.6 | 2.6 | 18 |
| 가문비나무 | 3.3 | 1.6 | 23 |
| 미국적송 | 4.4 | 2.0 | 27 |

(Nedelhoffer 등, 1985)

## 3 뿌리와 지상부 생장

수종에 따라 지상부 생장은 지하부 생장보다 빠르기도 하고 늦기도 하므로 이러한 특성에 맞추어 파종, 경운, 시비 작업을 다르게 해야 한다. 우세목은 잘 발달한 세근과 활력이 강한 측근을 가지고 있으며, 준우세목은 총 뿌리길이가 우세목의 1/3이고 뿌리 무게는 40%에 불과하며, 열세목은 더 적어 각각 10%, 8%이다. 그러므로 우량한 나무는 뿌리도 커서 양분이용률이 높고 시비한 비료도 잘 흡수한다. 한편 수관이 있는 곳의 뿌리길이는 수관이 없는 곳보다 2~3배 길다(그림 10-6).

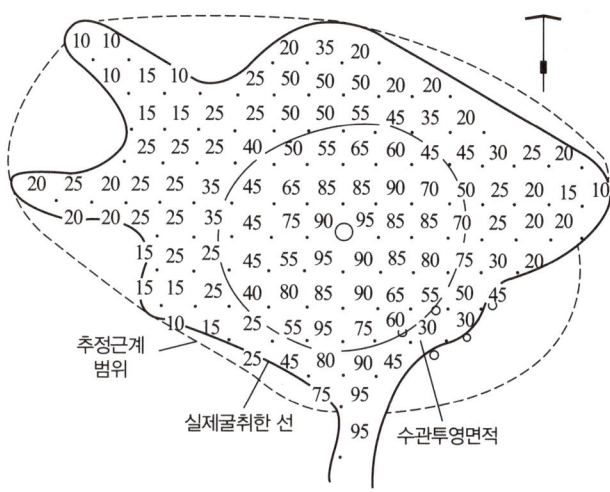

그림 10-6 솔송나무의 수관과 뿌리 평균길이의 관계

임목의 전체 생중량에서 뿌리가 차지하는 비율은 지력에 관계없이 약 16~18%이며 지력이 높은 곳의 임목은 낮은 곳의 임목보다 훨씬 많은 생중량과 뿌리를 가지고 있으나 세근은 지력이 낮은 곳에서 많았다(표 10-3).

표 10-3 40년생 미송림의 지상부 및 지하부 생중량

| 부위 | 지력이 낮은 곳 (ton/ha) | 비율 (%) | 지력이 높은 곳 (ton/ha) | 비율 (%) |
|---|---|---|---|---|
| 수간 | 188.5 | 61.5 | 368.8 | 66.4 |
| 수피 | 33.0 | 10.8 | 55.2 | 9.9 |
| 생가지 | 17.1 | 5.6 | 27.7 | 5.0 |
| 잎 | 10.0 | 3.3 | 16.0 | 2.9 |
| 직경 5mm 이상 뿌리 | 47.1 | 15.4 | 83.6 | 15.0 |
| 직경 2~5mm 뿌리 | 2.2 | 0.7 | 1.8 | 0.3 |
| 직경 2mm 미만 뿌리 | 8.3 | 2.7 | 2.7 | 0.5 |
| 계 | 306.2 | 100 | 555.8 | 100 |

## 10.2 뿌리생장과 토양조건

### 1 토양 물리성

#### 1) 토성

소나무, 너도밤나무, 졸참나무 등의 뿌리는 유기물이 적은 사질토양과 토양입자가 치밀한 점토질 토양에서 생장이 나쁘며 양토에서는 세근의 비율이 높고 사토에서는 주근의 비율이 높다. 측근의 수는 토양입자가 클수록 증가하며, 주근은 사토에서는 통직하고 자갈토양에서는 구부러져 있다. 그러므로 점토질 토양에서 가장 나쁘고, 양토에서 가장 좋다. 사질토양은 통기가 좋으므로 수분을 보충하면 세근이 굵어진다. 심토층의 토성은 점토질이므로 뿌리생장이 불량하다.

## 2) 토양삼상

뿌리생장에 가장 좋은 토양조건은 고상 25~35%, 기상 40~45%, 액상 25~30%로서 과건하거나 과습하면 생장은 저하된다. 산림토양의 고상 비율은 30~40%이나 토양 답압으로 55%가 될 때도 있다. 뿌리생장은 고상보다 물과 공기의 영향을 더 받으나 고상이 증가하여 견밀도가 높아지면 뿌리 발달은 불량해진다. 고상이 55~60% 되는 척박임지에서는 뿌리가 제대로 자랄 수 없다. 그러나 일반 임지에서는 고상 비율이 50% 이상 되는 곳은 드물다. 토양에 딱딱한 불투수층이 있으면 강한 직근이라도 침입하기 어려우므로 뿌리가 얕게 발달하며 따라서 바람에 의해 넘어지고(그림 10-7) 건조의 해를 받기 쉽다. 등산로는 토양침식에 의해 뿌리가 노출되기 쉬운데 그 곳에 30cm 이상의 흙을 복토하면 토양공기가 부족해져서 임목이 점차 고사한다(그림 10-8).

그림 10-7
불투수층으로 인해 뿌리가 침투하지 못하여 바람이 불면 나무가 넘어진다.

그림 10-8
등산로에서 심하게 노출된 뿌리

## 3) 토양수분

뿌리 생장에는 토양수분이 큰 영향을 준다. 적윤지에서는 생장이 좋지만 과습지에서는 생장이 나쁠 뿐만 아니라 썩을 수 있다. 통기가 불량한 과습지는 호흡대사에 필요한 산소 부족과 양분 및 수분 흡수를 저해하는 탄산가스 증가에 의하여 뿌리생장이 나쁘다. 통기성이 좋으면 물이 토양공극에서 이동하기 쉽고, 충분한 산소와 양분이 공급될 경우 뿌리 생장은 양호하나 측근과 직근의 분지(offshoot)가 적고 뿌리 수도 적으며 두껍게 된다.

건조지에서는 흡수할 수 있는 수분 부족으로 생장이 저하된다. 그러나 임목의 다른 기관에 비하면 뿌리생장은 그렇게 저하되는 것은 아니다.

뿌리의 외부형태와 조직도 토양수분 양에 따라 변화한다. 건조지에서는 흡수근의 수가 증가하나 두께는 가늘고 짧으며 표피세포와 피층세포막은 두껍고 목질화가 빠르다. 이러한 세근은 목질화한 것이 대부분으로 굴곡이 심하고 분지수가 많다. 또 비대생장이 나빠 직경당 나이테의 수가 많고 조직이 강하여 세근은 토양과 강하게 결합하여 있다. 적윤지에서는 건조지와 반대로 흡수근의 수가 비교적 적고 두께는 굵고 길며 분지수가 적고 곧다.

일반 임지에서 A층의 pF가 1.9 정도이면 뿌리 생장은 최대이며 pF 2.5부터는 급속히 감소한다. 토양수분이 뿌리 길이에 미치는 영향은 최대용수량까지 증가하나, 약간 건조한 토양과 습윤토양(pF 2~3)에서는 뿌리가 잘 자라며 더 이상 건조하면 생장이 저해된다. 즉, 토양이 건조하면 주근 길이는 증가하나 세근 길이는 감소하는 경향을 보인다. 토양수분과 주근은 수분흡수, 세근은 양분흡수하는 기능의 분화를 생각할 수 있으나. 주근이 생장하는 심토층은 세근이 분포하는 표토층보다 수분조건이 좋고, 세근 생장이 정지하는 건조한 토양에서도 주근은 생장할 수 있는 토양수분이 있으므로 이에 따라 뿌리 분포가 달라진다.

임지에서 토양수분은 토심이 깊을수록 증가하는 경향이 있으며, 건조한 갈색산림토양에서도 심토층은 적윤하므로 표토층이 위조계수 이하가 되어도 고사하지 않는다. 토양수분은 토양양분 함량과 복합적으로 임목생장에 영향을 주는데, 척박지에서는 수분효과가 크게 나타나는 경향이 있다.

토양수분이 적당히 증가하면 양분결핍에 의한 생장제한을 완화하는 작용을 한다.

### 4) 토양공극

공극은 뿌리 생장에 기계적 영향을 주는 토양의 견밀도와 생장흡수에너지를 공급하는 호흡대사에 필요한 산소량과도 관계하여 물리적, 생리적인 영향을 끼친다. 토양수분이 적당하면 공극량이 많아 뿌리 발달이 좋으나 치밀한 점토질 토양에서는 뿌리가 적다. 세근은 표토층에 집중적으로 분포하는데, 유기물이 많고 공극량이 많아 산소량이 많기 때문이다. 그러나 심토층에서는 토양이 치밀하여 공극이 적기 때문에 뿌리 발달이 나쁘다. 이 때문에 한 번 심토층에 침입한 뿌리가 다시 표토층 방향으로 생장하고 또 암석과 벽상구조의 틈, 뿌리가 썩어서 생긴 공극에 뿌리가 발달하는 현상을 가끔 볼 수 있다.

공극량이 많다고 해서 반드시 뿌리 생장이 좋다고 할 수 없는데 공극량 중 모세관 공극이 많으면 항상 공극이 수분으로 차있어 통기가 불량하므로 산소 결핍과 탄산가스 과잉으로 생리적 장애가 증가하거나 토양수분으로 인한 견밀도가 증가한다. 그러므로 뿌리 생장에 영향하는 공극량은 비모세관 공극량을 의미한다.

리기다소나무 뿌리는 공극이 많은 사토에서 수분이 적어도 잘 발달하나 점토질 토양에서는 수직적, 수평적으로 뿌리 생장이 나쁘므로, 조림은 토심이 1미터 이상되는 사질토양을 택하여 하는 것이 좋다. 수분조건이 양호한 경우 주요 임목의 뿌리생장에 영향하는 기상(air phase)을 보면 표 10-4와 같이 삼나무 〉편백 〉소나무 〉일본잎갈나무의 순으로서 기상이 작은 토양에서도 뿌리가 잘 자란다. 토양 내 기상이 증가하면 뿌리 표면적은 오목형 곡선으로 증가하는데 기상이 많은 건조토양에서는 세근 직경이 작고 분지가 많이 나타난다. 기상은 표토층에 많고 심토층에 적어 뿌리 밀도의 변화와 일치하나 습지와 매몰지는 반대현상이 나타난다. 모래자갈이 많은 토양은 기상이 많고 액상이 적으므로 뿌리 밀도도 낮다.

표 10-4 토심에 따른 토양의 물리적 조성과 세근 분포비율

| 토심 (cm) | 토양의 물리적 조성(%) | | | | | | 세근 분포비율(%) | | | |
|---|---|---|---|---|---|---|---|---|---|---|
| | 고상 | 공극량 | 최대 용수량 (W) | 최소 용수량 (L) | 채취 시의 기상 | L/W | 삼나무 | 편백 | 소나무 | 일본 잎갈 나무 |
| 10 | 25 | 75 | 64 | 11 | 39 | 17.2 | 33 | 35 | 33 | 45 |
| 20 | 22 | 78 | 71 | 7 | 35 | 9.8 | 7 | 17 | 19 | 24 |
| 30 | 19 | 81 | 75 | 6 | 31 | 8.0 | 7 | 10 | 13 | 16 |
| 40 | 19 | 81 | 75 | 6 | 31 | 8.0 | 7 | 12 | 19 | 8 |
| 50 | 19 | 81 | 75 | 6 | 31 | 8.0 | 9 | 6 | 0 | 5 |
| 60 | 19 | 81 | 75 | 6 | 31 | 8.0 | 7 | 9 | 6 | 2 |
| 70 | 19 | 81 | 75 | 6 | 31 | 8.0 | 12 | 4 | 3 | |
| 80 | 17 | 83 | 78 | 5 | 21 | 6.4 | 3 | 4 | 0 | |
| 90 | 18 | 83 | 78 | 5 | 21 | 6.4 | 3 | 4 | 3 | |
| 100 | 20 | 80 | 76 | 4 | 8 | 5.3 | 3 | 3 | | |
| 100~200 | 19 | 81 | 79 | 2 | 5 | 2.5 | 10 | + | | |

(苅住, 1979)

## 5) 투수성

토양의 투수성은 투수속도 즉, 1분당 투수량(cc)으로 표시하며, 공극 분포, 토양표면 성질과 구조, 토성, 서력한량, 비모세관 공극량(pF 0~1.7의 공극과 최소공기량을 합한 것)이 관여한다. 투수성이 양호한 토양은 토양 내 기상이 많으므로 뿌리 발달이 좋다. 토양표면이 건조하면 비모세관공극량이 많아도 투수성이 나쁘고 뿌리 생장도 불량하다. 투수속도가 느린 임지는 뿌리가 **빽빽**하게 차있다.

## 6) 토양구조

뿌리발달에 관계하는 수분, 공기와 그 분포상태는 토양의 최소단위인 토양입자의 조성에 따라 달라지고, 토양구조의 양과 특성에도 영향을 준다. 뿌리 침입에 필요한 공극 크기 등은 토성보다 토양구조의 영향을 더 받는다. 토양구조가 발달한 토양은 공극이 많고 통기가 양호하여 보수력이 적으므로 pF 2 정도까지 pF 증가에 따라 함수량이 급속히 감소하여 40~50%에 이른다. 주상구조를 가진 토양에서는 보수력이 커 pF가 증가하여도 함수율은 거의 감소하지 않으므로 투수성이 불량하여 뿌리생장이 현저히 감소한다. 건조한 토양의 괴상구조와 견과상구조가 발달한 곳은 함수량이 현저하게 감소하여 pF 2 정도에서 20~30%의 함수율을 보인다. 수분이 많아서 단립상구조가 발달한 토양에서는 뿌리생장이 양호하다.

## 7) 견밀도

뿌리는 토양입자가 치밀하여 공극이 적고 견밀도가 큰 토양에서는 물리적 저항 때문에 생장이 저해된다. 견밀한 점토질 토양에서 뿌리 생장이 나쁜 것은 공극량 감소에 따른 통기불량으로 호흡대사 등의 생리적 장해가 크기 때문이며, 따라서 토양 견밀도가 높은 딱딱한 토양은 물리적인 압력이 높아 뿌리 생장과 비대생장에 영향을 준다. 직경이 큰 뿌리는 작은 뿌리로 많이 갈라지지만 비대생장은 되지 않으면서 구부러진다. 또한 뿌리가 거의 수평으로 발달하여 뿌리 자체가 비정상으로 생장한다.

표토층에 발달한 세근의 편중생장도 토양의 물리적 저항력 차이에 따라 달라진다. 직근성의 소나무류는 견밀한 토양에서 거의 비대생장을 하지 못해 심하면 나이테가 생기지 않는다. 토양층위의 견밀도가 다르면 뿌리는 견밀한 토양층을 피하여 선택적으로 분포한다. 미송 뿌리생장은 토양 가비중이 1.8 이상이 될 때 토양에 관계없이 급격히 저하하고, 유기물이 많을 경우 생장저하가 완화되지만 지상부 생장에는 큰 영향을 주지 않는다(표 10-5). 토양 견밀도가 높아지면 리기다소나무 세근 수가 감소한다.

표 10-5 답압된 토양에서의 미송(Douglas fir) 뿌리 생장(cm/본)

| 토양 | 무 답압<br>(가비중 1.4g/cm³) | 보통 답압<br>(가비중 1.6g/cm³) | 심한 답압<br>(가비중 1.8g/cm³) |
|---|---|---|---|
| 이암 및 사암 토양 | 3.85 | 2.25 | 1.09 |
| 빙하퇴적토 | 3.26 | 1.28 | 0.06 |
| 풍화토 | 3.49 | 1.30 | 0.07 |
| 평균 | 3.51 | 1.61 | 0.46 |

(Heilman, 1981)

### 8) 토양 온도

뿌리 생장의 최적 토양 온도는 10~25℃로서 이보다 온도가 낮으면 뿌리의 생장과 대사(metabolism)를 지연시킨다. 특히 양분과 수분의 흡수가 감소하여 수관이 필요한 양을 공급하지 못한다. 또한 뿌리 활동이 비효율적으로 되어 어떤 수종은 이른 봄에 식재할 때 활착이 불량하다. 온난지방에서는 겨울에도 뿌리생장을 계속한다. 테에다소나무 뿌리는 일주일 평균최저기온이 -2℃ 이하로 떨어지기 전까지 계속 생장하고 겨울에는 생장이 중단되다가 봄에 기온이 -1℃로 상승하면 다시 생장하였다(그림 10-9). 생장기 야간의 저온은 조림목 뿌리 분열에 중요하다. 폰데로사소나무 뿌리는 기온 6℃ 이하로 지속된 날이 적어도 90일이 되어야 생장이 잘 된다. 또한 토양 온도는 병원균 발생과 뿌리형태 유전에 영향을 미친다.

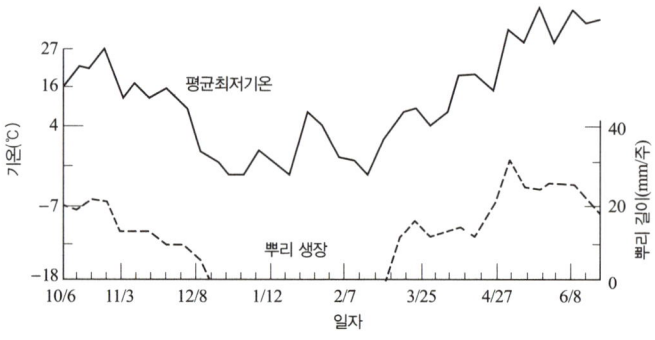

그림 10-9 1년생 테에다소나무의 뿌리 생장과 일주일 평균 최저기온의 관계(Bilan, 1967)

## 2 토양 화학성

뿌리 생장과 활동은 토양 물리성 외에도 화학성이 관계한다. 토양의 pH, 탄소량, 질소량, 탄질률, 치환성 Ca 및 Mg 포화도, 유효인산 등이 뿌리생장과 높은 상관이 있다.

### 1) pH($H_2O$)

pH가 낮으면 수소이온의 독성과 알루미늄 이온의 해로 뿌리생장이 저해되지만 산림수종은 비교적 산성토양에 강하다. pH 5에서의 뿌리 밀도는 각각 $m^3$ 당 편백 450g, 삼나무 350g, 소나무 250g, 일본잎갈나무 100g으로서 편백이 가장 많았는데 편백은 산성토양에서 왕성한 뿌리 생장을 한다. 삼나무림에서 pH가 6.4일 때 뿌리의 연평균 생장량은 124m, 세근 1g당 연간 물의 흡수량은 8.1리터이지만 pH 5.2에서는 각각 60m와 5리터로 훨씬 적었는데 편백과 달리 삼나무는 중성토양에서 뿌리 생장이 양호하다.

### 2) 탄소량

토양 탄소량은 유기물과 밀접한 관계가 있으며 탄소량이 증가하면 뿌리밀도가 증가한다. 그러나 탄소량 8~10%까지는 뿌리밀도 증가율이 커지지만, 그 이상 되면 작아진다. 탄소량 10%일 때 수종별 뿌리밀도($g/m^3$)를 조사한 결과 편백 400, 삼나무 300, 일본잎갈나무 150, 소나무 30으로서 편백과 삼나무가 많고 소나무는 1/10에 불과하였다. 또한 삼나무의 연간 뿌리생장량은 탄소량 4.1%일 때 60m이고 흡수량은 5.9리터이지만, 12.8%일 때는 각각 130m와 17.5리터로서 크게 증가하였는데 유기물이 많으면 편백과 삼나무의 생장이 왕성함을 알 수 있다.

## 3) 질소량

질소량과 뿌리밀도의 관계는 탄소량과 뿌리밀도의 관계와 비슷한 경향을 나타내나 전자의 상관이 더 높다. 질소량에 따른 뿌리밀도의 변화율은 삼나무와 소나무에서 크고 편백과 일본잎갈나무는 작다. 토양 내 질소함량이 편백 1%, 일본잎갈나무 0.7%, 삼나무 0.6%, 소나무 0.4% 이상일 때는 질소비료를 시비하여도 뿌리밀도는 변화하지 않고 오히려 뿌리가 천근성이 되는 경향이 있으므로 심근성 뿌리의 발달을 저해할 수 있다.

## 4) 탄질률

탄질률은 다른 화학적 인자보다 뿌리밀도와 상관이 높다. 탄질률이 크면 뿌리밀도도 높은데 탄질률이 20 이상 되면 뿌리밀도는 현저하게 증가한다. 탄질률이 10인 임분의 뿌리밀도($g/m^3$)는 150이나, 20일 때는 550으로 증가율은 3.7배나 된다. 산림수종 중 소나무는 탄질률에 대한 뿌리밀도의 변화가 크나 편백은 작다.

## 5) 시비

시비는 척박한 토양에서 생육하는 임목 뿌리생장을 촉진한다. 구주적송은 질소시비 2년 후 세근 양이 증가하였으나 9년 후에는 거의 효과가 나타나지 않았다고 하였다(Kohmann, 1972). 적정량의 시비는 뿌리생장을 촉진하나 과다하면 해가 되어 지상부 생중량에도 영향한다. 알루미늄(Al)은 자작나무 뿌리생장에 나쁘나 피해 정도는 다른 양분의 양에 좌우된다. 또한 알루미늄 함량이 많으면 마그네슘과 황(S)의 함량이 낮아져 뿌리 생장이 감소한다. 유기물층은 주요 양분의 공급원이지만 미량원소를 공급할 수 없으므로 부족한 원소는 시비할 필요가 있다. 시비하면 미생물 활동이 증대하여 토양 내 인산고정이 감소되고 임목생장이 촉진되어 잡초에 의한 조림목 피압이 방지되며 세근의 양이 증가한다.

Chapter 11

# 지위

11.1 지위분류방법
11.2 지위관련인자

# chapter 11 지위

임지를 평가하고 분류한 후 지도로 만드는 것은 집약경영이나 산림의 다목적 이용을 위한 필수적인 작업이다. 임목이 생장하는 곳의 토양과 주위환경은 임목과 식생을 생산하는 데 큰 영향을 미치는데 영향 인자의 복합적인 능력을 지위(site)라고 한다. 과거 임지 분류 목적은 잠재적인 목재생산성을 평가하는 데 있었으나, 현재는 복합적으로 연관된 지위인자에 근거를 둔 분류체계를 임업경영에 이용하는 데 그 목적이 있다. 따라서 지위는 휴양적인 차원, 야생동물 서식, 좋은 물 공급, 도로 및 구조물 설치, 목재생산 측면에서 분류해야 하지만 산림의 생산 능력에 초점을 맞추어 설명한다. 임지 생산성을 평가하려면 그 지역의 특정수종 생장에 중요한 인자를 종합한 토양과, 지위인자 중에서 쉽게 조사할 수 있는 인자를 선정해야 한다(표 11-1).

표 11-1 지위와 관련된 지역과 수종별 중요한 토양인자(미국)

| 수종 | 토양인자 |
|---|---|
| 남부지방 소나무류 | B층 토심과 견밀도(23), A층 토심(21), 배수(19), 투수 깊이(14), 반점까지 깊이(13), B층 흡수능(8), 필수원소함량(17), 유기물함량(3) |
| 북부지방 침엽수 | 필수원소함량(17), 토성(14), 배수(11), 토심(8), A층 유기물함량(8), B층 깊이(5), 자갈함량(5) |
| 동부지방 참나무류 | A층 토심(14), 전토심(14), A층 토성(9), 치환성 염기 양(7), 토양산도(6), B층 토성(5), 유기물 또는 질소 함량(4) |
| 동부지방 활엽수 | 불투수층까지 깊이(20), A층 토성(20), 배수(12), 양분 함량(9), 지하수위까지 깊이(5), A층 깊이(7), B층 토성(3), 유기물함량(3) |
| 서부지방 침엽수 | 유효토심(20), 유효수분(8), A층 토성(8), 비옥도(4), B층 토성(3), 자갈함량(4) |

[주] ( )는 문헌에 나타난 빈도 (Pritchett와 Fisher, 1987)

## 11.1 지위분류방법

지위분류문제는 조림 때부터 대두되는 것으로서 가장 중요한 인자는 임분의 특성(생장률, 수종, 구성, 잎의 양분 함량), 지피식생형태, 토양 이화학성 등이다. 임업경영은 점점 집약적으로 변하면서 지위분류는 임목생산과 밀접한 관계가 있게 되었다. 금세기 초에는 임지생산성은 기준 수령의 준우세목 평균 수고로서 지위를 분류하였는데 준우세목을 선별하고 측정하는 데 많은 제한이 있었다.

임지생산성을 측정하는 방법에는 임분을 측정하는 직접적인 것과, 지역환경 특성을 평가하는 간접적인 것이 있다. 임분의 우세목 수고로 생산성을 추정하는 것은 단점이 있더라도 상당히 편리하다. 여기서 단점이란, 식재밀도에 따라 재적과 목재수율이 달라지는 것이며, 식재밀도가 일정하더라도 우세목만을 측정하여 지위지수곡선을 만들기 때문에 합리적이지 않다는 것이다. 그러므로 밀도와 변이가 너무 크면 임지생산성은 재적에 의한 지위급으로 나타내야 한다.

### 1 지위지수(site index)

지위지수는 상당히 많은 표본점에서 우세목의 평균수고를 측정하여 만든 수종별 수고곡선에 대입하여 구한다. 임분의 나이가 동일하지 않으므로 기준연령보다 적거나 많은 임분에서는 수고곡선에 대입한다. 수고곡선은 한 곳에서 수령과 수고를 측정한 후 이 자료로써 수고/수령 평균곡선을 그리고, 기준 지위지수곡선과 같은 형태의 곡선을 그린다. 이러한 곡선은 현존림의 생장과 정확하게 일치하지 않는다. 벌채 또는 지역개발로 표본추출의 불균형이 생기며, 입지가 좋은 곳의 임분은 수확기에 빨리 도달하므로 지위지수의 기준수령 이하의 임분에서는 과소 측정되고, 기준수령 이상의 임분에서는 과대 측정되는 현상이 나타난다. 만약, 일련의 곡선을 일정면적 내에서 가장 큰 10본으로 만들었다면 다른 곳에서도 같은 방법으로 만든 곡선을 적용해 보아야 한다. 지위지수 곡선 형태는 수종과 위치에 따라 변하나, 지위지수에 의한 생장추이는 비슷하다. 생장곡선 간격은 비옥지에서 넓고 척박지에서 좁다.

임지의 인위적 인자인 배수, 풀깎기작업, 시비 등과 우수품종이 식재된 집약경영임지에서는 잠재생산성을 측정하기 곤란하다. 그러나 지위지수는 일정한 조건에서 특정 수종의 생장추이를 알기에는 편리하고 실용적이다. 주요 수종의 지위지수 곡선과 관련된 입목재적표가 제작되어 있다. 고정수확시험지에서 수고생장을 지속적으로 측정하여 지위지수곡선을 수정해야 하지만, 이 시험지가 지위, 토양, 지형, 기후별로 골고루 분포하고 있지 않은 결점이 있다. 지위지수곡선을 만들려면 수간석해(stem analysis)가 가장 좋으며, 가지와 가지 사이의 길이를 측정하기도 한다.

### 1) 입목지의 지위지수 판정

어떤 임분의 지위지수를 알고자 할 때 임분의 나이와 우세목(생장이 가장 좋은 나무)의 평균수고를 측정한 후, 이 점을 지위지수곡선에 표시하여 이 점을 지나는 곡선을 지위지수로 한다. 주요 수종의 지위지수곡선은 그림 11-1과 같이 제작되어 있으며 모든 수종의 기준 연령은 30년이다.

> **예** 나무 30년생의 우세목 평균수고가 14m라고 하면 수령 30년 지점과 수고 14m가 만나는 점을 지나는 곡선은 14가 된다. 그러면 지위지수는 14이다.

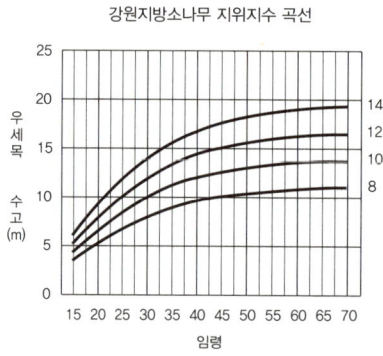
강원지방소나무 지위지수 곡선

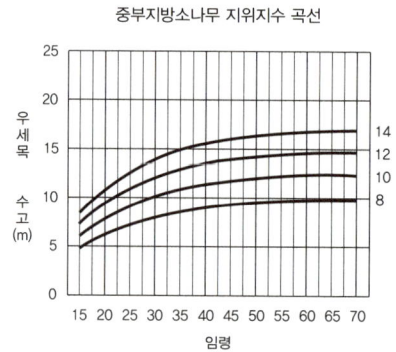
중부지방소나무 지위지수 곡선

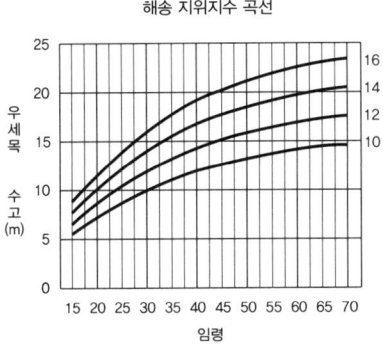

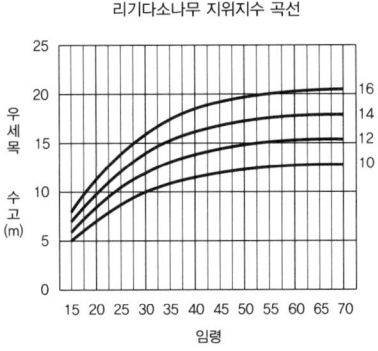

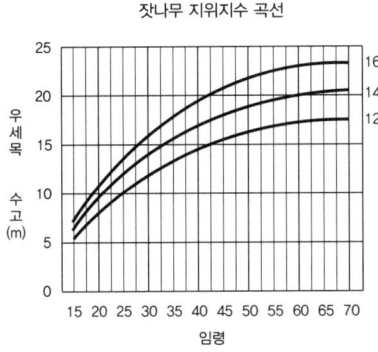

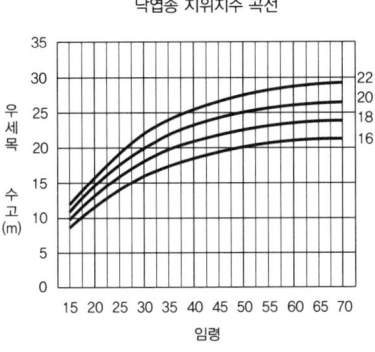

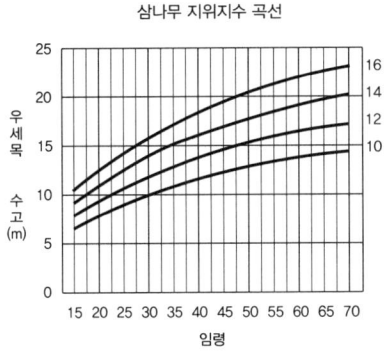

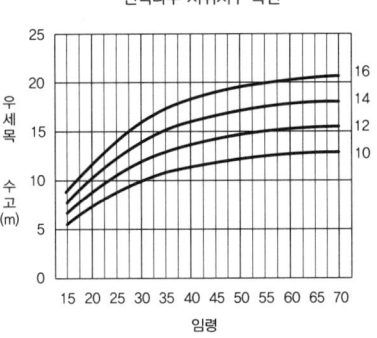

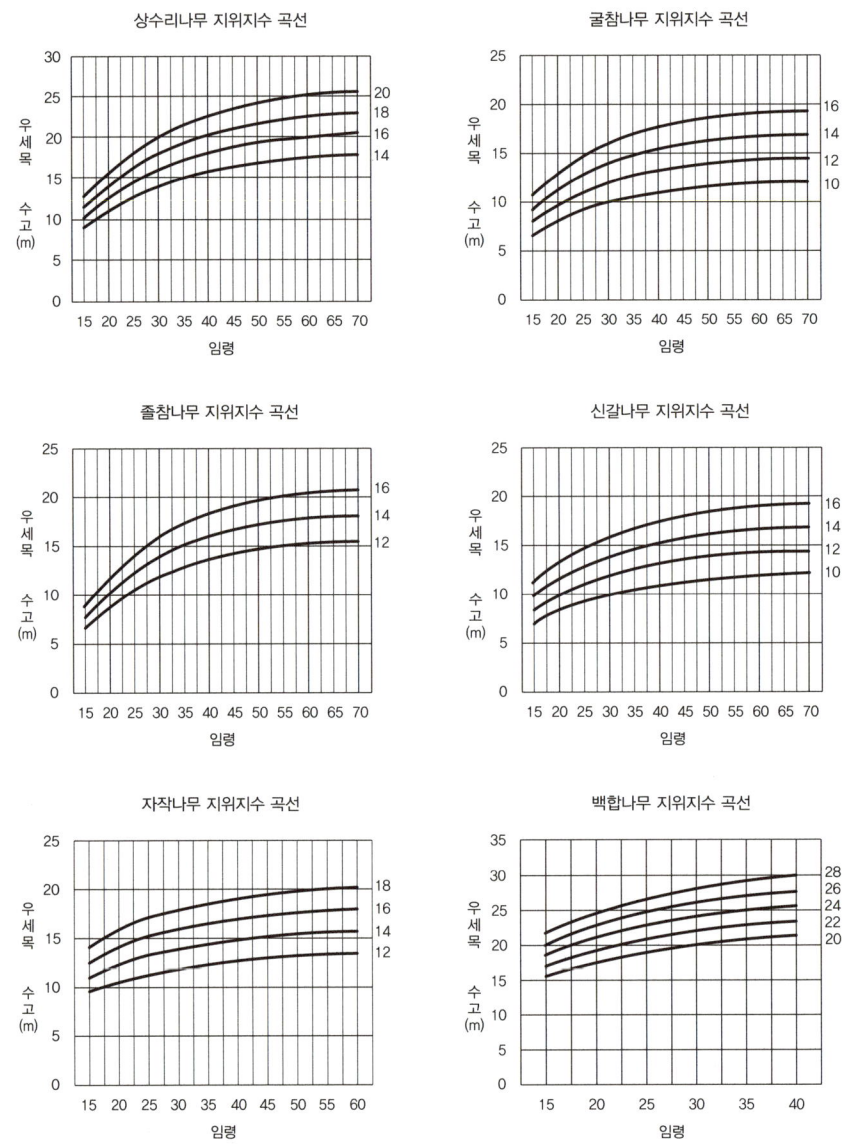

그림 11-1 **수종별 지위곡선**(국립산림과학원, 2016)

## 2) 무립목지의 지위지수 판정

나무가 없는 곳에 대한 지위지수는 표 11-2와 같이 각 수종에 가장 큰 영향을 미치는 인자의 점수표를 작성하고, 점수의 합을 지위지수로 하는 것이다. 일본잎갈나무의 경우 지위에 미치는 주요 인자는 토심, 기후대, 경사, 지형, 토양견밀도, 표고 등 6가지이고, 잣나무는 지형, 경사형태, 기후대, 토심, 표고, 방위 등 6가지이며, 상수리나무는 지형, 토심, 경사, 토양견밀도, 토양건습도, 방위 등 6가지이다.

표 11-2 지위지수 판정을 위한 인자와 점수

| 일본잎갈나무 | | | 잣나무 | | | 상수리나무 | | |
|---|---|---|---|---|---|---|---|---|
| 인자 | | 점수 | 인자 | | 점수 | 인자 | | 점수 |
| 토심 | 50cm 이하<br>51~70<br>71~90<br>91cm 이상 | 11.0<br>11.7<br>12.5<br>12.7 | 지형 | 산정<br>산복<br>산록 | 11.4<br>12.3<br>12.7 | 지형 | 산정<br>산복<br>산록 | 13.0<br>13.1<br>14.2 |
| 기후대 | 온대 북부<br>온대 중부<br>온대 남부 | 0<br>0.2<br>-1.7 | 경사형태 | 볼록사면<br>평행사면<br>오목사면 | 0<br>1.2<br>2.9 | 토심 | 50cm 이하<br>51~70<br>71~90<br>91cm 이상 | 0<br>1.1<br>1.8<br>2.0 |
| 경사 | 31° 이상<br>26~30<br>21~25<br>16~20<br>15° 이하 | 0<br>0.7<br>1.0<br>0.6<br>1.1 | 기후대 | 온대 북부<br>온대 중부<br>온대 남부 | 0<br>0.2<br>-2.3 | 경사 | 31° 이상<br>21~30<br>11~20<br>10° 이하 | 0<br>1.0<br>1.1<br>1.5 |
| 지형 | 산정<br>산복<br>산록 | 0<br>0.6<br>1.5 | 토심 | 50cm 이하<br>51~70<br>71cm 이상 | 0<br>0.3<br>0.5 | 토양<br>견밀도 | 단단함<br>약간 단단함<br>부드러움<br>아주 부드러움 | 0<br>0.5<br>0.7<br>0 |
| 토양<br>견밀도 | 단단함<br>약간 단단함<br>부드러움<br>아주 부드러움 | 0<br>0<br>0.2<br>1.1 | 표고 | 400m 이하<br>401~600<br>601m 이상 | 0<br>0.1<br>0.5 | 토양<br>건습도 | 건조<br>약간 건도<br>적당히 습함 | 0<br>0.7<br>0.7 |
| 표고 | 200m 이하<br>201~400<br>401~600<br>601m 이상 | 0<br>0.7<br>0.8<br>0.6 | 방위 | 동<br>서<br>남<br>북 | 0.1<br>-0.5<br>-0.5<br>0 | 방위 | 동<br>서<br>남<br>북 | -0.7<br>-0.7<br>-1.3<br>0 |

(임업연구원, 1988)

수종마다 지위에 미치는 인자가 다르지만 각 카테고리별 점수를 대입하여 합계한 숫자가 지위지수가 된다. 값이 많은 수종이 그 지역에 가장 적합한 수종일 수도 있다.

## 2 지위급(site quality)

지위급이란 임목재적에 의한 임지 생산성이다. 일정한 기간에 나무를 생산할 수 있는 능력은 입지환경과 토양인자가 복합적으로 작용하며, 그 임지에 있는 임분 구성과 경영방법에 달려 있다. 조림지는 선택수종에 의하여 생산성이 나타난다. 생산성이 집단, 또는 어느 특정지역의 재적으로 결정된다면 생산성은 수종, 입지조건과 조림방법에 따라 다르게 나타난다. 산림을 지위급으로 층화하는 또 다른 목적은 다른 임분과 비교함에 있다.

호주의 남부지방에서 지위급은 수피를 제외한 ha당 재적생장량 즉, 현재임분 + 솎아베기한 임목 + 고사목으로 나타내는 생산능력이다. 이곳에서는 지위급을 1급~7급으로 구분하였는데 이들의 생장특성은 윤벌기 동안 거의 비슷하며 그림 11-2와 같이 수령에 대한 총재적 생장을 의미하는 수확곡선으로 표현된다. 지위급 Ⅶ(7급)을 제외한 Ⅰ(1급)~Ⅵ(6급)에서는 건전한 임분의 생장속도를 알 수 있으며, 건전하지 못한 Ⅶ 임분은 비생산림으로 구분된다. 지위급이 다르면 임분 생장률이 다르고, 솎아베기 및 관리의 요구도가 다르다.

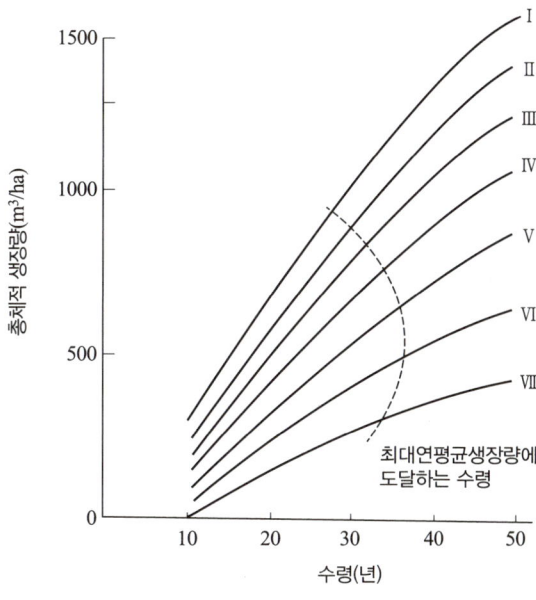

그림 11-2 **지위급별 생장곡선**

지위급 Ⅰ~Ⅲ은 양호한 임지로서 비슷한 생장특성을 갖고 있으나, 생장률이 다르므로 수확조절 목적으로 구분한 것이다. 이것은 임분의 수고 및 지하고의 생장특성에 의하여 충분히 구분된다. Ⅳ는 토심이 얕고 비옥하지 못하며, 라터라이트토양과 포드졸토양에 많다. 이 임분은 일반적인 재적/수령 관계가 아닌 수고/수령, 단면적/수령의 관계를 갖고 있으며 잎의 길이, 수관밀도, 수형, 가지무게 등이 지위급에 따라 다르다.

지위급 Ⅴ~Ⅶ은 임분이 비슷하게 구성되어 있으나 각각 독립적이고 불규칙한 간격의 수확곡선으로 나타나고 있다. 지위급 분류범위는 산림종류에 의하여 좌우되는데, 생장률의 차가 뚜렷하다면 지위급을 더 세분하고, 뚜렷하지 않으면 축소할 수 있다. 지위급은 동일한 임분밀도에서 솎아베기 및 가지치기 등을 하지 않은 9~10년생 임분 재적으로 평가하며, 그 임분의 평균지위급을 적용해야 한다. 평가된 지위급은 임분생장기간 동안 영구히 적용될 수 없기 때문에 급수 변화는 우세목 수고로 결정되는 지위지수곡선에 의하여 재분류되어야 한다.

라디아타소나무림의 지위급은 중요성과 이용도의 순서로 Ⅰ~Ⅶ급으로 나누어지는데 재적, 지하고, 우세목 수고로서 결정된다. 최대 흉고직경은 보조자료로 이용한다(표 11-3).

표 11-3 호주 라디아타소나무림의 지위급 분류범위

| 지위급 | 재적 (m³/ha) | 흉고 단면적(m²/ha) | | 우세목 수고 (m) | 지하고(m) | | 최대 흉고 직경(m) | |
|---|---|---|---|---|---|---|---|---|
| | | 2.5×2.5 (m) 임분 | 2.0×2.0 (m) 임분 | | 2.5×2.5 (m) 임분 | 2.0×2.0 (m) 임분 | 2.5×2.5 (m) 임분 | 2.0×2.0 (m) 임분 |
| Ⅰ | 226 | 42.2 | 4.38 | 17.0 | 6.1 | 6.4 | 22cm가 많음 | 22cm가 적고 20cm은 많음 |
| Ⅱ | 178~226 | 36.7~43.8 | 39.0~43.8 | 15.7~17.0 | 4.9~6.1 | 5.2~6.4 | 22cm가 적음 | 22cm는 없고 20cm가 많음 |
| Ⅲ | 132~178 | 31.0~36.7 | 33.7~39.0 | 14.4~15.7 | 3.4~4.9 | 4.0~5.2 | 22cm는 없고 20cm가 많음 | 20cm가 적음 |
| Ⅳ | 85~132 | 25.3~31.0 | 27.3~33.7 | 13.1~14.4 | 1.8~3.4 | 2.7~4.0 | 20cm는 적음 | 20cm는 없고 18cm가 적음 |
| Ⅴ | 43~85 | 18.6~25.3 | 20.4~27.3 | 11.8~13.1 | 1.2~1.8 | 1.8~2.7 | 20cm가 없음 | 18cm는 적음 |
| Ⅵ | 12~43 | 10.3~18.6 | 13.3~20.4 | 10.5~11.8 | 1.2 | 0.9~1.8 | 18cm가 적음 | 18cm는 없고 17cm가 많음 |
| Ⅶ | 12 미만 | 10.3 | 13.3 | 10.5 | 1.2 | 0.9 | 16cm가 적음 | 16cm가 적음 |

식재간격을 2×2m 또는 2.5×2.5m로 할 때 임분의 차이는 수형, 수관밀도, 잎의 길이, 잎의 색깔, 수피의 치밀도와 색, 지하고, 수관형성 형태에 의하여 나타난다. 지위급은 생장률에 관계된 질적, 양적 특성을 고려하여 만들었고 매년 표본구에서 조사된 자료를 가지고 수정한다. 표본구는 지위급 평가 전에 설치하며, 지역당 0.05ha의 표본을 조사한다. 측정인자는 재적, 흉고단면적, 우세목 수고, 지하고인데 재적은 입목간재적표에서 구하고, 지위급은 수확표와 지위급곡선을 참조하여 만든다. 표본구에서 산림종류와 재적생장량의 관계를 구명하고 임지평가 전 모든 조사자가 표본구에서 조사한 방법을 서로 비교하면 오차를 줄일 수 있다.

임목축적은 수령 9~10년일 때 산림 차이에 따른 변화가 크지 않으나 잔존본수가 다르면 변할 수 있다. 지하고는 표본구에서 12본을 무작위로 측정하여 평균한다. 대상 표본조사(line method)는 10~20m 간격으로 임목을 측정하는 것으로, 오차가 많고 가지치기를 하지 않아야 한다. 우세목 수고는 조사자 주변 10m 내에서 가장 큰 나무 2본을 측정한다. 최대흉고직경은 식재간격 및 잔존본수와 밀접한 관계가 있다.

지위급에 기초를 둔 수확조절과 예측이 전체 임분에서 정확히 맞으면 재평가할 필요가 없다. 표본구는 생장경향과 수확곡선이 일치하는지의 여부를 알기 위해 존치하고 계속 조사해야 한다. 지위급의 평가절차는 표본구 측정, 대상조사, 지도와 보고서 작성 순으로 한다. 표본구 선정과 측정은 3인 1조로 하며, 재적표로 재적을 계산한다. 공정은 1일 1조가 4~6plot이다. 대상조사는 1일 1조가 20~25ha를 하는데, 1조는 2명으로 구성하며 대면적일 경우 여러 조가 조사하면 능률적이다. 수백ha이면 5조, 소면적은 2~3조가 된다.

대상조사는 식재열과 평행하며 60m 간격이므로 줄을 따라 10m 간격으로 0.02ha의 구역을 설정하고, 이 안에 있는 나무 수를 세고, 그 외 죽은 나무 중 유효재적(목재로 사용할 수 있는 부분의 재적)을 계산한다. 그리고 열 수와 식재간격을 확인한다. 지도는 현지조사 자료에 의하여 만들지만 지위급 경계를 고려해야 하고, 필요하면 야외에서 경계를 다시 확인하여 최종 지위급 구분도가 완성된다. 보고서에는 식재본수, 수형, 생명력, 생장특성, 솎아베기량, 임도개설 가능성 등 세부내용이 포함되고, 소요시간은 규모와 조림지 상황에 따라 변할 수 있다.

### 3 지피식생형(vegetation type)

임지생산성을 기초로 하는 임지분류 간접방법 중에서는 지피식생으로 분류하는 것이다. 지피식생의 얕은 뿌리는 한정된 생태적 적응력을 가지고 있어서 나무보다 지위에 민감하기 때문에 임목측정에 의한 직접적인 방법을 사용할 수 없는 곳에서 널리 사용되고 있다.

지표식물은 입지를 단적으로 표현하며 특정한 식물사회를 구성한다. 스칸디나비아반도에는 2~3개 수종이 대부분 자라고 있는데 지피식생이 입지에 따라 다른 종류가 출현하므로 적용하기가 쉽다. 그림 11-3과 같이 *Oxalis*가 출현하면 가장 좋은 지위를 보이며 *Cladina*가 출현한 곳은 지위가 제일 낮아서, 지피식생 곡선에 의해 수령을 알면 개략적인 수고도 알 수 있다.

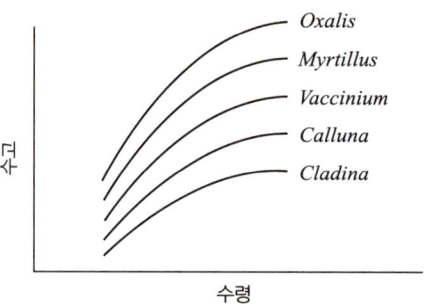

그림 11-3 **지피식생별 지위 차이**(Cajander, 1926)

그러나 중부유럽에서는 지표식물 분포가 뚜렷하지 않으므로 현수종의 생장상태에 따른 지위분류체계를 선호한다. 식생형에 의한 지위분류는 환경 변화에 의하여 제한을 받는데 산불이나 토양 교란은 지피식생의 수와 양을 변화시키고, 임목생장에 중요한 인자인 토심이 얕으면 식생으로 입지를 판단하기 어렵다. 임분밀도와 상층목 종류는 지피식생의 활력도와 구성에 영향을 미치기도 하지만, 지표식물은 입지구분에 상당히 도움을 준다. 우리나라 임지에 김의털, 개솔새, 노간주나무와 같은 지표식물이 나타나면 건조한 곳으로 판정할 수 있다.

### 4 서식지형(habitat type)

서식지형에 의한 지위분류는 상층 및 하층 식생구성, 물리적 환경을 감안한 것으로 식생형보다 훨씬 복잡하다. 토양이 같다면 산림생태계에 가장 큰 영향을 미치는 인자는 기후이며, 동일 기후대에서는 토양 및 환경인자가 식생발달에 영향하므로 이에 따라 서식지형을 구분한다. 그러므로 산림의 구성, 구조, 생산성은 토양과 기후에 따라 달라진다. 서식지형에 의한 지위분류는 식물이 특별히 요구하는 양분과 수분 인자를 포함해야 하고 불리한 환경에서도 잘 살 수 있는 적응성 등을 고려해야 한다. 처음에는 항공사진을 이용하여 크게 지형을 분류할 수 있으나 수분, 양분, 통기성 등에 의한 소분류는 현지조사가 필요하다. 예를 들어 미국 뉴잉글랜드 지역의 배수가 양호한 사토에는 소나무, 가문비나무, 사탕단풍, 자작나무 등이 함께 자라고 있으나 늪지대에는 흑가문비나무(black spruce), 오리나무, 홍단풍, 회색자작나무 등이 생존한다.

## 11.2 지위관련인자

산림의 재생산과 생장에는 여러 환경인자가 복합적으로 작용하는데, 토양도 이러한 인자 중의 하나이고 그 외에도 생물적 인자가 있다. 적어도 1개 이상의 인자가 동일한 임지에서도 임목 생장을 제한하며, 여러 인자가 복합되어 작용하기도 한다. 산림 수종의 번무와 경쟁능력은 생물적 인자(내적)와 비생물적 인자(외적)의 영향을 받는데, 외적인자 중 토양이 주요 인자임은 물론이며 외적인자는 주로 지위 즉, 임목을 생산하는 토양의 능력으로서 지리, 기후, 토양 그리고 불분명한 환경인자에 좌우된다. 따라서 생산성은 지위와 투자에 의해 결정된다.

### 1 생물적 인자

#### 1) 임분밀도

경쟁이 일어나는 임분밀도는 지위를 우세목 수고로 측정하므로 생산성을 측정하는 데 불리하다. 입지가 나쁜 곳은 ha당 500~2,500본을 식재해도 생장률에는 영향이 없으나, 좋은 곳은 적정밀도를 유지해야 한다. 불량임지의 과밀도 임분은 솎아베기로써 흉고단면적과 재적이 증대한다. 양호한 임지는 잔존본수, 조림 수종, 윤벌기를 조절하기 쉽다.

## 2) 유전적 차이

수종 간의 유전적 차이는 가끔 생산성 측정에 이차적 영향을 주는데, 소면적 산림에서는 수고생장에 대한 유전적 변이가 비교적 적다. **빽빽한 임분에서의 수고생장 속도는 임목 간 경쟁에서 이길 수 있는 중요한 인자이다.** 수고생장에서 양호한 잠재생장능력을 가진 임목은 천연림에 많은데, 이것은 심한 경쟁에 의하여 늦게 자라는 임목을 도태시키기 때문이다. 그러므로 선발과 육종으로 임지 생산성이 크게 향상된다.

## 3) 경쟁조절

산림 식생 사이에는 생장공간을 먼저 점유하려는 경쟁이 있다. 유효수분, 광선, 양분에 대한 경쟁은 조림목의 생존과 생장에 필수이므로 조림 후 기계 또는 화학적 방법으로 잡초를 제거하거나 노령임분에 처방화입한다. 다년생 초류와 잎이 넓은 잡초는 생장이 빨라서 조림목에 과도한 그늘을 만들어 생장을 방해하므로 잡초를 초기에 제거하면 조림목 생장이 증대한다. 어떤 지역에서는 수분보다 질소에 대한 잡초와 임목 간 경쟁으로 생장이 저해되는 경우가 있으며, 경쟁 식생 제거는 활엽수 조림목의 초기 생육에 중요하다. 어떤 수종은 임목생장과 생존을 방해하는 특정물질을 내보내어 주변에 지피식생 침입을 억제한다(allelopathy, 타감작용). Richard(1967)는 해안저지대 ultisol 토양에 아라우카리아(*Araucaria cunninghamii*)를 식재한 결과 하층식생인 blady grass의 영향으로 생장이 감소하였다고 하였다.

## 4) 병충해

임목의 생장과 생존은 병충해에 의하여 감소된다. 조림지의 녹병은 목재 생산량을 40%나 감소시키며, 소나무좀도 임목생산량을 크게 떨어뜨린다. 짚시나방, 소나무잎벌레와 같이 단기간 생장에만 영향을 주는 해충도 있지만 기생성 선충은 치명적인 피해를 주어 임목이 고사하기도 한다. 병해충 피해를 받은 산림은 살충제나 살균제로 방제하면 임목생장이 증대한다. 호주의 라디아타소나무가 천연림보다 생장이 좋은 이유는 새로운 지역에 도입되어 경쟁자나 병충해가 없었기 때문이다.

## 2 비생물적 인자

비생물적 인자에는 기후, 지형, 토양이 있는데 기후와 지형은 인위적으로 고칠 수 없으나 산림토양은 임목생장 증대를 위하여 일부 변화시킬 수 있다. 임목생장에 영향하는 비생물적 인자는 지위지수나 간접적 방법으로 측정할 수 있다.

### 1) 기후

기후는 식생형을 서서히 변하게 한다. 위도에 따라 기온, 낮의 길이, 태양광선의 양이 변하는데 면적이 작으면 차이가 적다. 기온변화에 의한 침엽수림의 생장저해현상은 북극지방에 잘 나타난다. Fourt(1971) 등은 영국 남부지방에서 니그라소나무 생장에 가장 큰 영향을 주는 기후인자는 겨울 월평균기온과 생장기 일조량이라고 하였다. 이른봄과 늦가을의 서릿발(frost heaving)은 묘목의 생존율을 좌우하며, 동해(freezing injury)는 수종의 자연분포를 제한하는 주원인이 될 수 있다.

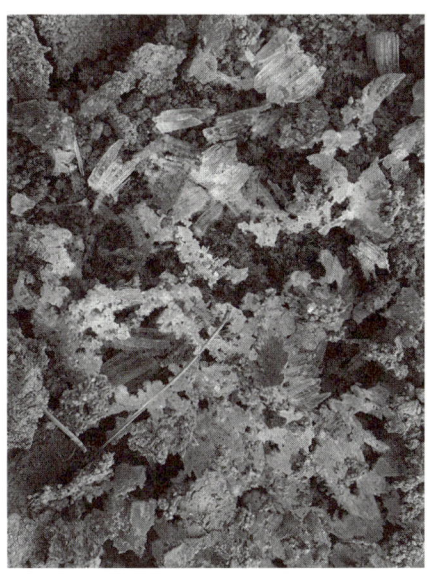

그림 11-4 서릿발

강수량은 지리적 위치에 따라 변하므로 임목생장이 달라지는데 강우량 차이에 의하여 테에다소나무나 대왕송(longleaf pine)의 생장량이 다르다. 지중해 부근과 온난 지역에서 자라는 라디아타소나무는 위도 32°와 46° 사이에 분포하는데 지온이나 기온보다 일장시간이 겨울철 임목생장의 제한요소이다. 라디아타소나무는 다른 기후인자가 같을 때 생산성에 미치는 큰 인자는 강우량으로서 연평균 강우량이 760mm 이상이 요구되며, 특히 겨울 강우량이 560~640mm인 곳에서 왕성한 생장을 한다.

## 2) 지형

지형은 임지생산성을 좌우하는 인자 중 하나로서 토지이용구분 기준이 되며 지위급과 지형의 관계는 고도, 방위, 경사, 경사형태와 같이 측정하기 쉬운 인자에 의하여 표시된다. 특히 방위에 따라 습도, 온도, 빛, 일조량이 다르다. 북쪽은 수광량이 적어 대기 및 토양 온도가 낮고 습도는 높아 증발산 작용이 심하지 않으나, 남쪽은 그 반대이다. 동은 북에, 서는 남에 가깝다. 날씨가 온화한 곳은 온도보다 습도가 임목생장에 영향을 주므로 북쪽이 좋고 고산지대나 한대지방에서는 온도가 더 중요하므로 남쪽이 좋다. 소나무와 참나무류 등 심근성 수종은 땅속 깊은 곳의 수분을 흡수하므로 남쪽사면에서도 잘 자란다.

## 3) 토양

(1) 모재 : 모재는 토양 발달의 중요한 과정이며 임목생장에 간접적으로 영향을 준다. 나무는 보통 심근성이므로 모재는 농업보다 임업에 훨씬 중요하며 특히, 토심이 얕은 곳은 모재가 임목생장에 크게 관여한다. 모재는 다른 토양생성인자보다 광물질 조성에 큰 작용을 하는데, 스웨덴에서는 임지생산성에 대한 모재 영향을 칼슘함량으로 판단한다. 즉 칼슘함량이 많으면 구주적송 생장이 불량하고, 중간이면 소나무와 혼합 침엽수 생장이 좋다. 염기성 화성암과 석회질 퇴적암에서 풍화된 모재는 독일가문비나무와 침엽수 생장에 좋은 기반을 형성한다. 우리나라

의 화강암, 화강편마암에서 유래된 모재에서는 임목생장이 양호하고 반암, 결정편마암(원자, 이온, 분자 등이 규칙적으로 배열된 편마암)에서 유래된 모재는 생장이 불량하다.

모재가 지위에 큰 영향을 주려면 A층이나 B층만큼 양분과 수분이 많지 않기 때문에 토심이 상당히 깊어야 한다.

(2) **토심** : 정상적인 산림토양의 토심은 A층과 B층의 합인 전토심을 의미하며 나무뿌리가 많이 분포하는 곳까지의 깊이를 유효토심이라 한다. 토심은 양분 및 수분공급, 뿌리발달, 임목의 지지 등과 관계가 깊다. 토양에 뿌리 침투를 저해하는 진흙층, 미사층, 사력층 등이 있으면 뿌리 생장이 방해되어 양분과 물의 공급이 부족하므로 생장이 떨어진다. 양분이 많은 표토층이 침식으로 유실되면 토심은 깊더라도 임목생장이 불량해진다. 토심이 적으면 임목생장도 나쁜데 전토심 25cm 이하이면 임목생장이 급격히 저하된다(그림 11-5).

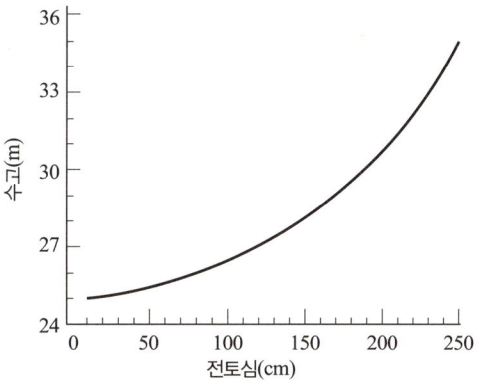

**그림 11-5** 남부 호주의 라디아타소나무(30년생 기준) 생장과 토심의 관계

또한 지형에 따라 같은 토심이라도 지위지수가 달라진다. 50년생 흑참나무의 A층 토심이 5센티미터인 지형에서 산록의 지위지수는 19이고 산정의 지위지수는 13으로서 산록의 생산성이 60% 더 많은데 산록은 토심이 낮더라도 수분이 풍부하기 때문이다. 토심이 25센티미터가 되면 지형에 관계없이 지위지수가 모두 같다는 것은 그만큼 토심이 중요함을 알 수 있다(그림 11-6).

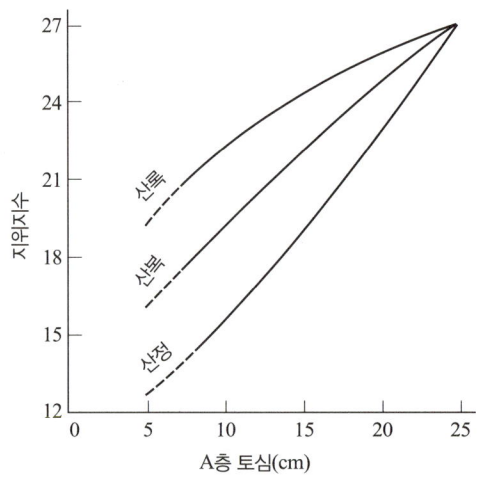

그림 11-6 경사위치 및 토심과 관련된 흑참나무의 지위지수(Hannah, 1968)

(3) **지하수위** : 토양의 배수상태는 토양단면에 나타난 토양특성과 지형으로 알 수 있다. 배수가 너무 잘 되는 토양은 배수를 억제하면 생산성이 증가하며 임분구성과 천연갱신에 큰 변화를 준다. 임목은 지하수위 깊이 및 수질에 따라 생장이 다르다. 오리나무류와 적삼나무(red cedar)는 지하수위의 영향을 덜 받아 지표 가까이 정체된 물이 있어도 생장이 좋다. 그러나 가문비나무류는 정체수가 있으면 산소가 부족해져서 임목 생장이 불량하다.

(4) **토양수분** : 임목생장에 영향하는 인자 중 하나는 토양수분의 이용 정도이며, 그 능력은 토양구조와 토성에 좌우된다. 임지생산성을 쉽게 측정하려면 토양공기, 양분이용도, 토양비옥도와 관계가 깊은 토성을 알면 된다. 사토인 경우 점토와 미사의 양이 증가할수록 양분과 수분공급이 많아져 임목생장이 증대한다. 그러나 수분이 너무 많으면 통기성이 불량해진다. 석력도 토양수분 상태를 개선하는데, 적당량의 자갈은 강우를 깊게 침투시키고 증발에 의한 손실을 적게 하지만, 자갈이 많으면 공극률이 감소하여 토양수분이 감소된다. 테에다소나무 뿌리는 토양수분이 포장용수량 근처에 있을 때 크게 발달하나 토양수분이 40% 이하로 되면 생장이 급격히 감소한다. 균근균도 포장용수량 근처에서 잘 발달하여 수분과 양분의 흡수를 높인다.

(5) **토양공기** : 토양공기의 영향은 다른 토양인자와 분리하여 설명하기 어려우나, 산소부족은 뿌리의 침투를 억제하고 양분흡수를 저해한다. 토양 내 $CO_2$ 농도가 2% 이상되면 임목생장에 나쁜 영향을 준다. 벌채나 휴양림에서의 여가행위는 토양을 단단하게 하여 공기가 있는 공간이 적어지므로 임목생장을 감퇴시킨다. 지하수위의 변동이 심한 곳에는 건기에 통기성이 좋다가 우기에 지하수위가 발달하여 뿌리를 죽게 한다. 이것은 T/R율을 불균형하게 하여 내건성을 저하시키고 해충 침입을 쉽게 한다.

(6) **토양양분** : 임목생장과 재생산에는 양분이 필요하나 양분순환, 뿌리와 균근균의 양분흡수가 교란되지 않은 산림에서는 양분부족현상이 거의 나타나지 않는데 특히 향토수종이 있는 산림이 그렇다. 그러나 도입수종은 대체로 질소와 인산이 부족하며, 칼륨과 미량원소는 지역적으로 부족하게 나타난다. 질소는 해안지대의 사토, 유기물함량이 낮은 폐농지, 유기물 분해가 어려운 추운 지방에서 부족하며 A층 내의 전질소량은 임지생산성과 직결된다. 인은 규소가 많은 사토나 해안지대의 배수 불량한 침엽수림, 도입 침엽수림 토양에서 부족하다. 그러므로 식재 당시 조림목의 생장정체를 방지하기 위해 시비할 필요가 있다(신학섭 등, 2013).

Chapter 12

# 산림토양분류

12.1 토양분류방법
12.2 표토층과 심토층의 특징
12.3 일반 토양분류
12.4 우리나라 산림토양분류
12.5 일본 산림토양분류

# chapter 12
# 산림토양분류

## 12.1 토양분류방법

러시아의 토양학자 도쿠차예프(Dokuchaev)와 그의 동료들은 1880년대부터 토양을 수집한 후 최초로 토양을 분류하였는데 생성인자를 기준한 생성론적 분류였으며, 1920년대에 들어서서 토양 형태를 중시한 형태론적 분류가 미국 농무부에 의해 실시되었다.

분류체계는 목(order) – 아목(sub order) – 대군(great group) – 아군(sub group) – 속(family) – 통(series)과 같이 6개 분류단위이며, 목은 토양층위 발달 특성에 의하여 12개로 분류한다. 목(目)으로 분류한 토양은 표 12-1과 같으며 명칭 끝의 *sol*은 라틴어 solum(토양)에서 유래하였다.

### 1) Alfisols[alf]

북방한대림 또는 낙엽활엽수림에서 볼 수 있으며 아질릭(argillic)층이나 나트릭(natric)층이 있는 무기질 토양으로 회갈색 포드졸토양과 칼슘결핍갈색토양이 있다. O층이 아주 얇고 A층에는 유기물이 적으며 B층에는 점토가 집적되어 있다.

### 2) Andisols[and]

화산 분출물에 의해 잘 발달된 토양이며 열대우림, 몬순림, 건조한 산림지역에 나타난다.

### 3) Aridisols[id]

오크릭(ochric)층 이외의 argillic, natric층을 갖는 건조한 토양으로 사막토양, solonchak가 있다.

### 4) Entisols[ent]

토양단면이 약하게 발달된 토양으로 ochric층이 있으며 유기물이 적은 회색토양이다.

### 5) Gelisols[el]

영구동결층에 존재하며 동토대나 한대림에서 나타난다.

표 12-1 토양분류

| 미국(목) | 캐나다 | FAO/UNESCO |
|---|---|---|
| Alfisols | Luvisolic<br>Solonetzic | Luvisols<br>Podzoluvisols<br>Solonetz<br>Solonchaks |
| Aridisols | Solonetzic | Werosols<br>Yermosols |
| Entisols | Regosolic | Regosols<br>Fluvisols<br>Lithosols<br>Arenosols |
| Histosols | Organic | Histosols |
| Inceptisols | Brunisolic<br>Gleysolic | Cambisols<br>Gleysols<br>Arenosols<br>Andosols |
| Mollisols | Chernozemic<br>Solonetzic | Chernozems<br>Castanozems<br>Phaeozems<br>Solonetz<br>Solonchaks |
| Oxisols | 없음 | Ferralsols |
| Spodosols | Podzolic | Podzols |
| Ultisols | 없음 | Acrisols |
| Vertisols | Grumic, chernozemic | Vertixols |

### 6) Histosols[ist]

이탄토 또는 유기질 토양으로 유기물함량이 20% 이상이며, 이탄토나 늪지 토양이 있다.

### 7) Inceptisols[ept]

현저한 용탈, 집적 또는 강한 풍화작용이 없는 토양으로, 캠빅(cambic)층이 있으며 습윤기후지대에 나타난다. 화산물질이나 빙하 표석점토와 같은 딱딱해지지 않은 퇴적물 위에 생성되며, 층위가 약간 발달하나 유기물 집적은 뚜렷하지 않다.

### 8) Mollisols[oll]

몰릭(mollic) 표토층을 갖는 토양으로 albic, cambic, argillic, natric층도 있다. 염기포화도가 높으며 초지의 암색토양에 많다. 검은 색의 $A_1$층이 18~25cm이고 유기물이 많아 짙은 색을 띤다.

### 9) Oxisols[ox]

열대 및 아열대 지방에 있으며 옥식(oxic)층이 있다. 심하게 풍화된 토양으로 라터라이트토양이 포함된다.

### 10) Spodosols[od]

한랭습윤지대와 침엽수림에서 대부분 나타나며 사바나 열대우림에도 간혹 있다. 스포딕(spodic)층에 철, 알루미늄, 유기물이 집적되어 있다. 포드졸토양와 갈색포드졸토양, 지하수위가 높은 토양이 여기에 속한다.

### 11) Ultisols[ult]

온대와 열대의 습윤지대에 나타나며 argillic층이 있고, 염기포화도가 낮으며 산림토양에 많다. 적황색 포드졸토양과 적갈색 라터라이트토양이 있다.

### 12) Vertisols[ert]

팽창된 점토를 갖고 있으며, 건조하면 심한 균열이 생긴다. 반습 - 건조지역에서 생성되고 몬모릴로나이트(montmorillonite) 모재에서 발달된 토양으로 그루무솔(grumusols)이 있다.

## 12.2 표토층과 심토층의 특징

형태론적 토양분류에서 단면에 나타나는 특징적 표(토)층과 심(토)층은 다음과 같다.

### 1 감식표층(epipedon)

#### 1) 안트로픽(Anthropic)층

장기간 경작에 의한 것으로 인산함량(구연산에 녹는 인산을 250ppm 이상 함유) 이외에는 몰릭층의 조건과 같은 층

#### 2) 폴리스틱(Folistic)층

연중 30일 이하만 수분으로 포화되므로 유기물층이 건조한 층

#### 3) 히스틱(Histic)층

미경작지에서는 얇은 유기물층이나, 경작된 경우는 이탄이 유기질과 혼합되어 유기물 함량이 매우 높은 층

#### 4) 멜라닉(Melanic)층

표층에서 30cm 이내 토양에 유기물이 많아 토색이 검으며 화산재에서 발달한 알로팬 함량이 많은 층

### 5) 몰릭(Mollic)층

두꺼운 2가양이온으로 포화(염기포화도 50% 이상)되고 탄소량이 적은(미경작지에서 17% 이하, 경지에서는 13% 이하) 층이다. 구조가 강하게 발달하고 토색(습윤토양일 때 채도는 4.0 또는 그 이하이며, 명도는 습윤토양일 때 3.5, 건조토양일 때는 5.5보다 흑색)이 짙은 층

### 6) 오크릭(Ochric)층

토색이 옅은 색이거나 유기물이 적은 층

### 7) 경작(Plaggen)층

인공적으로 만든 표토층으로 50cm 이상의 토심을 가지며, 장기간 시비해서 생긴 층

### 8) 움브릭(Umbric)층

몰릭층과 비슷하여 구별하기 어려우나 중요한 치환성 이온이 $H^+$이거나(염기포화도 50% 이하), 탄소량이 많든가(17% 이상) 또는 양쪽 성질을 갖는 층

## 2 감식심층

### 1) 아질릭(Argillic)층

규산염 점토가 명확하게 집적되어 있어 표토층보다 점토함량이 1.2배 이상인 층

### 2) 아그릭(Agric)층

경작 결과 생성된 점토 및 유기물이 집적된 층

### 3) 나트릭(Natric)층

아질릭층이 갖는 특징 외에 $Na^+$가 15% 이상 포화되어 있으며 토양구조는 주상이고 건조 및 반건조지역에서 나타나는 층

### 4) 스포딕(Spodic)층

유리된 2, 3산화물이 상당량의 유기탄소와 함께 집적한 층

### 5) 캠빅(Cambic)층

토양구조가 있거나, 수산화철을 유리하거나, 규산염 점토를 생성한 층으로서 점토유기물 또는 수산화철 등이 아질릭, 스포딕층에 약간 있지만 집적되지 않은 층

### 6) 옥식(Oxic)층

철 또는 알루미늄과 결합해 있는 부분에 규산이 없거나 변성된 층

### 7) 칼식(Calcic)층

Ca, Mg의 탄산염 집적층

### 8) 집식(Gypsic)층

황산칼슘이 풍부한 층

### 9) 살릭(Salic)층

석고보다 냉수에 용해되기 쉬운 염류가 2차적으로 집적한 층

### 10) 알빅(Albic)층

점토, 유리산화철이 없어져서 토색이 유기물보다 모래나 미사의 색으로 결정되며 포드졸토양의 표백층이 전형적인 층

## 12.3 일반 토양분류

토양 분류법에 의하면 세계적으로 발견되는 12개의 토양목 중에서 우리나라에서는 7개의 목, 17개의 아목, 27개의 대군이 보고된다. 토양 분류의 최하위 단위인 토양통은 현재까지 400여 개가 발견되었다.

우리나라는 토양 발달이 어느 정도는 진행되었지만 특징적인 토양층이 나타나지 않는 인셉티솔(Inceptisols)이 전체 면적의 64.8%인 613만ha를 차지한다. 인셉티솔이 우세하게 나타난다는 것은 지표 환경의 변화가 심하다는 것을 간접적으로 보여 준다. 경사지에서는 토양 침식으로 인해 표토층이 지속적으로 유실되고, 선상지, 계곡 및 하천변에는 퇴적물들이 계속해서 쌓이기 때문에 토층분화가 잘 일어나지 않는다. 또한, 여름에 편중된 강우는 토양 침식을 가속화시키는 중요한 요인이며, 고온다습한 여름의 기후는 토양층의 유기물 축적을 어렵게 만들어 토양생성작용을 약화시킨다. 마찬가지로 겨울철의 결빙작용 역시 토양층 분화를 어렵게 하는 요인이다.

전체 면적의 11.3%인 107만 ha로 세 번째로 많이 나타나는 엔티솔(Entisols) 역시 토양층이 거의 발달되지 않아, 발달이 불량한 A층과 토양 모재인 C층만이 나타나는 토양이다. 엔티솔은 수분을 보유할 수 있는 능력이 약하고, 토양 내에 양분도 부족하기 때문에 평탄지에서도 척박한 토양으로 분류된다. 현재까지 58개의 토양통이 엔티솔로 분류되며 4개의 토양 아목이 나타난다. 이 토양은 주로 침식 작용이 활발한 태백산맥, 소백산맥, 지리산맥 등 주요 산지에 집중적으로 나타난다.

알피솔(Alfisols)과 울티솔(Ultisols)은 토양의 B층에 점토가 집적된 아질릭(argillic)층이 특징적으로 나타나는 토양이다. 울티솔이 차지하는 면적은 13.2%로 두 번째로 많이 나타나며, 알피솔이 차지하는 면적은 전체의 8.7% 정도이다. 강산성을 보이는 울티솔은 산성암으로 이루어진 구릉지 혹은 산록 경사지에 주로 분포하고 있는 반면, 알피솔은 하천 주변의 평탄지와 중성암 혹은 염기성암 위에 발달된 구릉지에서 주로 나타난다.

화산암 지역에 특징적으로 나타나는 토양인 안디솔(Andisols)은 제주도, 울릉도 등 제4기 화산암 분출에 의해 형성된 섬들을 중심으로 나타나며, 내륙 지방에서는 경기도와 강원도 북부, 태백산맥과 소백산맥을 따라 나타나는 제3기의 화산암 지대에 국지적으로 분포한다. 화산암 지역이라 하더라도 이동성 퇴적물로 화산암이 덮여 있는 곳도 많기 때문에 안디솔의 분포 면적은 남한 전체 면적의 1.4%에 불과하다.

유기물이 집적되어 형성된 히스토솔(Histosols)은 남해안과 제주도의 해안 지역에서 국지적으로 관찰된다. 반면, 유기물과 양이온 염류의 집적으로 이루어진 몰리솔(Mollisols)의 경우에는 소백산맥 이북의 강원도 남부 지역의 곡간지에서 주로 나타난다.

## 12.4 우리나라 산림토양분류

### 1 산림토양분류

산림토양분류(forest soil classification)란 토양과 임목의 관계를 쉽게 이해하고, 임목생장을 증대시키기 위하여 임지를 잘 관리할 수 있도록 비슷한 형태 및 특징을 갖는 토양을 한데 묶은 것이다. 산림토양은 주로 지형에 따른 수분환경을 감안하여 토양단면형태 차이, 층위 발달정도, 각 층위의 토성, 구조 및 토색의 차이로써 분류한다.

우리나라는 기온의 차가 뚜렷하고 지형과 지질이 복잡하여 이에 따른 각종 환경인자도 복잡하므로 적절한 토지이용을 위하여 토양분류는 필요한데 자연계통 분류방식인 토양군-토양아군-토양형의 순으로 구분한다(표 12-2). 토양군은 식물분포를 구분하는 척도가 되지만 같은 토양이라도 임목생장이 현저히 달라 다시 분류할 필요가 있다. 토양군은 토양분류의 가장 큰 단위로 토양생성작용이 같고 단면 내 층위의 배열과 성질이 비슷한 토양이며, 토양아군은 전형적인 토양군과 유사하나 다른 토양생성작용이 가해진 것으로 분류하고, 토양형은 지형에 따른 수분을 고려하여 토양단면형태 차이, 층위 발달정도, 층위 구조, 토색 차이로 구분한다. 지금까지 8개 토양군, 11개 토양아군, 28개 토양형으로 분류하고 있으며 개략적인 토양분포는 그림 12-1과 같다.

표 12-2 한국 산림토양 분류

| 분류기호 | 토양군 | 분류기호 | 토양아군 | 분류기호 | 토양형 |
|---|---|---|---|---|---|
| B | 갈색산림토양 Brown forest soils | B | 갈색 산림토양 | $B_1$ | 갈색건조산림토양 |
| | | | | $B_2$ | 갈색약건산림토양 |
| | | | | $B_3$ | 갈색적윤산림토양 |
| | | | | $B_4$ | 갈색약습산림토양 |
| | | rB | 적색계갈색산림토양 | $rB_1$ | 적색계갈색건조산림토양 |
| | | | | $rB_2$ | 적색계갈색약건산림토양 |
| R·Y | 적황색산림토양 Red and Yellow forest soils | R | 적색산림토양 | $R_1$ | 적색건조산림토양 |
| | | | | $R_2$ | 적색약건산림토양 |
| | | Y | 황색산림토양 | Y | 황색건조산림토양 |
| DR | 암적색산림토양 Dark Red forest soils | DR | 암적색산림토양 | $DR_1$ | 암적색건조산림토양 |
| | | | | $DR_2$ | 암적색약건산림토양 |
| | | DRb | 암적갈색산림토양 | $DR_6$ | 암적색적윤산림토양 |
| GrB | 회갈색산림토양 Gray Brown forest soils | GrB | 회갈색산림토양 | $GrB_1$ | 암적갈색건조산림토양 |
| | | | | $GrB_2$ | 암적갈색약건산림토양 |
| Va | 화산회산림토양 Volcanic ash forest soils | Va | 화산회 산림토양 | $Va_1$ | 화산회건조산림토양 |
| | | | | $Va_2$ | 화산회약건산림토양 |
| | | | | $Va_3$ | 화산회적윤산림토양 |
| | | | | $Va_4$ | 화산회습윤산림토양 |
| | | | | Va-gr | 화산회자갈많은산림토양 |
| | | | | $Va-R_1$ | 화산회성적색건조산림토양 |
| | | | | $Va-R_2$ | 화산회성적색약건산림토양 |
| Er | 침식토양 Eroded soils | | 침식토양 | $Er_1$ | 약침식토양 |
| | | | | $Er_2$ | 강침식토양 |
| | | | | Er-C | 사방지토양 |
| Im | 미숙토양 Immature soils | | 미숙토양 | Im | 미숙토양 |
| Li | 암쇄토양 Lithosols | | 암쇄토양 | Li | 암쇄토양 |
| 8개 토양군 | | 11개 토양아군 | | 28개 토양형 | |

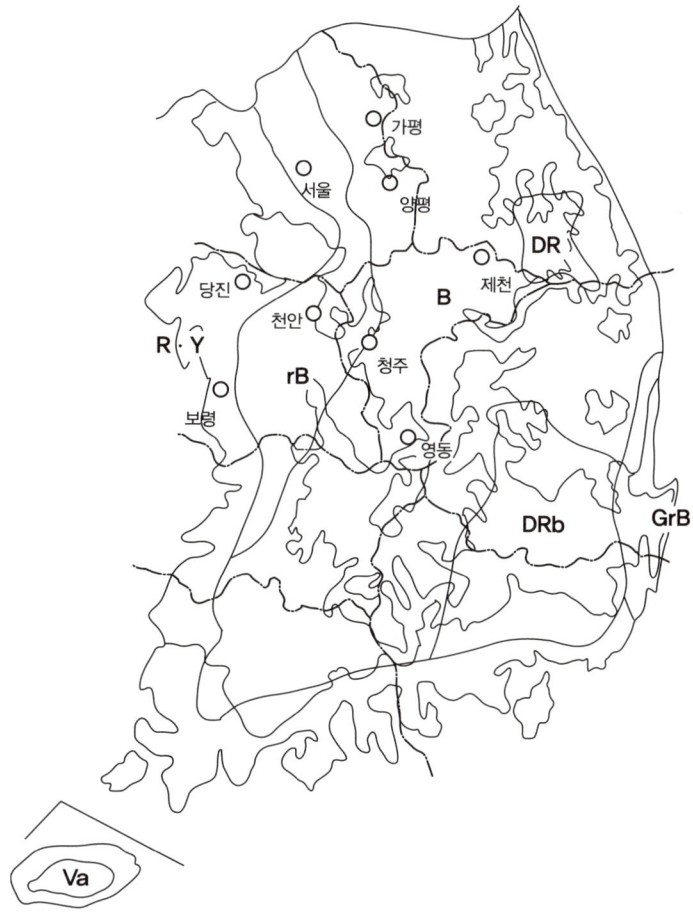

그림 12-1 산림토양군 분포

표 12-3 산림토양의 물리적 특성

| 토양군 | 토양형 | 지형 | 층위 | 토심(cm) | 토색 | 건습도 | 구조 | 토성 | 견밀도 |
|---|---|---|---|---|---|---|---|---|---|
| 갈색 산림토양 | B₁ | 산정~산복 | A | 0~10 | 갈 | 건 | 입상 | L | 송 |
| | | | B | 20~40 | 명갈 | 건과상 | 견과상 | L | 견 |
| | B₂ | 산정~산복 | A | 10~20 | 암갈 | 약건 | 입상 | L | 송 |
| | | | B | 40~60 | 갈 | 약건 | 입상 | SiL | 견 |
| | B₃ | 산복~산록 | A | 20~50 | 암갈 | 적윤 | 단립상 | SiL | 송 |
| | | | B | 40~90 | 황갈 | 약습 | 괴상 | L | 연 |
| | B₄ | 산록~계곡 | A | 30~60 | 흑갈 | 적윤 | 단립상 | SiL | 송 |
| | | | B | 70~100 | 암갈 | 약습 | 괴상 | L | 송 |
| | rB₁ | 야산지 산정 | A | 10~20 | 적갈 | 건 | 입상 | SiL | 송 |
| | | | B | 20~40 | 명적갈 | 건 | 견과상 | SiL | 연 |
| | rB₂ | 야산지 산복 | A | 10~20 | 적갈 | 약건 | 입상 | SiCL | 연 |
| | | | B | 20~50 | 적갈 | 약건 | 견과상 | SiL | 연 |
| 적황색 산림토양 | RY-R₁ | 야산지 산정~산복 | A | 10~15 | 적갈 | 건 | 입상 | L | 견 |
| | | | B | 20~40 | 적갈 | 건 | 견과상 | CL | 견 |
| | RY-R₂ | 야산지 산복~산록 | A | 10~30 | 암적갈 | 약건 | 입상 | L | 연 |
| | | | B | 30~60 | 명적갈 | 약건 | 견과상 | CL | 견 |
| | RY-Y | 해안 야산지 | A | 10~30 | 황갈 | 과건 | 입상 | SiL | 견 |
| | | | B | 40~60 | 황갈 | 건 | 견과상 | SiL | 강견 |
| 암적색 산림토양 | DR₁ | 산정~산복 | A | 10~20 | 적갈 | 건 | 입상 | SiCL | 송 |
| | | | B | 30~60 | 명적갈 | 건 | 견과상 | SiL | 강견 |
| | DR₂ | 산복~산록 | A | 20~30 | 암갈 | 약건 | 입상 | SiCL | 송 |
| | | | B | 30~60 | 적갈 | 약건 | 견과상 | SiCL | 견 |
| | DR₄ | 산록~계곡 | A | 20~30 | 암적갈 | 적윤 | 단립상 | SiCL | 송 |
| | | | B | 70~90 | 적갈 | 적윤 | 괴상 | SiCL | 연 |
| | DRb₁ | 산정~산복 | A | 10~20 | 암갈 | 건 | 입상 | L | 송 |
| | | | B | 40~50 | 암적갈 | 건 | 견과상 | SL | 연 |
| | DRb₂ | 산복~산록 | A | 20~30 | 암적갈 | 약건 | 입상 | SiL | 송 |
| | | | B | 50~80 | 명적갈 | 약건 | 견과상 | SiL | 연 |
| 회갈색 산림토양 | GrB₁ | 산정~산복 | A | 10~20 | 황갈 | 건 | 세립상 | SiCL | 강견 |
| | | | B | 30~40 | 회황갈 | 과건 | 견과상 | SiCL | 강견 |
| | GrB₂ | 산복~산록 | A | 10~20 | 회황갈 | 건 | 세립상 | SiL | 견 |
| | | | B | 30~40 | 회황갈 | 약건 | 견과상 | SiL | 강견 |
| 화산회 산림토양 | Va₁ | 야산지~산정 | A | 10~20 | 암적갈 | 건 | 입상 | SiL | 송 |
| | | | B | 20~50 | 적갈 | 건 | 견과상 | SiL | 견 |
| | Va₂ | 산복 | A | 10~20 | 흑갈 | 약건 | 입상 | SiL | 송 |
| | | | B | 30~60 | 명갈 | 약긴 | 견과상 | SiL | 견 |
| | Va₃ | 산록 | A | 30~50 | 암갈 | 적윤 | 입상 | SiL | 송 |
| | | | B | 70~90 | 암적갈 | 적윤 | 입상 | SiL | 송 |
| | Va₄ | 산록~계곡 | A | 40~60 | 흑갈 | 적윤 | 단립상 | SiL | 견 |
| | | | B | 70~90 | 암갈 | 약습 | 괴상 | SiL | 견 |
| | Va-R₁ | 야산지 | A | 10~20 | 적갈 | 건조 | 입상 | SiL | 견 |
| | | | B | 20~50 | 적갈 | 건조 | 견과상 | SiL | 강견 |
| | Va-R₂ | 야산지~오름 | A | 20~30 | 암적갈 | 건조 | 입상 | SiL | 견 |
| | | | B | 50~70 | 암적갈 | 건조 | 견과상 | SiL | 견 |
| | Va-gr | 계곡 | A | 10~30 | 흑갈색 | 적윤 | 단립상 | SiL | 송 |
| | | | A+B | 20~30 | 흑갈색 | 약습 | 입상 | SiL | - |
| 침식토양 | Er₁ | 산정 | A+B | 10~20 | 갈 | 건 | 세립 무구조 | SL | 연 |
| | Er₂ | 산복 | B | 10~20 | 황등색 | 건 | 무구조 | S | 연 |
| | Er-C | 사방지 | A | 10~20 | 황갈 | 건 | 세립상 | LS | 연 |
| | | | B | 20~50 | 명황갈 | 건 | 세립상 | SL | 송 |
| 미숙토양 (퇴적성) | Im | 산복~산록 | I | 0~40 | 갈 | 건 | 무구조 | L | 송 |
| | | | II | 30~100 | 갈 | 건 | 무구조 | SL | 송 |
| | | | III(모재) | 101+ | - | - | - | - | - |
| 암쇄토양 | Li | 산정~산록 | (A) | 20~30 | 명갈 | 건 | 입상 | SL | 연 |

## 1) 갈색산림토양군

습윤한 온대 및 난대 기후에 분포하며 A-B-C 층위를 갖는 산성토양이다. A층은 암갈색~흑갈색으로 유기물이 많고 B층은 갈색~명갈색의 광물토층으로 되어 있는 갈색산림토양아군과 표고가 낮은 산지에 넓게 분포하고 적색풍화현상이 있는 주변에 출현하는 적색계갈색산림토양아군으로 구분한다. 2개의 아군은 다시 6개의 토양형으로 나눈다. 미국 토양분류의 인셉티솔(inceptisol)에 속하며 경사가 급하고 염기가 많은 지역에 분포한다. 일본에는 이 토양이 온대중부와 난대, 아한대까지 분포하며 고산지대의 일부에도 나타난다. 2, 3산화물의 용탈집적와 점토 이동이 없다. 지질적으로 화강암, 안산암, 반암이 분포된 곳에 출현한다.

## 2) 적황색산림토양군

화성암과 변성암을 모재로 해안 부근에 나타나며, 아주 건조 또는 건조하고 치밀한 토양이다. 적색산림토양은 주로 서해안과 야산에 나타나며 표토층이 명적갈(명갈)색이며 심토층이 황갈(명적갈)색이고, 황색산림토양은 주로 남해안의 일부 및 야산에 나타나고 표토층은 갈색(황갈색), 심토층은 황갈색이다. 2개의 아군은 다시 3개 토양형으로 구분하며, 황색산림토양은 출현범위나 층위의 발달정도가 단순하고 변화가 심하지 않아 더 세분하지 않고 있다. 울티솔(ultisols)에 해당하며, 지질적으로 화강편마암이 분포된 곳에서 나타난다.

## 3) 암적색산림토양군

주로 퇴적암지역의 석회암과 퇴적암을 모재로 하는 곳에서 나타나며, 토양생성인자 중 모재의 영향을 가장 크게 받은 토양으로 모재층으로 갈수록 적색이 강하게 나타난다. 암적색산림토양군은 모재가 석회암인 암적색산림토양과 퇴적암을 모재로 한 암적갈색산림토양으로 나눈다. 암적색산림토양아군은 수분상태 등에 따라 3개의 토양형으로 분류하였고 암적갈색산림토양아군은 2개의 토양형으로 나누었다. 이 토양은 염기성암에서 유래되어 칼슘과 마그네슘 함량이 높고 점질이 많아 견밀하며 통기성이 불량하므로 물리성도 나쁘다. 암적색산림토양은 영월, 평창, 정선, 삼척에 주로 분포하고 있으며, 암적갈색산림토양은 경상남북도의 대부분 내륙지역에서 보인다.

### 4) 회갈색산림토양군

퇴적암지역의 이암, 사암, 사암, 혈암(shale) 등 미사함량이 아주 많은 모암으로부터 유래된 토양이다. 과거 심한 침식을 받은 건조하고 점착성이 강한 회갈색 토양이다. 통기성과 투수성이 불량하므로 식물뿌리가 거의 없다. A층은 암회황색의 견밀하고 입상구조이며, B층은 회갈색으로 건조하고 아주 견밀하여 배수가 불량하다. 포항에 주로 나타난다.

### 5) 화산회산림토양군

화산활동에 의해 비교적 짧은 기간 내 생성된 성숙토양으로 적색의 모재에서 생성된 흑갈색(적갈색)의 아주 부드러운 토양이며 제주도, 울릉도, 연천군에 약간 분포한다. 가비중이 아주 낮고 유기물함량은 매우 높은데 이것은 토양 유기물이 앨로팬 복합물을 형성하여 분해에 대한 저항성을 갖고 있기 때문이다. 이 토양은 화산 분화구나 오름, 야산지에 나타난다. 토양수분과 자갈함량에 따라 7개의 토양형으로 나누었다. 일본에서는 화산회산림토양을 암적색토양군에 포함시켜 화산계암적색토양아군으로 분류한다. 미국에서는 inceptisol로 분류한다.

### 6) 침식토양군

산정의 능선부근 및 산복 비탈면에 주로 분포하는 토양으로서 층위가 발달하였으나 침식을 받아 일부 토층이 유실된 토양이다. 침식정도와 복구상태에 따라 다시 3개 토양형으로 구분한다. 전국적으로 분포하며 자연적인 침식보다 인위적인 침식이 심하므로 하나의 토양군으로 나누고 있다. 일본은 미숙토양으로, 미국은 entisol orthents로 분류한다.

### 7) 미숙토양군

주로 산록 하부나 저산지에서 볼 수 있으며, 토양생성기간이 짧아 층위 분화가 완전하지 않거나 2~3회 이상 붕적되어 쌓여 있는 토양이다. 퇴적작용에 의해 토심은 깊지만 보수력이 약하고 이화학성이 불량하다. 미국은 entisol로 분류한다.

### 8) 암쇄토양군

산정이나 경사가 심한 산복에 나타나며 토양단면에서 B층이 없고 A - C층만 있다. 토심이 얕고 경우에 따라 암반이 노출된 곳이 많다. 토양이 조립질이고 큰 자갈이 많아 임목생장이 나쁘다.

## 2 토양의 이화학적 성질

### 1) 물리성

갈색산림토양은 표토층 토성이 사양토와 양토가 대부분이다. 투수속도는 $B_1$층(463cc/분)에서 $B_3$층(94/cc분)으로 갈수록 감소하고, 견밀도와 토성은 밀접한 관계가 있다. 적황색산림토양과 암적색산림토양은 표토층 토성이 양토나 미사질양토이나, 심토층는 사질식양토 또는 식양토로 다른 토양보다 점토가 많다. 그러나 투수속도는 8cc/분으로 매우 낮고 딱딱하다.

화산회산림토양은 표토층과 심토층 모두 미사질양토로서 미사함량이 66~73%이며 다른 토양보다 매우 높다. 유기물 양이 많아 고상이 상대적으로 적다. 투수속도는 $Va_4$토양이 115cc/분으로 매우 양호하고 다른 토양형은 보통이다. 침식토양 및 미숙토양에서는 모재 풍화정도와 토양의 성숙정도 및 퇴적상태에 따라 물리성이 변하며, 고상은 50%로 다른 토양보다 높다.

## 2) 화학성

토양산도(pH)는 갈색산림토양, 적황색산림토양, 회갈색산림토양, 침식토양, 미숙토양 모두 5.0~5.6으로 산성이나 화산회산림토양과 암적색산림토양은 5.8~6.7로 약산성에서 중성이다. 갈색산림토양의 유기물은 $B_1$토양이 가장 적고(5%) $B_3$토양이 가장 높아(7.9%) 다른 토양보다도 많다. 유기물이 가장 많은 토양은 화산회산림토양인데 인산의 고정과 통기성, 투수성이 좋은 알로팬(allophane) 물질을 함유한 토양이 유기물을 다량 흡착하고 있기 때문이다. 인산은 유기물이 많은 토양에 많다.

임지비옥도 판정기준으로 쓰이는 양이온치환용량(CEC)과 염기포화도 중에서 CEC는 화산회산림토양에서 가장 많고(13.5~20.4me/100g), 염기포화도는 암적색산림토양에서 가장 높다(92.1~131.5%). CEC와 염기포화도가 일치하지 않는 것은 모암의 특성에 따라 $Ca^{++}$, $Mg^{++}$와 같은 치환성 염기가 과대하게 되고, 수소이온을 흡착할 수 있는 토성의 차이 때문이다.

## 3 토양형과 임목생장

임목생장은 유기물, 표토층 액상, 염기포화도가 높을수록 양호하고 고상, Na, 탄질률이 높을수록 불량하다. 토양군간에는 갈색산림토양 〉 암적색산림토양 〉 적황색산림토양 〉 회갈색산림토양의 순으로 양호하였다. 갈색산림토양군에서는 $B_4$, $B_3$, $B_2$, $B_1$토양 순으로 나타나는 것으로 보아 지형과 이화학적 성질이 임목생장에 크게 관여한다. 산림토양형과 조림수종의 생장관계는 표 12-4와 같다.

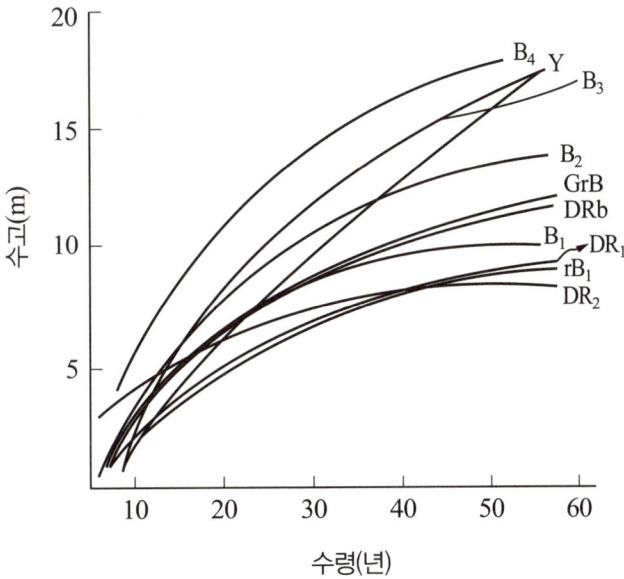

그림 12-2 **산림토양형별 수령과 수고의 관계**(김태훈 등, 1988)

표 12-4 산림대와 산림토양별 조림수종

| 산림대 | 토양형 | 잣나무 | 일본잎갈나무 | 리기다소나무 | 중부지방소나무 | 강송 | 상수리나무 | 곰솔 | 삼나무 | 편백 |
|---|---|---|---|---|---|---|---|---|---|---|
| 온대 북부 | $B_1$ | × | × | ◁ | ◁ | ◁ | ◁ | × | × | × |
| | $B_2$ | ◁ | ○ | ○ | ○ | ○ | ○ | × | × | × |
| | $B_3$ | ○ | ◉ | ◉ | ◉ | ◉ | ◉ | × | × | × |
| | $B_4$ | ◉ | ◉ | ◉ | ◉ | ◉ | ◉ | × | × | × |
| | $R_1$ | × | × | ◁ | ◁ | × | ◁ | × | × | × |
| | $R_2$ | × | × | ○ | ○ | × | ○ | × | × | × |
| | $DR_1$ | × | × | ◁ | ◁ | ◁ | ◁ | × | × | × |
| | $DR_2$ | ◁ | ◁ | ○ | ○ | ○ | ○ | × | × | × |
| 온대 중부 | $B_1$ | × | × | ◁ | ◁ | × | ◁ | × | × | × |
| | $B_2$ | × | ◁ | ○ | ○ | × | ○ | × | × | × |
| | $B_3$ | ◁ | ○ | ◉ | ◉ | × | ◉ | × | × | × |
| | $B_4$ | ○ | ○ | ◉ | ◉ | × | ◉ | × | × | × |
| | $R_1$ | × | × | × | ◁ | × | ◁ | × | × | × |
| | $R_2$ | × | × | ◁ | ◁ | × | ○ | × | × | × |
| | DRb | × | × | ◁ | ◁ | × | ◁ | × | × | × |
| 온대 남부 | $B_1$ | × | × | ◁ | ◁ | × | ◁ | ◁ | × | × |
| | $B_2$ | × | ◁ | ○ | ○ | × | ○ | ○ | ◁ | ◁ |
| | $B_3$ | × | ◁ | ○ | ○ | × | ○ | ◉ | ○ | ○ |
| | $B_4$ | × | ○ | ○ | ○ | × | ○ | ◉ | ◉ | ◉ |
| | $R_1$ | × | × | ◁ | ◁ | × | ◁ | ◁ | × | × |
| | $R_2$ | × | × | ◁ | ◁ | × | ○ | ○ | × | × |
| | DRb× | × | × | ◁ | ◁ | × | ◁ | ◁ | × | × |
| | GrB | × | × | ◁ | ◁ | × | ◁ | ◁ | × | × |
| 난대 | $B_1$ | × | × | ◁ | ◁ | × | ◁ | ◁ | × | × |
| | $B_2$ | × | ◁ | ◁ | ◁ | × | ○ | ○ | ◁ | ◁ |
| | $B_3$ | × | ◁ | ○ | ○ | × | ○ | ◉ | ○ | ○ |
| | $B_4$ | × | ○ | ○ | ○ | × | ○ | ◉ | ◉ | ◉ |
| | $R_1$ | × | × | ◁ | ◁ | × | ◁ | ◁ | × | × |
| | $R_2$ | × | × | ◁ | ◁ | × | ○ | ○ | × | × |
| | DRb | × | × | ◁ | ◁ | × | ◁ | ◁ | × | × |

(◉ : 최적지, ○ : 적지, ◁ : 보통, × : 부적지)

## 12.5 일본 산림토양 분류

일본 산림토양분류체계는 토양군, 아군, 토양형, 아형 등 4단계로 나누며 생성론적 관점에 입각한 자연분류이다. 아형보다 낮은 분류체계는 없지만 필요하면 모재, 토성, 퇴적양식의 차이에 따라 세분한다.

### 1 산림토양 종류와 특징

**1) 포드졸**(Podzols/Spodosols)

유기물층이 발달하고 용탈층과 유리산화물의 집적층이 분화, 발달한 산성토양이다. 한랭습윤한 기후의 산림에 있고 강산성 유기물에 의하여 철과 알루미늄이 표토층에서 용탈되어 하층으로 이동 집적함으로써 생성된다. 이 토양군에는 건성포드졸, 습성철형포드졸, 습성 유기물형 포드졸 등 3 아군이 있다..

(1) **건성포드졸아군**(Orthic Podzols) : 유기물층 특히, F층이 잘 발달하고 회백색의 용탈층($A_2$층)과 철이 녹슨 색의 집적층(B층)이 분화된 토양이다. 산정, 능선과 같이 건조하기 쉬운 곳에 분포한다. 이러한 곳에는 낙엽 분해가 느리므로 유기물층이 발달하여 유기산이 생성되며 토양은 포드졸화하기 쉽다. 건성포드졸 생성에는 지형적인 요인이 가장 중요하며, 그 외에 모재가 산성암 또는 사암이거나, 나한백 또는 금송 등 특정수종으로 피복되어 있는 곳에서 토양생성이 촉진된다. 건성포드졸 분포는 아고산대, 고산대에 걸쳐 넓게 분포하나 온대지방의 산지에도 출현한다. 포드졸화 정도에 따라 다음 토양형으로 나눈다.

a) 건성포드졸[PD Ⅰ] : 회백색 용탈층이 띠형으로 명확히 발달한 것
b) 건성포드졸화 토양[PD Ⅱ] : 회백색의 용탈흔적이 있는 것
c) 건성약포드졸화 토양[PD Ⅲ] : 용탈흔적은 육안으로 확인하기 곤란하나 집적층이 인정되는 것

표 12-5 일본의 산림토양 분류

| 토양군 | 아군 | | 토양형 · 아형 | |
|---|---|---|---|---|
| P<br>Podzol | $P_D$ | 건성 Podzol | $P_D$ I<br>$P_D$ II<br>$P_D$ III | 건성 Podzol<br>건성 Podzol화 토양<br>건성 약 Podzol화 토양 |
| | Pw(i) | 습성 철형 Podzol | Pw(i) I<br>Pw(i) II<br>Pw(i) III | 습성 철형 Podzol<br>습성 철형 Podzol화 토양<br>습성 철형 약Podzol화 토양 |
| | Pw(h) | 습성 부식형 Podzol | Pw(h) I<br>Pw(h) II<br>Pw(h) III | 습성 부식형 Podzol<br>습성 부식형 Podzol화 토양<br>습성 부식형 약Podzol화 토양 |
| B<br>갈색삼림토 | B | 갈색삼림토 | $B_A$<br>$B_B$<br>$B_C$<br>$B_D$<br>$B_E$<br>$B_F$<br>$B_D(d)$ | 건성 갈색삼림토(세립상구조형)<br>건성 갈색삼림토(입상 견과상구조형)<br>약건성 갈색삼림토<br>적윤성 갈색삼림토<br>약습성 갈색삼림토<br>습성 갈색삼림토<br>적윤성 갈색삼림토(편건아형) |
| | $dB$ | 암색계 갈색삼림토 | $dB_O$<br>$dB_E$<br>$dB_E(d)$ | 적윤성 암색계갈색삼림토<br>약습성 암색계갈색삼림토<br>적윤성 암색계갈색삼림토(편건아형) |
| | $rB$ | 적색계 갈색삼림토 | $rB_A$<br>$rB_B$<br>$rB_C$<br>$rB_D$<br>$rB_E(d)$ | 건성 적색계갈색삼림토(세립상구조형)<br>건성 적색계갈색삼림토(입상 견과상구조형)<br>약건성 적색계갈색삼림토<br>적윤성 적색계갈색삼림토<br>적윤성 적색계갈색삼림토(편건아형) |
| | $yB$ | 황색계 갈색삼림토 | $yB_A$<br>$yB_B$<br>$yB_C$<br>$yB_D$<br>$yB_E$<br>$yB_E(d)$ | 건성 황색계갈색삼림토(세립상구조형)<br>건성 황색계갈색삼림토(입상 견과상구조형)<br>약건성 황색계갈색삼림토<br>적윤성 황색계갈색삼림토<br>약습성 황색계갈색삼림토<br>적윤성 황색계갈색삼림토(편건아형) |
| | $gB$ | 표층 glei화 갈색삼림토 | $gB_B$<br>$gB_C$<br>$gB_D$<br>$gB_E$<br>$gB_D(d)$ | 건성 표층 glei화 갈색삼림토<br>약건성 표층 glei화 갈색삼림토<br>적윤성 표층 glei회 갈색삼림토<br>약습성 표층 glei화 갈색삼림토<br>적윤성 표층 glei화 갈색삼림토(편건아형) |
| RY<br>적황색토 | R | 적색토 | $R_A$<br>$R_B$<br>$R_C$<br>$R_D$<br>$R_D(d)$ | 건성 적색토(세립상구조형)<br>건성 적색토(입상 견과상구조형)<br>약건성 적색토<br>적윤성 적색토<br>적윤성 적색토(편건아형) |
| | Y | 황색토 | $Y_A$<br>$Y_B$<br>$Y_C$<br>$Y_D$<br>$Y_E$<br>$Y_D(d)$ | 건성 황색토(세립상구조형)<br>건성 황색토(입상 견과상구조형)<br>약건성 황색토<br>적윤성 황색토<br>약습성 황색토<br>적윤성 황색토(편건아형) |

| 토양군 | 아군 | | 토양형 · 아형 | |
|---|---|---|---|---|
| RY 적황색토 | gRY | 표층 glei화 적황색토 | gRY I<br>gRY II<br>gRY$_b$ I<br>gRY$_b$ II | 표층 glei화 적황색토<br>약표층 glei화 적황색토<br>표층 glei회백화 적황색토<br>약표층 glei회백화 적황색토 |
| B$l$ 흑색토 | B$l$ | 흑색토 | B$l_B$<br>B$l_C$<br>B$l_D$<br>B$l_E$<br>B$l_F$<br>B$l_D$(d) | 건성 흑색토(입상 견과상구조형)<br>약건성 흑색토<br>적윤성 흑색토<br>약습성 흑색토<br>습성 흑색토<br>적윤성 흑색토(편건아형) |
| | $l$B$l$ | 담흑색토 | $l$B$l_B$<br>$l$B$l_C$<br>$l$B$l_D$<br>$l$B$l_E$<br>$l$B$l_F$<br>$l$B$l_D$(d) | 건성 담흑색토(입상 견과상구조형)<br>약건성 담흑색토<br>적윤성 담흑색토<br>약습성 담흑색토<br>습성 담흑색토<br>적윤성 담흑색토(편건아형) |
| DR 암적색토 | $e$DR | 염기계 암적색토 | $e$DR$_A$<br>$e$DR$_B$<br>$e$DR$_C$<br>$e$DR$_D$<br>$e$DR$_E$<br>$e$DR$_D$(d) | 건성 염기계 암적색토(세립상구조형)<br>건성 염기계 암적색토(입상 견과상구조형)<br>약건성 염기계 암적색토<br>적윤성 염기계 암적색토<br>약습성 염기계 암적색토<br>적윤성 염기계 암적색토(편건아형) |
| | $d$DR | 비염기계 암적색토 | $d$DR$_A$<br>$d$DR$_B$<br>$d$DR$_C$<br>$d$DR$_D$<br>$d$DR$_E$<br>$d$DR$_D$(d) | 건성 비염기계 암적색토(세립상구조형)<br>건성 비염기계 암적색토(입상 견과상구조형)<br>약건성 비염기계 암적색토<br>적윤성 비염기계 암적색토<br>약습성 비염기계 암적색토<br>적윤성 비염기계 암적색토(편건아형) |
| | $v$DR | 화산계 암적색토 | $v$DR$_A$<br>$v$DR$_B$<br>$v$DR$_C$<br>$v$DR$_D$<br>$v$DR$_E$<br>$v$DR$_D$(d) | 건성 화산계 암적색토(세립상구조형)<br>건성 화산계 암적색토(입상 견과상구조형)<br>약건성 화산계 암적색토<br>적윤성 화산계 암적색토<br>약습성 화산계 암적색토<br>적윤성 화산계 암적색토(편건아형) |
| G glei | G<br>psG<br>PG | Glei<br>유사glei<br>Glei Podzol | G<br>PsG<br>PG | Glei<br>유사 glei<br>Glei Podzol |
| Pt 이탄토 | Pt<br>MC<br>P$_P$ | 이탄토<br>흑니토<br>이탄 Podzol | Pt<br>Mc<br>P$_P$ | 이탄토<br>흑니토<br>이탄 Podzol |
| Im 미숙토 | Im<br>Er | 미숙토<br>수식토 | | |

(일본임업기술협회, 1983)

(2) **습성철(Fe)형 포드졸아군**(Gleyic Podzols) : O층 특히 H층이 두껍게 발달하고 유기물이 많은 A층 또는 H-A층, 회백색 또는 청회색 $A_2$-g층, 황갈색 $B_1$층 또는 회색반점이 있는 황색 $B_1$-g층, 갈색 또는 명갈색 $B_2$층을 갖고 있는 토양이다. 토양은 일반적으로 치밀하며 유기물로 오염된 세로 균열이 많다. 또 $B_1$-g층에 철 pan이 형성되어 있다. 산지의 완경사면, 화산 이토(volcano mire) 등 점성이 높은 모재에서 유래되는 경우가 많다. 이토(泥土, mire) 표토층에 많은 2가 철이 있고 토양생성에는 표토층에서의 환원작용이 강한 영향을 미친다. 주로 아고산대의 섬잣나무, 편백, 너도밤나무림 등 천연림에 분포한다. 회백색층 발달 정도에 따라 다음 토양형으로 분류한다.

a) **습성철형 포드졸**[PW(i) Ⅰ] : 회백색 부위가 띠형으로 발달한 것
b) **습성철형 포드졸화 토양**[PW(i) Ⅱ] : 회백색 부위가 드문드문 나타난 것
c) **습성철형 약포드졸화 토양**[PW(i) Ⅲ] : 회백색 부위가 불분명하고 반철 (Iron mottle, 반점 모양 철)이 인정되는 것

(3) **습성형 포드졸아군**(Humic Podzols) : 두껍고 가루형태의 흑색 H층이 있고 토층 전체에 유기물함량이 많아 짙은 색이 강한 토양이다. $A_2$층은 암회색 B층은 철과 유기물이 풍부하여 녹슨 철색을 띤다. 때때로 반철도 있다. 습성철형 포드졸과 같이 표토층에서의 환원작용이 토양생성에 관여한다. 능선 부근과 아고산대에 걸쳐 있고 개분비나무, 가문비나무, 편백, 너도밤나무 등의 천연림에 있다. 암회색인 용탈부위의 발달 정도에 따라 다음 토양형으로 나눈다.

a) **습성유기물형 포드졸**[PW(h) Ⅰ] : 용탈부위가 띠형으로 발달
b) **습성유기물형 포드졸 하층토**[PW(h) Ⅱ] : 용탈부위가 드문드문 나타남
c) **습성유기물형 약포드졸화 토양**[PW(h) Ⅲ] : 용탈부위가 불분명하거나 집적층이 있는 토양

## 2) 갈색삼림토(Eutric or Dystric Cambisols)

암갈색의 A층이 발달하고 갈색 B층을 갖는 약산성 토양으로 2, 3산화물의 용탈집적과 점토의 이동집적이 거의 없다. 온대 및 난대, 아한대, 아고산대 일부 지역 등 넓게 분포한다. 다른 토양생성작용의 영향을 받는 정도에 따라 다음 5아군으로 나눈다.

(1) **갈색삼림토아군**(Eutric or Dystric Cambisols) : 전형적인 갈색삼림토로서 별도 토양생성작용의 영향이나 특정한 모재 영향을 받지 않은 토양으로서 염기포화도는 중 이상이고, 토성은 중점질, 사질, 역질이다. 온대 또는 열대 다우기후에 넓게 분포하며 너도밤나무, 물참나무, 졸참나무, 밤나무 등의 낙엽활엽수림, 녹나무 등의 상록활엽수림과 소나무, 삼나무, 편백, 일본잎갈나무 등의 인공림에 많이 출현한다. 갈색삼림토아군은 층위 발달과 추이상태에 따른 구조 등에 의하여 다음 토양형과 아형으로 나눈다.

a) **건성 갈색삼림토 – 세립상구조형**($B_A$) : O층은 전체적으로 두껍지 않고 F층 또는 F-H층이 존재하며 H층 발달은 현저하지 않다. 암갈색의 A층은 얇고 B층과 경계가 뚜렷하다. A층과 B층 깊은 곳까지 세립상구조가 발달하고 표토층에는 균사속이 많으며 때로는 균사층을 형성하기도 한다. B층 색깔은 옅은 색이다. 능선과 그 주변 특히 남서사면에 많이 출현하며, 수분이 적고 바람에 의하여 건조가 심하다. 솔송나무, 소나무림에 생성된다.

b) **건성 갈색삼림토 – 입상 · 견과상구조형**($B_B$) : 두꺼운 F층, H층이 발달하고 흑색 또는 암갈색의 얇은 H-A층 또는 A층이 형성된다. A층에는 입상구조가 발달한다. A층과 B층의 경계는 뚜렷하다. B층 색은 밝으며 입상구조 또는 견과상구조가 보인다. 균사속은 많으나 균사층을 형성하고 있지 않다.

c) **약건성 갈색삼림토**($B_C$) : F, H층이 특별히 발달하지는 않으나 유기물은 비교적 두껍고 색이 밝으며 토층은 비교적 견밀하다. A층 하부와 B층 상부에 견과상 구조가 잘 발달되어 있다. B층에 가끔 균사속이 보인다. $B_C$형 토양에는 편백, 일본전나무, 물참나무 등이 많고 개옻나무, 대팻집나무, 분단나무 등이 혼생한다.

d) **적윤성 갈색삼림토**($B_D$) : F층, H층은 발달되어 있지 않으며, A층에는 비교적 두꺼운 유기물이 풍부하여 암갈색을 띠고, A층 상부에는 단립상구조가 보이는 곳이 많다. B층은 갈색으로 약한 괴상구조 외에 특별한 구조는 없다. A층에서 B층으로의 추이상태는 점변이다. 이 토양은 산지의 산복과 비교적 넓은 평지에서 출현하며 분포면적이 넓다.

e) **약습성 갈색삼림토**($B_E$) : $A_1$층은 약하게 발달되어 있다. A층은 유기물이 많으며 아주 두껍고 단립상구조가 발달되어 있으며 약간 암회색을 띤 갈색의 B층으로 점변한다. B층 구조는 특별한 것이 없다. 이 토양은 산지의 산록과 산복, 넓은 평지와 구릉지의 오목한 곳 등 수분공급은 풍부하지만 과습하지 않고 배수가 양호한 곳에 나타난다. 따라서 붕적토에 많다.

f) **습성 갈색삼림토**($B_F$) : 유기물층은 조립상 또는 단립상의 H층이 발달하여 있다. A층은 유기물이 약간 많으나 B층에의 유기물 침투는 적다. B층은 벽상으로 회갈색을 띤다. 가끔 반철이 보이나 글레이층은 토심 1m 이내에는 없다. 산록의 평탄지와 고지 중앙의 오목한 곳에 출현하는 약습한 토양이다.

g) **적윤성 갈색삼림토**[편건아형 $B_D(d)$] : 토양단면 형태는 $B_D$형과 비슷하나 F, H층이 약간 발달하고 A층 상부에 입상구조 또는 하부에 견과상 구조가 보이는 등 건성토양 특성을 약간 갖고 있으므로, 편건아형이라고 구분한다. $B_D(d)$ 토양 위치는 $B_D$ 토양의 분포지역보다 약간 위에 있는 경우가 많다.

(2) **암색계 갈색삼림토아군**(Humic Cambisols) : 흑갈색 분지의 H층과 H-A층이 보이며 A층은 흑갈색, B층은 암갈색이다. H-A층 또는 A층 상부에 단립상구조가 발달하지만 A층 하부와 B층은 벽상이 많다. 눈으로 포드졸화와 글레이화의 징후는 보이지 않는다. 이 토양에는 O층뿐만 아니라 A층 이하에도 다량의 유기물이 있고, H층과 A층에서 2가철이 나타나기도 하며, PW(h)에 가까운 성질을 가진다. 이러한 성질은 갈색삼림토가 분포하는 상부 즉, 포드졸 분포지와 경계에 수직으로 분포하고 있으며 한랭다습한 조건이 원인이 된다. 너도밤나무, 물참나무 등 낙엽활엽수림 외에 침엽수림에 분포한다.

(3) **적색계 갈색삼림토아군**(Ferralic Cambisols) : 갈색삼림토아군에 비하여 A층은 얇고 옅은 색이며, B층과 C층은 적색이 강한 갈색이다. 오래 전에 적색풍화의 영향을 받아 적색이 강한 모재에서 유래된 갈색삼림토로서 산성이다. 구릉지, 야산의 적색토 분포지역 부근에 출현한다.

(4) **황색계 갈색삼림토아군**(Ferralic Cambisols) : 갈색삼림토아군에 비하여 A층은 얇고 토색이 옅은 색이다. B층과 C층의 토색은 황색으로서 황색인 모암에서 생성된 토양이다. 구릉지에 많으며 적색계 갈색산림토와 섞여 있는 경우가 많다.

(5) **표층 글레이화 갈색삼림토아군**(Gleyic Cambisols) : 표토층에 환원에 의한 반점 또는 반철 등 환원 영향이 인정되는 갈색삼림토이다. 환원은 표토층의 일시적 정체수에 의한 것으로서 지하수 정체에 의한 글레이와는 다르다. 완경사면의 모재가 치밀한 지질에서 출현하기 쉽다. 각 층위도 식질로서 치밀하며 구조는 벽상을 가진 경우가 많다. 따라서 조공극이 적고 투수성이 나쁘다.

### 3) 적황색토군(Acrisols)

담색의 얇은 A층을 갖고 있으며 적갈색 또는 명적갈색의 B층과 황갈 – 명황갈색의 C층을 갖는 산성토양이다. 아열대지역의 습윤기후에서 생성되는 성대성 토양이지만 온난기후에서는 아주 오래된 토양이다. 황색토는 적색토와 동일지역에 가끔 인접하여 출현하며 그 중에는 상부가 황색토층, 하부가 적색토층이면서 황색토층에 적색 풍화물이 다량 함유되어 황등색을 띠는 것도 있다. 토색과 표토층의 글레이화 등에 의하여 다음 3아군으로 나뉜다.

(1) 적색토아군(Acrisols) : 담색의 얇은 A층과 적갈색 또는 명갈색의 B, C층을 갖는 산성토양이다. 온난기후하에서 생성된 오래된 토양으로 모재는 적색 풍화물과 제3기(Tertiary period)말에서 갱신세(Pleistocene)에 걸친 퇴적물이다. 이 토양이 분포하는 지형과 표고에는 지역적인 규칙성이 있으며 퇴적물이 잔존된 단구(terrace) 등에 분포하는 경우가 많다. 토성은 식질로서 치밀하므로 통기, 투수성이 나쁘고 유기물 함량은 적다. 토양형, 아형의 구분은 층위의 변화상태, 구조 등에 의하여 건성의 $R_A$형에서 적윤성의 $R_D$형까지의 4토양형과 적윤성 편건아형의 1아형으로 구분한다.

(2) 황색토아군(Acrisols) : 담색의 얇은 A층과 황갈색-명황갈색의 B, C층이 있다. 적색토와 같이 온난기후에서 풍화 영향을 받아 생성되었으며, 토양은 치밀하고 통기성과 투수성 등은 불량하다. 유기물 집적은 비교적 적고 점토함량에 비하여 CEC는 적다. 수분조건이 다른 단면 형태의 차에 따라 건성의 $Y_A$형에서 악습성의 $Y_E$형까지 5토양형과 적윤성 편건아형의 1아형으로 나눈다..

(3) 표층글레이화 적황색토아군(Gleyic Acrisols) : 이 아군에는 표층글레이화 적황색토와 표층글레이 회백화적황색토가 있다.

a) **표층글레이화 적황색토** : 비교적 두꺼운 O층 특히 H층이 발달하여 얇은 O층, 청회색의 $A_2$층을 갖는 적황색토이다. 광물토층은 전부 치밀하여 공극이 적다. $A_2$-g층에 다수의 반철이 보인다. B층에는 청회색층과 황갈-황등색에 반철이 들어있으며 점진적으로 변화되는 상태를 보인다. 그 하부에 진한 적갈색과 황색의 망 형태 반점이 보이는 경우가 많다. 지표수가 정체하기 쉬운 평탄지 또는 약간 오목한 지역에 출현한다. 이 토양형은 표토층 글레이화의 정도에 따라 gRY Ⅰ형과 gRY Ⅱ형으로 나눈다.

b) **표층글레이 회백화 적황색토**(Orthic Acrisols) : 비교적 두꺼운 O층, 특히 H층이 발달하고 얇은 $A_1$층 토성은 미사질 또는 세사질로서 B층에 비하여 점토함량이 아주 적다. B층은 황갈색 또는 황등색으로 아래로 갈수록 적색이 짙으며 하부에는 진한 적색토양에 황색의 망 형태의 반점이 보이는 경우가 많다. 또 B층에는 갈라진 틈에 짙은 색의 유기물이 있기도 한다. 이 토양형은 회백화 정도에 따라 gRYb Ⅰ형, gRYb Ⅱ형으로 나눈다. gRY형 토양과 gRYb형의 차이점은 형태적으로 gRY의 표토층 글레이화가 보다 선명하며 글레이화 부분은 청회색을 띠고 있는데 비하여 gRYb에서는 건성포드졸의 용탈층과 유사한 회백색 부위를 가지고 있으며 또 gRYb형이 표토층 점토이동에 의하여 토성 변화가 명확하다. 그러나 gRY에서도 표토층에서 점토 유실이 일어나므로 양자의 이화학성은 큰 차가 없다.

### 4) 흑색토양(Andosols)

두꺼운 흑색 또는 흑갈색의 A층이 있으며 A층에서도 B층으로의 추이는 명확하여 유기물이 일정 깊이까지 균등하게 집적되어 있다. 이 지역의 식생 천이로 보아 유기물 공급원은 초본류이므로 초원이 흑색토 생성의 중요한 조건이다. 또 많은 유기물이 유지되는 것은 알르펜질 화산회가 크게 관여하기 때문이며 흑색토 대부분은 화산회를 모재로 하지만 그중에는 비산화회모재도 있다. 또 담수조건하에서 유기물이 집적한 후에 육지로 변하여 생성되었다고 볼 수 있다. 이 토양은 난대에서 아한대에 걸쳐 널리 분포되어 있으며 화산의 산록지역이나 융기된 준평원 등 완경사지에 분포하는 경우가 많다. 흑색토군은 A층 토색에 의하여 흑색토아군과 담흑색토아군으로 나눈다. 흑색토아군은 두꺼운 흑색의 A층을 가진 흑색토이며, 담흑색토아군은 전형적인 흑색토보다도 밝은 색의 A층을 가진 흑색토이다. 토양구조에 의하여 갈색삼림토에 준한 토양형과 아형으로 나눈다.

### 5) 암적색토군

A층은 일반적으로 담색으로 얇다. B층은 적갈색 또는 암적갈색으로 적색토에 비하여 명도, 채도가 낮아 보통 10R, 2.5YR, 5YR의 3~4/4을 중심으로 있다. 이 토양은 전국에 분포하며 석회암, 사문암, 초염기성암 등 특정한 모암에서 생성되어 염기포화도가 높은 것, 염기성암에 유래된 것, 화산활동에 의한 열수(hydrothermal)풍화작용에 의하여 생성된 것 등이 있으나 성질 및 상태의 변이폭이 크며 다음의 3아군으로 구분한다.

(1) **염기계 암적색토아군** : B층의 염기포화도가 약 50%를 넘는 암적색토이다. 석회암에서는 Ca포화도가 높고 사문암 등에서는 Mg 포화도가 높은 경우가 많다. 염기성분 차이에 따라 토양 성질과 생산력이 달라진다. 또 석회암에서는 명도, 채도가 2 이하로서 흑색이 강하고, 유기물이 많고, Ca 포화도가 높은 토양이 생성되는 경우가 있는데 염기성분 차이, 유기물량을 기준으로 토양군을 세분한다. 토양형, 아형구분은 전형적인 갈색삼림토에 준하고 토양구조와 단면형태의 특징으로 구분한다. 치환성 염기가 대부분 Ca일 경우는 *e*DRD-Ca(Ca를 주로 한 적윤성 염기계 암적색토), Mg일 경우는 *e*DRD-Mg(Mg을 주로 한 적윤성 염기계 암적색토 편견아형) 등으로 표현하고, 흑색이 진하고 유기물이 많으면 *e*DRD-h(다유기물 적윤성 염기계 암적색토)라 한다.

(2) **비염기계 암적색토아군** : 이것은 B층의 염기포화도가 50% 미만인 암적색토로서 염기계 암적색토와 같이 석회암, 사문암, 초염기성암 등에서 생성되며, 토색과 단면형태도 염기계와 비슷하지만 염기포화도가 낮다. 토양형, 아형의 구분은 염기계 암적색토의 경우와 같이 토양구조에서 나타나는 토양수분환경의 차로서 갈색삼림토에 준하여 나눈다. 이 아군에 속하는 토양은 약산성인 경우도 있으나 B층은 산성이 강하고 염기포화도가 낮다. 토성은 식질로서 치밀한 토양이 많고 이화학성이 불량하다.

(3) **화산계 암적색토아군** : 화산의 열수풍화작용을 받았던 적색 모재에서 생성된 암적색토이다. 화산지역의 용암류, 화산이류 등 화산성 지층에 따라 국소적으로 분포한다. 단면형태와 이화학적 성질은 적색토와 상당히 비슷하나, 생성적으로는 적색토와 달라서 화산활동에 의한 열수작용으로 암석이 이상풍화를 한 결과 생성된 토양으로 보인다. 토색은 보라색을 띤 암적색이 많다. 토양형, 아형의 구분은 염기계, 비염기계의 암적색토아군의 경우와 같이 주로 토양구조와 층위 발달과 추이상태에 의하여 전형적인 갈색삼림토아군 분류와 같은 방법으로 구분한다. 이 아군의 토양은 유기물 침투가 적어 A층이 얇고 구조는 잘 발달되어 있지 않으며, 단면 전체가 긴밀하여 벽상구조가 많다. 강산성이고 치환산도도 크나 염기는 적으며 생산성은 비교적 낮다.

### 6) 글레이토양(Gleysols)

토층이 낮은 곳에 지하수 영향을 받아 생성된 청회색 또는 회백색의 글레이층을 가진 토양이다. 전형적인 글레이 외에 포드졸화 작용을 동시에 받는 것, 침투수의 계절적 정체에 의한 글레이화를 포함하여 다음 3아군으로 구분한다.

(1) **글레이아군**(Gleysols) : 토심 1m 이내에서 지하수에 의하여 형성된 글레이층을 가진 토양이다. 지하수위가 높고 그 영향에 의하여 글레이화를 받아 생성된 것이다. 호수 주변과 지하수위가 높은 곳과 낮은 지대의 산

록에 연접한 평탄지에서 나타난다. 글레이층(G층)은 산소결핍으로 철 등의 산화물이 환원되어 청회색 또는 회백색을 띠는 층으로서 썩은 뿌리가 만든 틈에 산화가 부분적으로 일어나며 여기에 녹슨 철색과 황등색의 반점이 보인다. 또 짙은 보라색 또는 흑색의 Mn 반점이 있다. 배수가 불량하면 유기물 침투도 나쁘고 G층은 점토가 많아 치밀하다.

(2) **유사글레이아군**(Gleyic Cambisols, Gleyic Acrisols) : 토심 1m 이내 토층에 계절적 정체수에 의한 글레이층과 글레이 반점이 있는 층위를 가진 토양이다. 반점은 산화철을 많이 함유하여 황등색 – 적갈색을 띤 것과 망간화합물이 비교적 많은 암갈색 – 암자색인 것이 있다. 계절적인 정체수는 지하수보다 시기적으로 변동이 커서 건조기에는 없어지는 경우가 많다. 이 때문에 우기에 생성된 2가철은 건조기에 산화를 받아 반점을 형성한다. 표토층의 일시적 정체수에 의한 환원층과 글레이 반점이 나타나는 층은 $A_1$-g, $B_1$-g 등과 같이 g를 붙여 표시한다. 유사글레이토에는 얇은 A층이나 A-g층이 있으며 B-g층에는 반철이 많고 건습 차이가 클 때는 단면에 세로로 된 균열이 생겨 유기물과 점토가 이곳에 쌓인다. 이 토양은 평탄지의 진흙이 많은 토양에서 배수가 아주 불량한 경우에 생성된다. 표토층 글레이화 갈색삼림토보다 글레이화작용이 강하며 하층 깊이까지 영향을 준다.

(3) **글레이포드졸아군**(Gleyic Podzols) : 표토층에는 포드졸화 작용에 의한 용탈층 또는 용탈반점이 있고 하층에는 지하수에 의한 글레이층이 있는 토양이다. 포드졸화와 글레이화가 함께 작용하여 생성된 토양이지만, 지하수위가 비교적 낮은 곳에서는 포드졸화에 의한 집적층은 글레이화의 영향을 크게 받지 않으므로 포드졸아군으로 분류한다. 그러나 지하수위가 높아 집적층이 영향을 받으면 산화경향이 강한 글레이층 성질을 가진 층으로 바뀐다.

## 7) 이탄토군

늪지 등에서는 토양이 항상 물에 잠겨 있으며 식물유체의 분해가 늦어 두껍게 퇴적하는데 이 유기질토양을 이탄토군이라 한다. 이탄은 침입식물에 따라 목본식물을 주로 한 고위이탄과 초본식물을 주로 한 저위이탄으로 구분한다. 또 비교적 신선한 식물유체에서 생성된 것, 약간 분해가 진행된 것, 유입토사와 화산 방출물에 의하여 광물토립이 혼입된 것이 있다. 이탄 분해가 진행하여 식물조직을 육안으로 식별할 수 없을 때의 것을 흑니라 하고, 이 층을 흑니층이라 한다. 표토층에 이탄 또는 흑니가 발달한 토양을 모두 이탄토군으로 하며 다음과 같이 3아군으로 나눈다.

(1) **이탄토아군**(Histosols) : 광물토층 위에 두께 30m 이상의 이탄층이 발달한 토양이다. 고위 또는 저위 등을 특별히 구분하지 않으며, 하층 광물토층은 글레이화하고 있음이 보통이다. 또 흑니층을 가지고 있기도 하다. 이탄층의 두께가 약 30cm 미만의 것은 그 하층 특징에 의하여 글레이, 글레이포드졸 또는 흑니토 등으로 분류한다. 표토층에 두께 30cm 미만의 화산 방출물 등 광물토층이 덮여 있어도 이탄토에 포함한다.

(2) **흑니토아군**(Histosols) : 표토층에 두께 30cm 이상의 흑니토를 갖는 토양이다. 흑니층은 이탄 분해에 의하여 집적된 것으로 이탄지 주변에 흑니층을 가진 흑니토가 보인다. 광물토층에는 반철이, 상부에는 청회색을 띤 글레이 반점과 글레이층이 형성된다.

(3) **이탄포드졸아군**(Histosols) : 고위이탄에서 유래된 유기물토층이며 비교적 두껍고 그 밑에 암회색 또는 회백색의 얇은 용탈층과 황색의 집적층이 있다. 용탈층이 명확하기도 하나 유기물토층 전체에 약한 용탈상태를 보이는 경우도 많다. 유기물토층에는 이탄질과 흑니질이 있다. 이 토양은 아고산 상부의 초원 주변에 나타나며 눈잣나무와 관목 등이 군생하며 유기물층에는 비교적 키가 작은 섬조릿대가 발생한다.

## 8) 미숙토군(Fluvisols, Lithosols, Regosols, Arenosolos/Entisols)

토양생성기간이 짧거나 침식을 받는 곳으로 A층, B층과 같은 층위가 없는 토양이다. 층위를 갖추지 못한 원인에 따라 미숙토(Im형)와 수식토(Er형)로 나눈다.

(1) 미숙토 : 모재가 퇴적한 후 토양생성과정의 경과시간이 짧아 층위 분화가 불명확한 토양이다. 비교적 새로운 화산방출물 또는 범람 토석류, 이류 등에 의한 퇴적물, 사구(모래언덕)성 미숙토, 임도개설 시의 잔토 퇴적물 등 인위적인 토사이동 퇴적물도 여기에 포함된다. 미숙토의 성질은 퇴적물의 토성, 모암, 퇴적상태 등에 좌우되므로 보수, 배수 등의 물리성과 화학성이 다르며 이러한 성질과 상태를 기준하여 Im-gr형(역질미숙토), Im-s형(사질미숙토), Im-cl형(식질 미숙토) 등으로 세분한다. 또 새로운 퇴적물이 기존 토양 위에 두께 30cm로 덮여 있으면 미숙토로 간주하지 않으며, 퇴적물 하부에 있는 기존토양에 따라 토양을 구분한다.

(2) 수식토 : 침식은 지표수 빗방울의 충격, 눈사태, 바람 등에 의하여 일어나며 임목벌채와 반출로 인위적인 침식을 유발하는 경우도 있다. 물에 의한 침식을 받아 토층 일부가 유실된 토양으로 수식정도에 따라 다음과 같이 세분한다.

a) Er-α형 : A층의 대부분 또는 B층의 일부까지 유실되어 B층, C층만 있는 것

b) Er-β형 : 침식정도가 강히여 B층의 대부분 또는 C층의 일부까지 유실

Chapter 13

# 산지 시비

13.1 식물 양분의 종류
13.2 최소양분법칙과 보수점감법칙
13.3 주요 요소의 증감원인
13.4 비료 종류
13.5 임목의 영양진단
13.6 유령림 시비
13.7 성목림 시비
13.8 시비의 경제성
13.9 항공 시비

Forest Environmental Soil Science

# chapter 13
# 산지 시비

지력과 직접 관련되어 있는 토양의 성질은 연속적으로 변화하며 그것이 나쁜 방향으로 진행되면 임지가 급격히 척박해져 황폐지 또는 민둥산으로 변한다. 그러나 좋은 방향으로 진행하면 양분순환이 원활하여 비옥해진다. 불리한 방향으로 진행되는 토양을 인위적으로 그 방향을 좋게 하는 것을 지력증진이라 한다. 온난다습한 기후조건에서는 염기용탈과 유기물 분해가 빨라 임목생장에 필요한 3요소와 기타 양분의 천연공급량이 적어지므로 토양이 점점 불량해진다. 이러한 지역의 지력을 증진시키기 위해서는 시비가 필요하다. 즉 양분을 공급함으로써 임목영양이 좋아지고 결국 생장이 증대한다. 이렇게 임지에 시비하여 임목생장을 증진시키는 것을 산지 시비라 한다.

양분이 부족한 산림에 시비하면 임목생장량이 증대함으로써 낙엽 낙지량과 그 속에 있는 양분도 증대한다. 토양 내 유용미생물 활동도 활발하여 정부식이 잘 생성되며 그 축적량도 많아진다. 임목의 질소는 유기물에 크게 의존하기 때문에 정부식 축적은 지속적으로 질소를 공급한다. 인산도 유기물 분해를 통하여 공급되는 경우가 많다. 그러므로 산지 시비는 양분화하기 쉬운 낙엽 낙지(dead branch)와 유기물의 분해를 통하여 천연적인 순환을 촉진하는 데 목표를 두어야 한다. 이것은 시비효과를 오래 지속시키는 방법이다. 토양의 종류를 감안하지 않고 과다 시비하면 오히려 물질생산량이 감소한다.

임분발달과 관련하여 적당한 시비 시기는 생물적으로 초기이며 생장과 흡수율이 최고인 봄이다. 시비 시기는 어느 정도 수종과 조건에 따라 다르지만 가장 많은 양이 양분순환계에서 이용될 수 있는 때가 좋다. 이것은 양분순환계에서 이동하기 쉬운 N, P, K, (Ca)가 특히 그렇다. 조림 직후에는 뿌리가 충분히 발달되어 있지 않기 때문에 뿌리는 양분을 충분히 흡수할 수 없다. 그러나 성목이 되면 양분순환은 비교적 평형에 이르며 생태계의 양분량도 많아지나 임목의 생장능력은 가끔 기대보다 작게 나타난다.

양분결핍 토양에 부족한 양분을 시비로 보충하면 상당한 생장증가 효과를 얻을 수 있다. 모두베기한 후 경작하였던 비옥도가 낮은 산성토양에 소나무를 식재한 후 비료를 주면 소나무 생장이 크게 증대하며 시비효과가 수년 동안 지속되므로 개간에 의하여 나빠진 토양이 과거 산림 당시의 비옥도까지 회복될 수도 있다. 천연림에서 K 공급원은 지상부 물질과 유기물층이지만, 이것이 제거되고 토양 양분이 식생에 의하여 흡수되면 다시 침엽수를 조림하여도 토양 내 칼륨이 부족하여 임목생장이 원활하지 못하다.

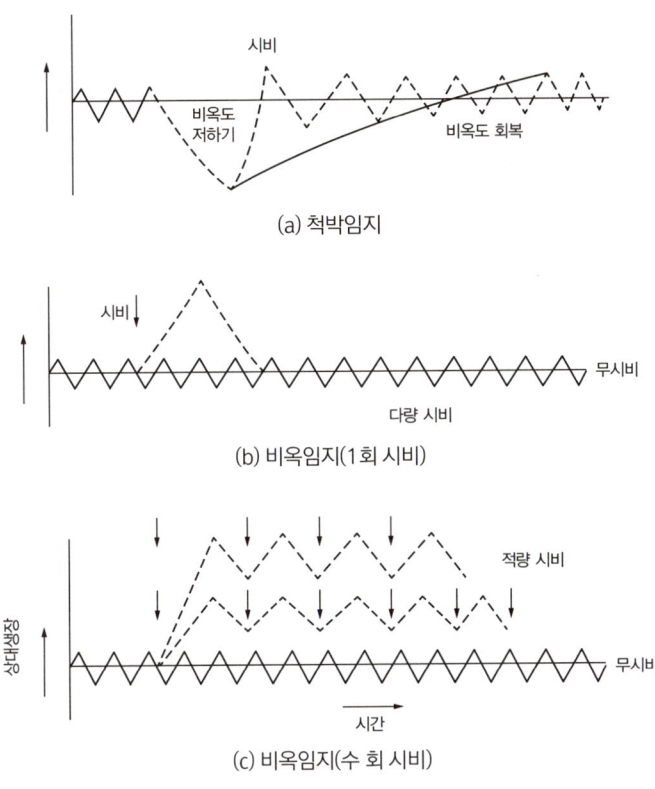

그림 13-1 **시비에 의한 임목의 생장변화**(Armson, 1979)

임목 생장기간 동안 양분부족으로 인하여 시비하는 예는 아주 많다. 수종, 조림 방법, 식재간격 조절 등으로 임목수확 증대를 도모할 때 시비는 적정농도 양분을 유지하고 증가하는데 필수적이다. 척박지와 비옥지의 시비효과는 그림 13-1과 같이 토양비옥도가 낮은 곳은 시비하면 즉시 효과가 나타나지만(a) 다시 초기생장 수준으로 되돌아오며, 비옥한 임지에 여러 번 시비하면 시간이 갈수록 시비효과가 크게 나타난다(c). 비옥한 임지라도 1회 시비하면(b) 단벌기 생산에 유리하다. 임업경영의 주목표는 임목생장 증대에 있지만 시비가 생태계나 환경에 미치는 영향을 고려하여 양분 유출입을 잘 파악한 후 적정량의 비료를 주어야 한다.

## 13.1 식물 양분의 종류

식물체를 구성하는 원소를 기능상으로 분류하면 다음과 같다.

(1) 원형질을 구성하며 생장과 생명유지에 꼭 필요한 원소
(2) 원형질을 보호하는 역할의 식물조직 구성체
(3) 영양분을 어떤 식물기관에서 다른 식물기관으로 이동시키는 기능을 가진 원소

식물조직의 구성요소는 탄소, 산소, 수소, 질소, 인, 유황 등이고 식물세포의 생리적 기능이 발휘되려면 여러 종류의 효소가 있어야 한다. 효소는 단백질과 핵단백으로 구성되어 있으며 많은 C, H, O, N, P와 약간의 S, 그리고 미량의 Fe, Mg, Mn, Zn, Cu, B, Mo 등이 필요하다. 식물이 흡수하고 또 식물체 내에서 생성된 영양분을 뿌리, 잎 또는 저장기관에서 다른 부분으로 이동시키는 용액에는 많은 무기이온이 함유되어 있다. 무기이온에는 영양분도 있고 단순히 원형질의 삼투압과 수소이온농도를 조절하는 것도 있다. 특정 양분이 식물에 필수적인지의 여부와 생리기능을 알려면 배합과 성질이 단순한 영양액을 이용하는 수경재배법 또는 모래재배법이 좋다.

식물체에는 필수적인 물질이 있는데 이것이 수확물의 양과 성분에 영향을 미치므로 식물양분이라 한다. C, H, O, N, S, P, K, Ca, Mg, Fe를 식물의 10대 원소라하고 하며 식물에 꼭 필요하고 많이 요구하는 것이다.

## 1 C, H, O

식물체에는 유기성분의 기본원소인 탄소가 가장 많이 함유되어 있으며 탄소동화작용으로 생긴 탄산가스에서 섭취한다. 수소는 식물 생육에 중요한 물의 성분으로 탄소와 함께 탄수화물을 포함한 여러 가지 유기물을 생성하는 원료이다. 산소는 물과 탄수화물, 기타 많은 유기물의 필수 원소이며 산소가 없으면 식물 생육도 안 된다. 뿌리는 토양 중에서 호흡을 하므로 산소를 흡수하고 뿌리에서 산(acid)을 분비하여 토양입자 표면에 흡착되어 있는 양분을 치환시켜 흡수하고 또 물에 녹지 않는 물질을 녹는 물질로 변화시켜 흡수하기 쉽게 한다.

## 2 질소(N)

질소는 식물조성 성분이며 생명을 유지하는 중요한 화합물인 단백질, 엽록소, 수지(resin) 등의 주성분이다. 사람과 동물은 가장 단순한 유기질소 화합물인 아미노산도 체내에서 합성할 수 없으므로 동식물 체내에 있는 무기태 질소를 섭취해야 하며 특히 식물은 무기태 질소에서 단백질을 합성하는 능력을 갖고 있다. 가장 중요한 질소원은 암모니아태와 질산태이며 암모니아태는 토양의 pH 5~7의 범위에 있어야 효과가 질산태와 같거나 크고, 강산성 또는 알칼리성 토양에서는 질산태 효과가 크다. 녹색식물은 질소가 결핍되면 생육이 극히 불량하고 잎이 작아지며 세포막이 두꺼워져 광택이 없고, 섬유질이 많은 엷은 색으로 되며 엽록소가 불완전하게 된다.

활력이 부족한 식물에 질소비료를 주면 비교적 빨리 회복되는데, 합성된 탄수화물이 단백질과 원형질로의 전이가 빨라지므로 세포막 물질에 대한 원형질의 비율이 증가하고, 세포가 커지면 막이 얇아져 잎은 크고 부드러워진다. 또 식물체 내 수분이 많으면 원형질 내 수분이 증가한다. 그리고 건물량(dry weight) 중 Ca 비율이 감소하는데 이것은 원형질 내 함량이 세포막 구성물질 함량보다도 적기 때문이다. 이와 같이 질소는 식물의 잎 색을 진하게 하고 활력을 주며 엽면적을 증대하는 효과가 현저하므로 잎비료라고도 부르지만 임목과 같이 생장기간이

긴 식물에게는 뿌리발달도 촉진한다. 그러나 질소가 과다하면 잎의 세포는 커지고 세포막이 얇아져 병해충의 침입이 쉽고 서리와 같은 기상 피해를 잘 받는다.

## 3 인(P)

인은 식물체 내에서 항상 인산화합물로 존재하며 가장 고차적으로 산화된 정인산($H_2PO_4$)이온의 형태로 흡수되고 다른 이온 즉, $PO_3$ 등의 형태로는 흡수될 수 없다. 토양용액 중에는 Na, K, $NH_4$, Ca, Mg 등과 결합하여 있다. 인산철과 인산알루미늄은 녹기 어렵고 유리된 인과 인화수소 등은 식물에 해롭다. 그러나 미생물 활동에 의해 생긴 탄산작용을 받으면 가용성 $H_2PO_4$ 이온으로 변화되어 흡수될 수 있다. P는 식물체 내에서는 무기염류의 형태로도 존재하지만 대체로 많은 유기화합물과 결합하여 인산 에스테르(ester)로 존재한다.

인(P)은 세포핵의 구성요소로서 세포분열과 분열조직의 발달로 결핍되기 쉬운 성분이며, 중요한 생리작용을 하고, 엽록소 생성과 탄소동화작용에도 관여한다. 식물조직 내 인 농도는 인 공급원의 일부에 방사성동위원소 $P^{32}$를 넣어 관찰하는데, $P^{32}$는 보통의 인과 함께 이동하여 방사선 사진에 잘 나타나므로 그 위치와 양을 알 수 있다. 생명활동이 왕성하여 단백질이 많이 있는 곳, 즉 활발히 생장하고 있는 잎과 뿌리의 분열조직에는 인이 상당히 많아 분열이 정지된 구조직에 비하여 수백 또는 수천배가 있다.

식물의 인산결핍은 보편적이나 토양 산성화가 진행되는 곳에서는 유리철과 알루미늄에 의해 고정되는 경우가 많으므로 인산이 결핍되기 쉽다. 외관적으로 식별하기 어렵고 뚜렷한 징후가 없는 결핍증상이 가끔 나타난다. 결핍이 계속되면 뿌리 발달이 빈약해지고 지상부 생장도 억제되어 왜소해지며 잎은 작아지고 회록색을 띤다. 가끔 고사한 잎에 적색 또는 적자색의 색소가 생성된다. 인산비료를 주면 뿌리발달이 양호해지므로 뿌리비료라고도 한다. 그러나 뿌리뿐만 아니라 지상부 생장도 증진시켜 잎도 커진다. 인산은 식물생장을 촉진하는 작용을 하므로 어느 정도 수분이 결핍된 곳에서도 생장촉진효과를 나타내는데 이것은 인산이 다른 양분과 같이 생장을 지연하는 작용을 해소시키기 때문이다. 인산 시비에 의한 생장 증대는 특히 진흙이 많은 흙[중점토]에서 크지만 이 경우 인산이 토양의 불량한 통기성을 직접 완화시키는 기능을 발휘하는 것은 아니다.

## 4 칼륨(K)

K는 식물의 탄수화물 생산을 촉진하는 작용을 하는데 식물은 다량의 탄수화물을 생산하므로 K가 많이 필요하다. 잎량도 증가되지만 구근 등 탄수화물 저장기관의 증수효과가 특히 현저하다. 식물에 흡수된 K는 빠르게 동화기관과 생장이 활발한 부분으로 이동한다. 따라서 어린 잎에는 Ca이 적고 K는 많다. 식물이 성숙하면 K는 감소하며 Ca이 많아진다. K의 식물체 내에서의 기능은 확실히 밝혀져 있지 않지만 단백질 생성과는 직접적인 관계는 없다.

K가 결핍하면 탄수화물과 단백질대사가 교란되어 당과 아미노산 특히 염기성 아미노산, 아미트, 아민 등의 비단백질 질소화합물이 체내에 집적한다. K결핍 식물에 비단백질과 결합한 가용성 질소가 많게 되는 직접 원인은 식물이 일종의 위조상태에 들어가 단백질 분해효소가 활동 단백질을 분해하고 수화(hydration)한다고 생각되므로 K는 단순히 간접적인 역할을 한다. K결핍에 의한 탄소동화작용 감소는 K공급을 많이 하면 해소되지만 이 경우 세포수와 엽록소 함량에는 어떤 변화도 보이지 않는다. 또 K 대신 Na을 공급해도 탄소동화작용은 증대되지 않는다. 질소 공급량이 많으면 잎 내 단백질 및 엽록소함량이 증가하고 증산작용과 탄소동화작용이 활발해지나 K공급이 많으면 질소가 쉽게 최소치 이하로 감소한다.

결국 식물체에서 K 기능은 식물의 정상적인 생리작용에 필요한 세포 팽윤을 유지하는 데 있다. 여기에는 길항적으로 작용하는 Ca이온과 Mg이온이 관련한다. 서리해, 건조해, 병해에 대한 식물 저항성에 있어서 K는 원형질 교질의 수화를 높여 탈수를 어렵게 하고 동시에 삼투압을 높이는 등 질소 장해를 배재하는 방향으로 작용한다. 질소와 인산이 적은 묘포와 조림지 토양에 N과 P를 많이 주면

K공급이 부족해져서 K결핍증상이 나타나는데 처음에는 잎에 파란 반점이 생기고 나중에 황색으로 되었다가 다시 갈색으로 된다. 질소와 K가 동시에 부족하면 식물은 왜소해지고 잎이 작아지고 화색을 띠며 처음에는 잎 끝에, 나중에는 가장자리를 따라 변하여 미성숙상태로 고사한다. K를 질소와 인산의 절반 정도 시비하면 K는 뿌리 생장을 증대시키나, 지상부 증대효과는 비교적 적다. 생육초기에는 잎을 크게 하는 작용을 하나 성숙기에는 그 효과가 없어진다. 과다시비는 양이온 흡수량을 현저하게 감소시키며 양이온 결핍은 생육을 저해한다.

## 5 칼슘(Ca)

Ca은 식물세포막의 중간층 구성성분의 하나로 분열조직 생장과 뿌리 끝 정상 발육과 기능에 필요한 성분이다. Mg, K와의 길항작용으로 세포 교질의 정상적인 팽윤상태를 유지한다. 이 작용은 식물의 수분 흡수를 억제하고 증산작용을 왕성하게 하여 팽윤을 저하시키므로 식물체 내 수분의 평형상태가 유지되려면 Ca량과 K량의 비율이 적당해야 한다. 식물 내 Ca은 펙틴산(pectin acid, $C_6H_8O_6$), 옥살산(oxalic acid, $C_2H_2O_4$) 등의 유기산과 결합하여 있다.

바륨(Ba)이나 스트론튬(Sr)에는 식물생장을 촉진하는 작용이 없어서 Ca을 대체할 수 없다. 산성 토양의 식물생육에 대한 유해작용은 Ca결핍 이외의 원인에 의한 경우가 많지만 강산성 토양과 Na 과다 알칼리성 토양에서는 전형적인 Ca결핍증이 나타난다. 식물에 Ca가 결핍되면 뿌리가 작아지고 잎 색이 변한다. 또 조직 중에 유기산과 기타 유해성분을 다량으로 집적시키므로 식물 활력이 저하되고 심하면 피해가 외부에 나타난다. Ca을 적당량 공급하면 토양에서 흡수된 양분 및 기타 화합물 조성의 불균형에 기인한 나쁜 영향을 배제하는 데 유리하고 뿌리 발달이 좋다. 그러나 너무 많으면 K와 Mg의 흡수를 억제하고 인, 철, 망간 등을 흡수하지 못하게 하므로 식물생육이 저해된다. Ca비료 시비는 산성토양 교정, 물리성 개량, 토양미생물 활동 촉진, 독성 물질 완화, 기타 미량원소를 쉽게 흡수할 수 있게 한다. 그러나 석회를 많이 주면 유기물이 과도하게 분해되어 토양이 약화되므로 퇴비 등 유기질 비료와 함께 시비하고 연간 석회시비량은 ha당 2톤 이하로 한다.

### 6 마그네슘(Mg)

Mg는 엽록소 구성성분이고 탄소동화작용에 관계하는 것으로 알려져 있으며 녹색식물에는 부족하지 않다. 엽록소 외에 펙틴질에도 함유되어 있고 또 옥살산 Mg과 탄산 Mg의 형태로도 있다. 토양에는 Mg가 많이 있어도 식물에서 가끔 결핍증상을 보이며 결핍되면 잎은 황색으로 되고 녹색 반점이 생기는 백화현상이 나타난다. 특히 K염과 Na염을 과다 시비한 곳에 나타나기 쉬우나 잘 녹는 Mg염을 토양에 살포하거나 또는 엽면 시비하면 회복된다. Mg의 시비효과는 산성토양에서 현저하며 사문암, 감람석 등을 분말로 만들어 얻은 규산마그네슘을 과린산석회에 첨가해서 시비하면 과린산석회만 주는 것보다 식물체의 인 함량이 증가하므로 과린산석회의 시비효과를 크게 증대시킬 수 있다.

Mg는 식물 체내 또는 토양 중에서 이온상호 간 불균형에 의한 식물생장저해를 방지하는 역할을 한다. Mg함량이 적은 토양에 칼륨비료를 많이 주면 Mg와 K의 길항작용으로 인하여 묘목에 Mg결핍증이 나타나기 쉽다. 그러므로 Mg결핍 토양 포지에 건전묘 육성을 목적으로 칼륨비료를 시비할 때에는 동시에 Mg비료도 주는 것이 좋으며 Mg : K의 비율은 2 : 1로 한다.

### 7 황(S)

황은 산화된 형태의 $SO_4^-$이온으로 식물에 흡수된다. 녹색식물에는 1) 황산염과 황산에스테르(sulfuric ester), 2) 유황함유 단백질, 3) 황화물과 수황화물이 함유되어 있다. 식물은 황산염을 환원시켜 황화물로 만들고, 또 반대로 황화물을 산화시켜 황산에스텔과 황산염으로 만드는 작용도 한다. 수황화물은 여러 종류의 단백질, 비타민B, 글루타티온의 중요한 성분이다. 글루타티온은 글루타민산, 시스테인과 글리신에서 만든 트리펩티드로 환원형과 산화형의 두 가지가 있다. 즉, 환원형과 산화형 사이에서 변화하여 생체 내 산화 환원기능에 관계하는 것으로 알려져 있다.

산화 환원작용에는 호흡작용과 단백질분해 효소작용이 관계한다. 황은 필수적인 식물 양분으로 식물에 흡수된 양은 상당히 많다. 그러나 자연계에서 식물의 유황 결핍을 초래하는 토양은 거의 없다. 황 비료는 가끔 토양산성을 낮추기 위해서나, 식물 병원균을 억제하기 위해 시비한다.

## 8 철(Fe)

철은 엽록소 생성에 중요한 성분이며 녹색식물에는 항상 있고, 엽록소를 갖지 않는 식물에도 일정량이 들어 있다. 호흡효소의 성분으로서 호흡작용에 관계하고 또 식물체 내에서는 질산염의 환원, 탄수화물의 산화와 광합성작용에 중요한 매체이다. 이 매체작용은 이온형이 아닌 엽록체와 결합된 형으로서 엽록체에서 용출되면 철의 촉매능력은 없어진다. 식물이 받는 가스 피해 원인은 아황산가스에 의하여 엽록체의 철이 용출되므로 동화능력을 상실하는 것이다. 식물에는 2가 또는 3가형으로 흡수되나 농도가 너무 높으면 해롭다. 2가철은 통기가 불량한 토양에서 나타나며 유용미생물의 활동을 억제한다. 토양을 경운하여 통기가 양호해지면 2가철은 3가철로 변한다. 식물에서는 철을 니켈이나 코발트로 대체할 수 없다.

철이 부족하면 식물은 광합성에 의한 엽록소생산이 중단되어 잎이 황색으로 변하고 엽맥은 녹색을 띤다. 특히 1년생 잎에서 그 현상이 뚜렷하고 수관 상부에서 하부로 변색이 진행되며 가지가 죽는다. 철결핍현상은 석회질토양에 많고 칼륨결핍 토양에도 약간 있다. 또한 중성토양에 인산을 과다 시비한 경우, 흡수가 쉬운 아연이 많은 경우, 흡수가 쉬운 Mn과 Ca의 농도가 높은 경우에도 나타난다. 철결핍반응은 식물 종류에 따라 아주 다른데 특히 대부분의 침엽수와 루핀 등의 녹비식물이 민감하다. 석회에 의한 철 결핍은 식물이 토양에서 철을 많이 흡수하지 못하고, 흡수된 철의 대부분이 식물세포의 물질대사에 이용될 수 없는 결합상태로 있을 때 생긴다. 이것을 교정하려면 경운하거나, 다량의 유기물을 주거나, 깎은 풀을 지표에 깔고 황산철을 살포하거나, 시트르산과 주석산철을 작은 덩어리로 만들어주는 방법이 있다. 또 철분이 들은 캡슐을 지상에서 1.5m 위 줄기에 2~3년 동안 직접 주입한다. 코발트, 구리, 크롬, 아연, 망간, 납 등의 이온을 고농도로 함유하여 생기는 철결핍은 잎에서 철의 이동이 방해되기 때문이므로 황산철을 반복하여 잎에 살포한다. 치료 후에는 잎 색깔이 연(진)녹색으로 변한다. 소나무는 송진 때문에 약효가 감소한다.

## 9 붕소(B)

붕소는 대부분 토양에 전기석(tourmaline), 붕규산(borosilicate) 또는 유기화합물의 형태로 아주 소량 들어 있다. 유기물 분해에 따라 붕소는 서서히 용해되고 식물에 흡수되지 못한 것은 용탈된다. 용탈량은 토성, 토양수 이동, 토양산도와 큰 관계가 있다. 배수가 잘 되는 사토 또는 양분 공급이 적거나 과건한 토양에서 나타난다. 붕소는 조림지에서 부족하기 쉬운 미량원소로서 유칼리, 소나무, 밤나무 식재지에서 부족 현상이 나타난다. 붕소가 결핍하면 우듬지가 고사하거나 구부러지는 증상이 보이는데 ha당 10~20kg을 주면 된다. 붕소를 너무 많이 주면 우듬지가 마르고 침엽은 녹색 → 노란색 → 갈색으로 변하여 낙엽이 진다. 관수하면 치료가 되며 붕소부족량은 잎분석을 하면 정확히 알 수 있다.

붕사($Na_3B_4O_7 \cdot 10H_2O$)에는 붕소가 10~16% 함유되어 있고 수용성이며 용탈되기 쉬우나 식물의 독성물질 흡수를 막아 준다. 이러한 이유로 완효성인 colemanite($Ca_2B_6O$)를 시비하기도 하지만 많이 이용되지 않는다. 또한 붕규산유리(borosilicate glass, frits)는 붕소염과 유리를 섞어 갈아 만든 것인데 물에 쉽게 녹지 않으므로 사토나 강우가 많은 지역에는 상당히 중요하다. 붕소함량은 3~6%로서 이용가능 정도는 입자 크기에 좌우된다. frits는 이용 가능한 많은 미량원소를 함유하고 있다.

## 13.2 최소양분법칙과 보수점감법칙

식물이 양분을 흡수하여 이용하는 무기성분 종류는 아주 많지만 그 양의 비율은 식물 종류에 따라 거의 일정하다. 따라서 특정식물 생육을 위해서는 필수 무기성분을 일정비율로 공급할 필요가 있다. 어떤 성분이 부족한 경우 식물 생리작용은 최소비율로 있는 양분량에 의하여 좌우되며, 비교적 많이 있는 다른 성분의 작용도 제한한다. 즉 식물생육은 공급된 여러 종류 양분 중에서 가장 적은 양에 지배된다는 것인데 이것을 Liebig의 최소양분법칙이라 한다.

식물생육은 단지 양분의 양에만 지배되는 것이 아니라 빛, 온도, 공기, 물 등 생장요소에 의해서도 영향을 받는다. 식물 생산량은 양분 공급증가량에 정비례하여 증가하는 것 같이 보이지만 실제로는 양분 공급량이 어떤 한도를 초과하면 일정량의 양분에 대한 식물 생산량 증가율은 점점 감소하며 결국 식물 절대생산량이 감소한다. 이것을 보수점감법칙이라 한다.

## 13.3 주요 요소의 증감원인

### 1 질소

토양 중 N 함량은 여러 원인에 의하여 변한다. 증가원인은 ① 토양은 공기 중의 $NH_4$를 흡수하는데 유기물과 점토함량이 많을수록 많이 흡수, ② 공기 중의 암모니아태와 질산태질소가 강우에 녹아 낙하하여 토양에 흡수, ③ 유리질소를 고정하는 능력을 가진 미생물에 의해 공기 중의 유리질소가 균체성분으로 고정 이용, ④ 낙엽, 낙지와 임목뿌리 등 질소가 함유된 유기물의 첨가 등이 있다. 감소원인에는 ① 목재수확과 함께 제거, ② 환원작용으로 가스에 의하여 휘산, ③ 하층으로 이동하여 지하수에 의해 용탈, ④ 바람과 물 등에 의하여 지표면의 토양입자와 함께 제거, ⑤ 탄소율이 큰 유기물이 많은 토양에서는 수용성 질소도 미생물에 흡수되어 균체합성에 이용되는 것이다.

실제로 묘포에서 질소는 증가하는 양보다 감소하는 양이 많다. 또 조림지 토양 내의 유효질소는 임목의 요구량보다 적다.

## 2 인

토양 내 인산화합물 중 식물생육에 가장 필요한 것은 정인산염이지만 직·간접으로 수용성P가 필요하다. 이것을 유효인산이라 한다. 그 양은 수확물과 함께 제거되거나 하층으로의 용탈 및 이용불가능한 화합물로 변하기 때문에 매년 감소한다. 배수 또는 지하수에 의한 용탈은 비교적 적어 연간 2~4kg/ha이지만 이용되지 않는 양이 많고 유리철과 알루미늄이 많은 강산성 토양에 그 현상이 뚜렷하다. 음이온은 토양에 흡착되기 어렵지만 인산은 예외로 잘 흡착한다. 인은 토양 중의 석회, 철, 알루미늄과 결합하여 불용성의 인산3석회, 인산철, 인산알루미늄으로 변한다. 토양입자의 표면흡착도 이루어져 표면적이 큰 미세한 교질입자를 많이 갖고 있는 토양에서는 강하게 흡착되어 이용불가능한 인산이 증가한다.

## 3 칼륨

토양 중 칼륨은 주로 규산염, 부식산염 등과 같이 이용이 어려운 상태로 존재하며 식물생육에 유효한 양은 적다. 주로 수확과 용탈로 감소한다. 토양의 K 보유능력은 인산의 경우와 유사하며 배수 또는 지하수에 의한 용탈이 상당히 많고 산성의 사질토양에서 그 정도가 심하며 그 양은 밭토양에서도 연간 25~35kg/ha이나 된다.

이와 같이 토양 중 N, P, K의 식물 유효량은 점차 감소하므로 식물생장을 위하여 인위적으로 3가지 성분을 공급할 필요가 있다. 이것을 비료의 3요소라 부른다. 그 외 토양구조나 토양pH를 개선하기 위하여 Ca를 주는데 이것까지 합하여 비료의 4요소라 한다.

## 13.4 비료 종류

고등식물이 왕성한 생육을 하려면 적정 양분이 필요하므로 이 양을 공급해야 한다. 다습한 온대지방에서는 인위적으로 양분을 공급하고 식물생육에 해로운 물질을 제거하거나 완화할 수 있다. 이와 같은 목적으로 사용되는 물질이 비료이다. 비료는 과다하지 않으면 식물생육에 해가 없으며 취급이 쉽고 양분보충효과도 높다. 양분을 갖고 있지 않아도 토양 성질을 개선하고 식물생육에 좋은 영향을 미치는 물질은 토양개량제라고 한다. 비료는 효과, 형태, 공급원, 반응, 공급방법, 시비방법에 따라 다음과 같이 나눈다.

효과
- 형식
  - 직접비료 : 비료 3요소 중 1~2개 이상 함유(초안, 요소)
  - 간접비료 : 토양의 이화학성을 개선하고 미생물의 활동을 왕성하게 하여 간접으로 증수효과를 얻는 것(석회, 유기물 등)
  - 자극비료 : 자극작용으로 증수효과 얻음(Mn 비료)
- 속도
  - 속효성 비료 : 비효가 빠르게 나타남(초안)
  - 완효성 비료 : 비효가 느리게 나타남(요소알데히드, 깻묵, 어비, 퇴비)

형태
- 물리적
  - 고체 : 외관상 고체(초안, 어비)
  - 액체 : 외관상 액체(비즙 등)
- 화학적
  - 유기질 비료 : 비료 성분이 유기화합물의 형태로 함유됨(요소, 녹비, 어비)
  - 무기질 비료 : 비료 성분이 무기화합물의 형태로 함유되어 있고 유기물이 없음 (초안, 과석, 염화가리)
  - 완전비료 : 비료 3요소가 어떤 비율로 함유(완전화성비료, 어비)
  - 부분비료 : 비료 3요소가 1~2성분 결여되거나 그 양이 미량임 (초안, 석회질소, 과석, 용성인비)

공급원
- 동물질 비료 : 공급원이 동물(분뇨, 어비)
- 식물질 비료 : 공급원이 식물(녹비, 대두박)
- 광물질 비료 : 공급원이 광물(유안, 용성인비)
- 잡질 비료 : 위 3가지 혼합(퇴비, 구비)

반응
- 화학적 반응
  - 산성 : 수용액이 산성반응을 보임(과석)
  - 중성 : 수용액이 중성반응을 보임(유안, 황산가리)
  - 염기성 : 수용액이 염기성반응을 보임(석회질소, 초목회)
- 생리적 반응
  - 산성 : 토양에 시비하여 식물에 흡수된 후 산성반응을 나타내는 물질을 남기는 것(염화가리, 유안)
  - 중성 : 산성 또는 알칼리성(초안, 인산, 암모늄)
  - 알칼리성 : 석회질소, 용성인비

공급방법
- 자급비료 : 천연산 원료를 이용하여 소비자가 제조할 수 있는 것 (퇴비, 구비, 초목회)
- 판매비료 : 소비자가 제조할 수 없고 구입하는 것(요소, 화성비료)

시비형태
- 기비 : 파종이나 이식 직전 또는 발아 전 시비
- 추비 : 생육 도중에 시비

## 1 질소비료

### 1) 유안 [$(NH_4)_2SO_4$]

유안은 황산암모늄이 주성분으로서 암모니아태 질소가 21%로 수용성이며, 유황이 24% 들어 있는 생리적 산성비료이다. 요소비료에 비해 흡습성이 적어 운반과 보관이 쉽다. 제조법에 따라 합성유안, 변성유안 등이 있다. 유안은 속효성 비료로서 기비, 추비용으로 사용하며 묘포 추비시는 유묘나 잎이 비료의 해를 받지 않도록 1,000배의 물에 녹여서 준다. 화학적으로 거의 중성이나 유황이 들어있으므로 석회를 함께 주어야 토양이 산성화되는 것을 방지한다.

### 2) 질안(NH₄NO₃)

질안은 질산암모늄이 주성분으로서 암모니아태 및 질산태질소가 같은 양으로 들어 있으며 질소성분은 32~34%로서 수용성이며 흡습성이 강하고 폭발성으로서 배합비료로는 부적당하다. 흡습을 방지하기 위하여 표면을 수지로 피복시킨 입상질안도 있다. 질안은 생리적 중성비료로서 부성분이 없으며 추비로 적합한 비료이다.

### 3) 요소(NH₂CONH₂)

요소는 액체 암모니아와 탄산가스를 반응시켜 합성하여 만든 백색 결정의 입상 비료로서 요소태 질소를 46% 함유하고 있고, 질소비료 중 가장 고농도이다. 무미, 무취한 중성비료이며 흡습성이 크므로 방습제로서 가공한 입상요소를 만들기도 한다. 토양입자에 흡착 유지되지 못하므로 사토에서는 여러 번 나누어 주어야 한다. 요소는 시비나 추비에 암모니아태 질소, 질산태 질소로 분해된 후 식물에 흡수되며 분해에 걸리는 기간은 여름은 4일, 겨울은 7일이다.

## 2 인산비료

비료성분이 인산을 주체로 하는 비료로서 과린산석회, 중과린산석회, 용성인비, 소성인비, 토마스인비, 골분 등이 대표적이다. 인산비료는 빗물에 의하여 유실되거나 지하로 침투, 용탈되는 일이 매우 적다. 또한 토양에 잘 흡착·유지되는 반면 식물에 흡수 이용이 어려운 형태로 변화한다. 즉 인산의 고정작용이 일어나기 때문에 임목의 인산 흡수율은 10~20%에 불과하다. 인산 요구도가 큰 수종은 일본잎갈나무, 소나무, 아까시나무, 오리나무류, 싸리, 자귀나무 등이다. 물에 녹는 수용성 인산비료는 과린산석회, 중과린산석회 등이 있으며 대부분 빠르게 녹는 속효성 비료이다. 완효성 인산비료는 용성인비, 용과린, 소성인비 등으로 서서히 녹는 비료이다.

### 1) 과린산석회(과석, superphosphate)

세계에서 가장 많이 사용되고 있는 화학비료로서 인광석의 주성분인 인산3석회에 황산을 작용시켜 인산1석회로 만든 것이다. 부성분으로서 황산석회(석고)를 함유하고 있다. 회색 분말로서 특유의 산(acid) 냄새가 나며 강산성이다. 16~20%의 가용성 인산을 함유하고 있으며 수용성이다. 과린산석회를 주면 토양 중 수용성 인산은 인산3석회, 인산철, 인산알루미늄 등 불용성 인산으로 변하여 인산고정작용이 생기나 인산3석회는 식물 뿌리에서 분비하는 산이나 토양미생물에 의하여 다시 가용성이 되어서 식물에 흡수된다.

산성이 강한 유리철이나 알루미늄이 많은 토양은 과린산석회의 시비효과가 낮으므로 석회를 먼저 주어 토양산도를 교정하여 유리철과 알루미늄의 작용을 억제한 후 과석을 시비하는 것이 효과적이다. 토양 내 인산 고정을 방지하기 위해서는 과석 시비 시 퇴비 등 유기질비료를 함께 주어야 하며, 뿌리 부근에 사용하면 효과가 크다.

### 2) 중과린산석회(중과석)

중과린산석회(double superphosphate)는 인산 함유율이 적은 인광석이나, 산화철 및 알루미늄 함량이 많은 특수 인광석을 처리하여 만들며 미국에서는 인산 함량이 높은 3중과린산석회(triple superphosphate)를 사용하고 있다. 인광석에 황산을 작용시켜 제조하며 인산석회가 주성분이나 가용성 인산의 함량은 46%로서 그 중 42% 전후가 수용성 농후비료이고 효과나 시비 방법은 과린산석회와 같다.

### 3) 용성인비(용성고토인비)

1946년에 카이저(Kaiser)회사가 사문암과 인광석에서 용성인비를 최초로 제조하였다. 인광석과 사문암을 혼합하여 녹인 다음 급격히 냉각 건조한 회색분말로서 주성분은 인산고토석회와 규산석회를 결합한 것이다. 물에 녹지 않으나 완효성 인산이 18~20%이고 부성분으로서 석회 30%, 고토

20%, 규산 25%를 함유한 알칼리성 비료이다. 산성교정 능력은 탄산석회와 비슷하나 용성고토인비 10kg은 탄산석회 5~6kg에 상당한다. 고토 성분이 있으므로 고토 결핍토양에 적합한 비료이고, 수용성이 아니므로 기비로 사용하는 것이 좋다. 속효성이므로 한랭지방에서는 과린산석회와 함께 주면 좋으나 직접 배합하는 것은 금지해야 한다.

### 4) 용과린

과석과 용성인비를 혼합한 화합물로서 과석은 수용성산을 함유하는 데 대하여 용성인비는 완효성 인산을 함유하고 있다. 용과린은 두 가지 비료의 특징을 살려 혼합한 것으로 함유성분은 완효성 인산 19%, 수용성 인산 5%, 완효성 마그네슘 5%, 석회 30%, 규산 8%, 철 4%이며 기타 수용성 인산, 마그네슘을 많이 함유한 것도 있다. pH 6의 중성에 가까운 비료이며 또한 암모니아태의 질소비료와 배합하여도 암모니아 휘산은 일어나지 않는다.

### 5) 소성인비

인광석과 인산소다를 혼합하여 1,350℃ 회전요에서 태워 제조한 것으로서 담황색 분말이다. 고농도 인산비료이며 완효성 인산을 35% 함유하고, 석회 41%, 규산 9%를 함유하고 있다. 산성토양이나 화산회토양에 적합한 비료이다. 중소성인비는 소성비료 원료에 인산액을 첨가하여 만든 수용성 인산비료이다. 인산성분은 37.5%이며 석회 25%, 규산 5%가 들어있다. 종자와 혼합하여 파종하여도 좋은 비료이다.

## 3 칼륨비료

칼륨은 한자로 '가리'라고 읽어서 칼륨이 들어간 비료는 모두 가리비료라고 부른다. 칼륨은 칼륨암염을 정제한 것으로서 칼륨암염은 외국에서 수입한다. 유기질 비료는 소량의 칼륨을 함유하고 있는데 초목회에는 5~6%의 칼륨이 있다. 우리나라 토양의 칼륨 천연공급량은 3요소 중에서도 가장 많으나, 칼륨을 함유하고 있는 광물은 풍화에 대한 저항력이 강하므로 칼륨 공급량이 적다.

매년 토양 중에 유효성 형태로 방출하는 칼륨은 탄산수와 같은 용매의 작용을 받아 유효성인 형태로 된다. 유효성이 큰 형태의 칼륨은 토양 중 총칼륨량의 약 1~2%로서 토양용액 중에 있는 칼륨과 토양 입자표면에 흡착되어 있는 치환성 칼륨이다. 칼륨은 토양교질물에 흡착될 뿐만 아니라 대부분 고정되어 있어 일반적인 치환방법으로는 방출되지 않으므로 비치환성 칼륨이라고 한다. 비치환성 칼륨은 임목에 쉽게 이용될 수 없으나 대신 용탈을 방지할 수 있어 적당한 시기에 서서히 유효한 형태로 변화되기도 한다. 토양 중의 칼륨고정에 영향을 주는 인자는 토양교질물, 토양건조, 토양동결과 융해, 석회 과잉 등이다.

### 1) 황산가리($K_2SO_4$)

담회백색 또는 담황백색의 결정으로 수용성 칼륨을 48~50% 함유하고 있으며, 흡습성이 없고 저장 및 배합이 편리하다. 화학적으로 중성이며 유안과 같이 생리적 산성비료이다. 암염(hartsalz: 소금광산에서 채취한 칼륨성분 함유 물질)에 염화가리를 가하면 kiserite($MgSO_4 \cdot H_2O$)를 얻으며 이것을 뜨거운 물로 처리하면 $MgSO_4 \cdot 7H_2O$로 되고 여기에 KCl를 가하면 황산칼륨 마그네슘을 얻는다. 그 다음에 다시 KCl를 가하여 30~40℃에서 반응시키면 황산칼륨이 된다. 토양 내에서 잘 녹지 않아 지하로 침투하기 어려우므로 뿌리 부분에 깊이 사용하여야 한다. 묘포에서는 기비로 하는 것이 유리하다. 생리적 산성 비료이므로 염기성 비료나 유기질 비료를 병용하거나 석회 시비로 중화시켜 황산 잔유물에 의한 산성화를 방지해야 한다. 특히 전분이나 당분을 목적으로 하는 경우에는 효과가 큰 비료이다.

## 2) 염화가리(KCl)

황산가리보다 많이 사용된다. 백색 또는 담갈색의 결정으로 냄새가 없다. 신맛이 있고 수용성 칼륨을 60% 함유하고, 부성분으로 염소를 함유하고 있다. 비료 자체는 중성이나 토양에 시용하면 칼륨이 흡수되고 염소가 잔류하는 생리적 산성비료이다. 흡습성이 강하고 불순물로서 염화고토를 함유하고 있어 다른 비료와 배합했을 때에는 즉시 사용하여야 한다.

염화가리의 제조원료는 칼륨염인 carnallite(KCl · $MgCl_2H_2O$), sylvinite(KCl · NaCl), hartsalz(KCl · $MgSO_4NaClH_2O$), 장석류(feldspar), 해초회, 시멘트가루 등이 사용되나 주로 sylvinite($K_2O$ 17%), hartsalz($K_2O$ 13%)를 이용한다. 제조방법은 연속용해법과 부유선광법이 있다.

염화가리는 토양 중의 불용성 성분을 가용성으로 바꾸는 효과가 있는데 예를 들면, 토양 중의 인산3석회에 작용하여 가용성 인산3칼륨으로 변화시킨다. 과용하면 토양 내 석회성분이 유실되어 토양을 척박하게 하므로 퇴비나 녹비 등 유기질 비료를 병용하여야 한다. 섬유작물이나 산림용으로 많이 이용된다. 사토보다는 점토질 토양에 효과가 크다. 사토에는 여러 번 나누어주거나 추비로 주어도 좋다. 전분이나 당분을 목적으로 하는 식물에는 부적당하다.

## 4 석회비료

석회는 간접비료로서 석회질소, 용성인비, 고토석회, 초목회 등이 석회를 함유하고 있으며, 토양산도를 교정한다. 석회비료는 녹비나 퇴비 등의 유기질 비료의 분해나 토양 중에서 단립구조 생성을 촉진하는 효과가 있고, 토양산도 교정과 동시에 식물에 해로운 유리알루미늄 등을 고정시켜 해롭지 않게 하는 작용도 하며, 유익한 토양미생물의 활동을 간접적으로 촉진시키는 효과도 크게 나타난다. 그러나 석회를 너무 많이 주면 과도한 분해작용으로 유기물이나 질소가 분해되어 없어지고 망간, 철, 아연, 붕소 등의 미량원소를 고정시킬 염려가 있다.

석회비료는 암모니아태 질소를 함유하고 있는 유안, 질안 및 암모니아성 비료로 만든 복합비료와 배합하면 알칼리성 때문에 암모니아가 휘산, 소실되므로 석회비료 시비 후 며칠 뒤 질소비료를 준다. 수용성 인산비료인 과석이나 중과석을 배합하면 완효성 인산으로 변화되므로 주의하여야 한다. 다만 강산성 토양이나 활성 알루미늄이 많은 토양에서는 석회 시비 후 수용성 인산을 주면 토양에서의 인산고정작용을 방지하는 효과가 있다.

생석회(CaO)는 석회석을 800 ~ 1,200℃로 가열하여 만들며, 유효석회는 80% 이상이라야 하며, 물을 가하여도 열이 나지 않는 것은 불량품이다. 소석회[$Ca(OH)_2$]는 생석회에 물을 가하여 수산화칼슘으로 된 것이며, 소석회 1톤을 제조하는데 생석회는 약 0.6톤이 필요하다. 유효석회는 60% 이상이며 보통 비료용으로 사용된다. 탄산석회[$Ca(CO_3)_2$]는 석회석을 분쇄한 것으로 유효석회는 50% 이상이다.

## 5 마그네슘 비료

이전에는 마그네슘이 비료로서 시비할 필요가 없다고 하였으나 작물의 마그네슘 결핍증 연구가 진전됨에 따라 마그네슘 결핍 토양도 널리 분포되고 있음을 알게 되었다. 마그네슘 결핍 토양은 치환성 마그네슘 함량이 0.5me/100g 이하일 경우이며 때로는 토양 중 석회나 칼륨이 과다할 때 나타나기도 한다.

## 6 산림용 고형복합비료

수종별 비료요구량 시험결과를 기초로 질소, 인산, 칼륨의 흡수비율을 3 : 4 : 1로 하고 증량제로 이탄(peat) 또는 지오라이트(zeolite)를 첨가하여 복숭아씨 형태의 딱딱한 비료로 만든 것이다. 비료 한 개의 무게는 15g이며 질소 1.8g, 인산 2.4g, 칼륨 0.6g이 함유되어 있다. 비료 특징은 취급이 편리하며 비료에 대한 상식이 없어도 적량시비가 가능하다. 증량제가 들어있어 배합비료보다 서서히 녹으므로 비료 유실이 적어 이용률이 높다.

### 7 산림용 UF(urea form)완효성비료

질소12%, 인산 16%, 칼륨 4%, 마그네슘 2%, 붕소 0.2%와 미량의 석회, 황, 규산 등을 섞고 요소로 감싼 완효성 비료이며 주로 침엽수에 시비한다. 요소로 코팅하여 비료효과가 3~4개월 지속되고 뿌리에 닿아도 피해가 없다.

## 13.5 임목의 영양진단

건전한 임목 생육은 생장에 필요한 원소가 충분히 공급되어야 하며 각 원소가 상호 조화되어야 한다. 양분 균형이 깨져 과다하거나 과소하면 임목의 생리적 반응을 교란하여 속도와 정도의 차는 있어도 특정양분의 결핍 또는 과잉 증상이 나타난다. 이와 같은 영양 장애는 특히 N, P, K, Ca, Mg에서 잘 나타나며 Fe, Mn, Cu, Zn, B, Mo 등도 결핍되기 쉽다. 양분의 불균형은 임목 생장을 저해하고 재해에 대한 저항력과 회복력을 저하시키므로 치명적인 피해를 일으키기도 한다. 임목의 양분상태를 판정하는 방법에는 토양화학분석, 잎분석, 시비시험, 임지판정 등이 있다.

### 1 토양화학분석(soil analysis)

산림토양의 화학적 성질은 임목에 양분을 효과적으로 공급하는 데 중요하다. 임목의 양분흡수는 토양반응과 양분 균형 등 여러 요인이 관계되므로 토양 내 양분 함량으로 단순히 임목의 양분요구도와 생장량을 판단하기는 어렵지만 잎분석법과 통계학의 발달로 임목생장을 연계 해석하면 토양분석에 의한 영양상태 판정도 상당히 가능하다. 따라서 부족한 양분량을 시비할 수 있다(표 13-1).

표 13-1 밤나무림 토양 내 양분 함량에 따른 적정시비량

| 유효인산 (ppm) | $P_2O_5$ (kg/10a) | 용과린 시비량(kg/ha) | 치환성칼륨 (ppm) | $K_2O$ (kg/10a) | 염화가리 시비량(kg/ha) |
|---|---|---|---|---|---|
| 〈 10 | 90~110 | 450~550 | 〈 8 | 80~100 | 135~165 |
| 10~20 | 85~90 | 425~450 | 8~16 | 75~80 | 125~135 |
| 20~40 | 75~85 | 375~425 | 16~35 | 65~75 | 110~125 |
| 40~80 | 50~75 | 250~375 | 35~70 | 45~65 | 75~110 |
| 80~160 | 30~50 | 150~250 | 70~150 | 25~45 | 40~75 |
| 160~320 | 15~30 | 75~150 | 150~300 | 10~25 | 15~40 |
| 320~640 | 8~15 | 40~75 | 300~600 | 5~10 | 8~15 |
| 640 〈 | 0~8 | 0~40 | 600 〈 | 0~5 | 0~8 |

양분의 공급능력은 토양 내 총양분량과 이용비율로 결정되나 실제로 임목이 직접 이용할 수 있는 이온 형태가 더 중요하다. 그림 13-2은 토양과 유효 양분의 관계인데, pH 5.0 이하의 강산성토양과 탄질률이 16 이상이면 양분이용률이 낮다. 임목생장에 가장 크게 영향하는 토양 내 질소과 인산의 공급능력에 대해서 정확히 알려면 그 지역의 우량임분과 불량임분의 토양을 비교하며(표 13-2), 토양분석과 잎분석 결과를 참고한다. 토양 화학분석에 필요한 시료 채취는 오차가 없어야 하므로 토양 단면의 여러 지점에서 채취한다. 또한 토양산도와 유기물함량의 차에 따라 잎의 양분농도에 미치는 영향인자도 달라진다(표 13-3). 예를 들면 유기물이 많은 강산성토양에서 잎내 질소와 양(+)의 상관이 높은 인자는 pH, Ca 포화도, 치환성 Ca/K 비율, 치환성 Ca/Mg 비율이고 탄질률은 음(-)의 상관을 가지고 있다. 즉 탄질률이 높으면 잎내 질소함량이 작다는 뜻이다.

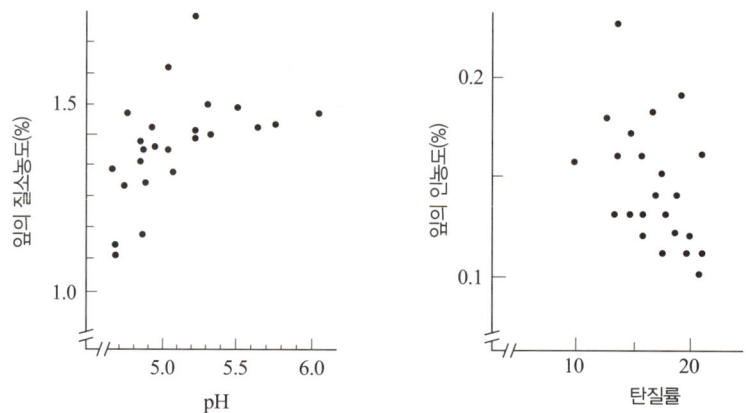

그림 13-2 토양의 화학적 성질과 삼나무잎의 양분농도

표 13-2 토양의 화학적 성질 판정기준치

| 인자<br>판정기준 | pH<br>(H$_2$O) | 탄소<br>(%) | 질소<br>(%) | 유효P<br>(mg/100g) | 치환성(me/100g) | | |
|---|---|---|---|---|---|---|---|
| | | | | | K | Ca | Mg |
| 양호 | 5.4~6.0 | 5~15 | 0.4~1.0 | 〉3 | 〉0.4 | 〉6 | 〉1.0 |
| 불량 | 〈5.0 | – | – | 1 | 〈0.2 | 〈2 | 〈0.5 |

| 인자<br>판정기준 | Ca포화도<br>(%) | 치환성 | | |
|---|---|---|---|---|
| | | Ca/K | Ca/Mg | Mg/K |
| 양호 | 〉20 | 15±10 | 8±5 | 2±1 |
| 불량 | 〈5 | 3 | 3 | 1 |

표 13-3 삼나무잎 내 양분농도와 관련토양인자

| 토양/잎내 양분 | 질소 | 인 | 칼리 | 칼슘 | 마그네슘 |
|---|---|---|---|---|---|
| 유기물이 많은 강산성 토양 | pH<br>탄질률(−)<br>Ca 포화도<br>치환성 Ca/K<br>치환성 Ca/Mg | pH<br>탄질률(−)<br>유효 P<br>Ca 포화도<br>치환성 Ca/Mg | C<br>치환성 Ca, Mg<br>Ca 포화도(−)<br>치환성 Ca/K(−) | pH<br>치환성 K<br>Ca 포화도<br>치환성 Ca/K<br>치환성 Ca/Mg | CEC |
| 유기물이 적은 약산성 토양 | pH<br>탄질률(−)<br>CEC<br>치환성 Ca/Mg | 탄질률(−)<br>유효 P<br>치환성 Ca/Mg | 탄질률(−) | CEC | CEC<br>C |

[주] (−)는 음의 상관

## 2 잎분석(foliage analysis)

임목의 영양상태가 가장 예민한 곳은 잎인데 잎을 분석하면 양분의 과부족을 알 수 있다. 임목생장이 멈추면 잎의 양분농도는 비교적 안정되므로 10월~11월경 수관상부 가지의 제일 끝에 달린 당년생 잎을 채취하고 65℃의 온도에서 24시간 건조한 다음 양분을 분석한다. 자작나무 잎내 양분의 월변화를 보면 질소는 5월과 9월에 크게 감소하나 Ca, K, P는 큰 변화가 없다(그림 13-3). 영양상태가 좋아 생장이 왕성한 임목은 잎이 건전하여 적정농도의 양분을 함유하며(표 13-4) 엽록소가 많아 탄소동화작용 능력도 크다.

입지별로 천연 공급되어 임목에 흡수된 각 양분이 임목의 양분요구량을 어느 정도 충족시키는지를 알려면 ha당 5~8본(성목림), 또는 10~12본(유령림) 이상의 잎을 채취하여 평균한다. 우리나라 산림은 지위 1급지라도 양분이 충분하지 못하고 약간 결핍된 상태이다. 잎분석에 의한 N, P, K 함유율과 임목생장은 높은 상관이 있는데 질소가 가장 높고 다음이 인산이다(그림 13-4). 적참나무는 잎내 질소와 인의 농도가 증가할수록 건중량도 증가한다(그림 13-5). 칼륨은 수고나 재적생장과는 큰 상관이 없으나 건조해 발생을 방지한다. 또한 식엽 해충과 흡즙성 해충에 의한 피해와 나무병, 목재부후병원균에 대해 저항성을 높이므로 잎내 칼륨농도는 높아야 좋다.

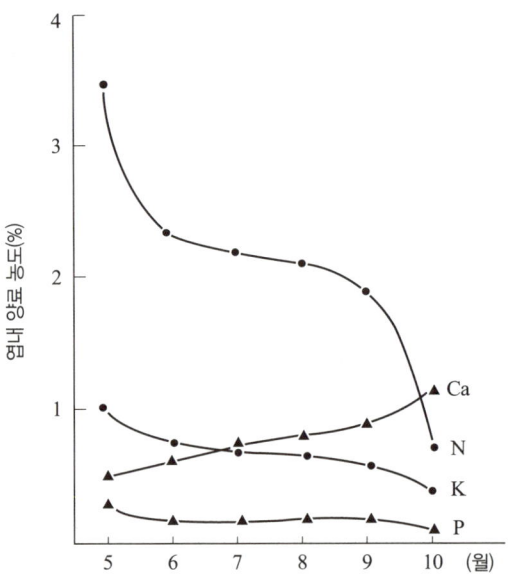

그림 13-3 자작나무 잎내 양분의 월변화

표 13-4 삼나무 성목림 잎의 양분농도 판정기준치(%)

| 판정기준\양분 | N | P | K | Ca | Mg |
|---|---|---|---|---|---|
| 양호 | 〉1.5 | 〉0.15 | 〉0.5 | 〉0.8 | 〉0.18 |
| 보통 | 1.5~1.2 | 0.15~0.11 | 0.5~0.4 | 0.8~0.6 | 0.18~0.13 |
| 불량 | 〈1.2 | 〈0.11 | 〈0.4 | 〈0.6 | 〈0.13 |

| 판정기준\양분 | N/P | NK | K/P | Ca/K | Ca/Mg | Mg/K |
|---|---|---|---|---|---|---|
| 양호 | 10 ± 2 | 2.7 ± 0.6 | 4 ± 1 | 1.7 ± 0.8 | 5 ± 1.5 | 0.35 ± 0.1 |
| 불량 | 극단치 | | | | | |

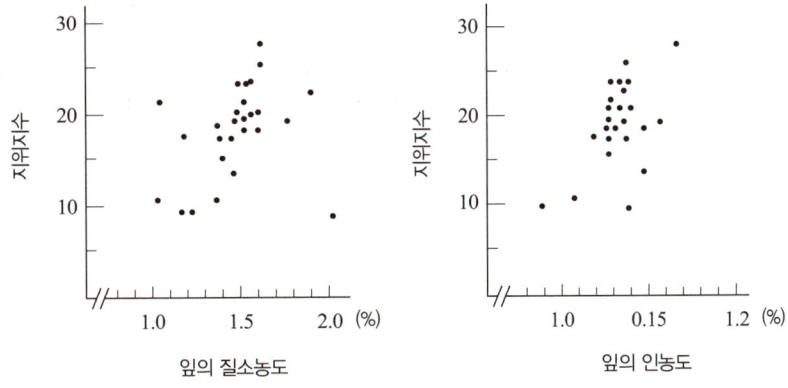

그림 13-4 잎의 질소 및 인 농도와 삼나무생장

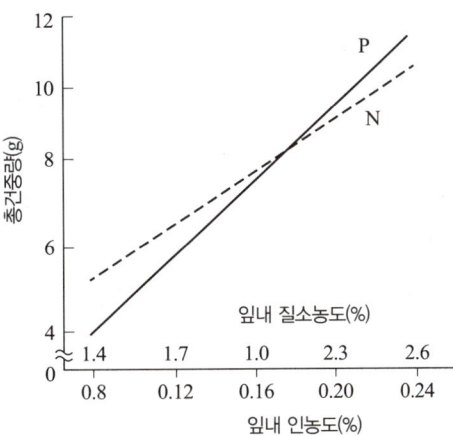

그림 13-5 적참나무 잎내 질소 및 인 농도와 총건중량의 관계(Phares, 1971)

미량원소도 최소 필요량 기준이 있는데 미국 태평양 북서지역 침엽수 잎의 최소 양분농도는 표 13-5에서 제시한 필수원소 외에도 Fe 50ppm, Mn 25ppm, Zn 10~15ppm, Cu 2.6~4ppm, B 10~15ppm, Mo 0.1ppm이다.

13장 산지 시비 • 269

표 13-5 미국 태평양 북서지역 침엽수림 침엽의 최소양분농도(%)

| 양분 | Douglas fir | Western hemlock | Western red cedar | Sitka spruce, grand fir | Lodgepole pine | White spruce |
|---|---|---|---|---|---|---|
| N | 1.3~1.4 | 1.0~1.4 | 1.5 | 1.2~1.5 | 1.2~1.5 | 1.3~1.5 |
| P | 0.10~1.15 | 0.15~0.35 | 0.13 | 0.14~0.18 | 0.12~0.15 | 0.1~4 |
| K | 0.45~0.75 | 0.45~0.75 | 0.4~0.8 | 0.45~0.75 | 0.40~0.50 | 0.30~0.45 |
| Ca | 0.10~0.20 |  | 0.1~0.2 |  | 0.06~0.08 | 0.10~0.15 |
| Mg | 0.10 |  | 0.06~0.12 |  | 0.07~0.09 | 0.06~0.10 |

특정양분이 생장과 높은 양(+)의 상관이 있는 경우 보통 이 양분은 다른 양분에 비하여 부족하다(Ⅱ의 범위). 이 농도의 범위는 표 13-4의 판정기준치로서는 중농도(보통)에 해당한다. 잎의 농도와 생장의 관계는 그림 13-6과 같이 양분이 아주 부족하거나(Ⅰ), 많다든지(Ⅳ) 또는 다른 양분과 토양조건이 생장제한인자가 되는 경우가 있다. 또 생장량에 대하여 음(-)의 상관을 보이는 경우는 그 양분이 과잉상태로 직접 생장을 저해하나(Ⅴ), 질소와 인산흡수가 길항적으로 억제되는 경우가 있다. 또 특정양분이 높아도 다른 조건이 변하여 생장량이 증대한 경우 그 양분의 공급력이 충분하지 않으면 부족농도가 된다.

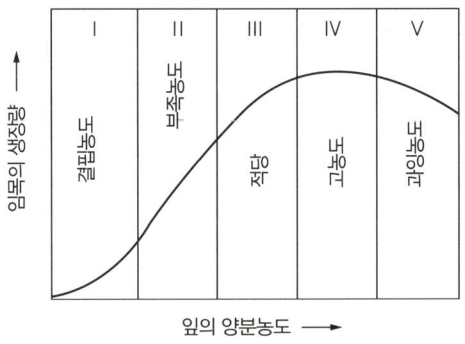

그림 13-6 잎의 양분농도와 임목생장량과의 관계

시비한 후 잎내 양분농도, 양분 함량, 그리고 잎의 건중량을 한 그림에 표시하여 양분상태를 알 수 있는 방법도 있다(그림 13-7) 예를 들어 무처리에서 A지점으로 이동되었다면 양분은 약간 부족하나 생장에는 어떤 징후도 나타나지 않는 상태를 의미한다. 이와 같이 생장제한인자가 무엇인가를 명확히 아는 것이 영양진단과 산지시비에서 가장 중요하며 오류를 범하지 않기 위해서는 토양성질, 잎분석값, 임목생장량 등 3가지 요인의 관계를 종합적으로 판단해야 한다.

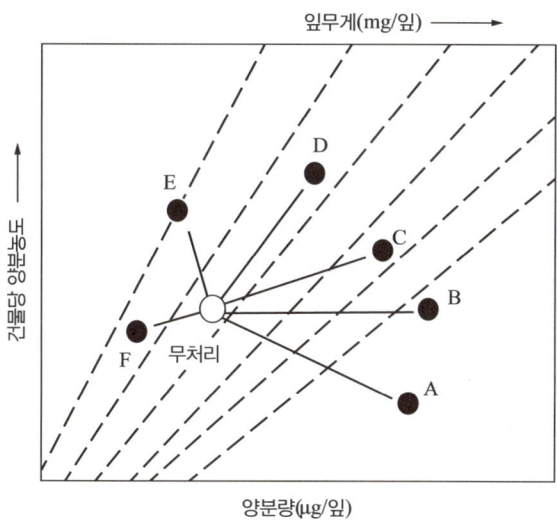

| 지점 | 잎의 반응 | | | 양료상태 | 징후 |
|---|---|---|---|---|---|
| | 잎무게 | 양분농도 | 양분량 | | |
| A | + | - | + | 약간 부족 | 없음 |
| B | + | 0 | + | 무변화 | 없음 |
| C | + | + | + | 부족 | 약간 나타남 |
| D | 0 | + | + | 적당 | 독성이 안 나타남 |
| E | - | ++ | ± | 과다 | 독성이 나타남 |
| F | - | - | - | 과다 | 생장 저하 |

그림 13-7 잎의 양분 함량, 농도, 무게에 의한 양분상태 변화(Timmer Stone, 1978)

참고로 표 13-6과 13-7은 mg당량(me/100g)을 mg으로 바꾸는 표와 산화물을 비산화물로 환산하는 표이다.

표 13-6 mg당량(me)과 mg의 환산

| 원소 | m.e → mg | mg → m.e |
|---|---|---|
| K | m.e × 39.1 | mg × 0.0256 |
| Ca | m.e × 20.1 | mg × 0.0500 |
| Mg | m.e × 12.2 | mg × 0.0820 |

표 13-7 산화물과 비산화물의 환산

| 산화물 → 비산화물 | 비산화물 → 산화물 |
|---|---|
| $P_2O_5 \times 0.436 \to P$ | $P \times 2.297 \to P_2O_5$ |
| $K_2O \times 0.830 \to K$ | $K \times 1.205 \to K_2O$ |
| $CaO \times 0.715 \to Ca$ | $Ca \times 1.399 \to CaO$ |
| $MgO \times 0.603 \to Mg$ | $Mg \times 1.658 \to MgO$ |

## 3 시비시험에 의한 판정

현지의 토양을 채취하여 화분(pot)에 담은 후 묘목을 심고 비료를 주지 않은 무시비구, 표준량구, 2배구, 3배구 등으로 처리하는 비료량 시험과 질소 : 인산 : 칼륨의 배합비율을 어떻게 할 것인가 하는 3요소 배합비율 시험이 있다. 수종별 양분요구량과 배합비율에 따른 묘목 생장을 주기적으로 측정하면 가장 생장이 우수한 시험구를 알 수 있다. 관수량은 묘목의 생장을 좌우하는 요소이므로 반드시 일정량을 주어야 하며 모든 시험토양은 균질해야 한다.

시비시험은 보통 3요소 또는 Ca를 더한 3~4요소시험이 보통이나 수종에 따라 달라질 수 있다. 시험용 토양은 산지에서 채취하고 지력이 약간 낮은 토양이 좋으며 묘목은 발아 직후의 유묘가 유리하다. 시비시험에 의한 진단법은 성과를 얻을 때까지 수개월~수년이 필요하고 양분 종류도 한정되어 있으나, 시비량을 조사하는 데는 최적이다. 우리나라 주요 수종의 양분요구량도 이 방법을 사용하여 구하였다(표 13-8).

표 13-8 수종별 양분요구량(g/본)

| 수종 | 질소 | 인산 | 칼륨 |
|---|---|---|---|
| 소나무, 잣나무, 일본잎갈나무 | 7.2 | 9.6 | 2.4 |
| 밤나무, 오동나무 | 9.0 | 12.0 | 3.0 |
| 비율 | 3 | 4 | 1 |

## 4 입지에 의한 판정법

산림토양의 성질은 기후와 지질, 지형과 같은 환경조건에 따라 기본적 특성이 정해지나 특정지역에서는 미기상과 수분, 양분의 동태에 따라 변한다. 따라서 환경인자에 의하여 토양이 분류되면 양분공급과 생산력의 지역특징, 생장제한 인자가 뚜렷해진다. 특정 지역의 비옥도와 각 임분의 영양 충족도는 토양단면 관찰과 현지 토양조사로서 판정할 수 있다. 예를 들어 잣나무림의 지위지수(수령 30년 때의 우세목 평균수고) 판정기준치 '양호'는 16 이상이고 '불량'은 12 이하이며 평균은 14 전후이다(손영모 등, 2016).

## 13.6 유령림 시비

### 1 목표

산지에 묘목을 조림해서 수관이 울폐될 때까지의 산림을 유령림이라 하고 이 때 실시하는 시비를 유령림 시비라고 한다. 이 기간은 입지조건, 식재밀도 등에 따라 다르나 침엽수림은 약 10년으로서 그 동안 풀깎기, 덩굴치기 등을 실시한다. 시비는 임목생장을 촉진하는 데 목적이 있지만, 유령림에서는 임목생장 촉진에 따른 조기 수관울폐로 모두베기로 인한 토양 척박화를 방지하며 풀베기기간 단축 등 생력효과가 기대된다. 묘포에서 굴취한 묘목은 조림지까지 환경에 적응할 때도 양분이 필요하다.

묘목은 새로운 환경에 적응하기 위하여 단근을 하고 생장이 억제되어 생리적으로 건조에 강한 상태가 되나, 활착 직후에는 수세가 약하여 토양이 비옥하지 않으면 수세회복에 상당기간이 필요하다. 그러므로 시비로써 그 기간을 단축할 수 있고 왕성한 생장을 기대할 수 있다. 임목벌채는 임지를 보호하고 유기물을 공급하는 수관층이 제거되어 가지와 잎이 남아 있어도 토양은 불량해진다(표 13-9). 특히 우리나라는 경사가 급하고, 호우가 많아 수관이 없으면 유기물층이나 A층이 유실되기 쉽다. 또한 목재를 반출하면서 생긴 작업로는 표토가 교란되어 침식을 가중시킨다.

표 13-9 임목벌채에 따른 토양 악화

| 구분 | 토양입자 | | | | pH | 유기물 (%) | 전질소 (%) | 양이온 치환용량 (me/100g) | 치환성 석회 (me/100g) |
|---|---|---|---|---|---|---|---|---|---|
| | 조사 | 세사 | 미사 | 점토 | | | | | |
| 일본잎갈나무 임지 | 21.6 | 49.0 | 17.8 | 11.1 | | 15.3 | | | 15.5 |
| 벌채임지 | 32.8 | 52.6 | 7.3 | 7.3 | | 9.4 | | | 6.5 |
| 레지노사 소나무 및 스트로브 잣나무 임지 | | | | | 5.7 | | 0.12 | 6.3 | 2.0 |
| 벌채임지 | | | | | 5.9 | | 0.03 | 3.9 | 1.8 |
| 사탕단풍나무 임지 | | | | | 6.3 | | 0.21 | 14.7 | 9.4 |
| 벌채임지 | | | | | 5.7 | | 0.06 | 8.9 | 3.3 |

표토침식은 토양양분 손실뿐만 아니라 침투능, 보수능, 통기성 등 토양 물리성을 악화시켜 토양입자 중 점토가 감소함으로써 CEC와 염기가 낮아지고 토양동물과 미생물에 큰 영향을 준다. 지력이 나빠진 곳은 시비로 보충하면 조림목 생장을 촉진하면서 울폐림을 빨리 형성하므로 지력저하를 방지할 수 있다. 또한 풀베기 횟수도 단축할 수 있다. 그러나 시비로써 임목생장만 아니라 잡초가 무성해지므로 풀베기 작업을 늘리는 경우도 있다. 시비효과를 충분히 발휘시키려면 보통 때보다 빨리 풀베기와 덩굴치기도 해야 한다. 한편 잡초가 많다는 것은, 임지보전도 되고 임지에 환원되는 양분도 많다는 뜻이므로 모두베기에 의한 표토손실을 억제한다.

## 2 시비방법

### 1) 비료 종류와 시비량

비료의 3요소 중 가장 효과가 높은 것은 질소이지만 수종과 토양에 따라 인산이 높은 경우도 있다. 그러나 칼륨의 시비효과는 낮다. 소나무류는 인산 요구도가 높아 결핍현상이 잘 나타나며 화산회산림토양에서 일본잎갈나무림을 벌채하고 다시 같은 수종을 조림할 때 나타나는 생장불량원인도 인산 때문이다. 또 이 토양은 인산고정작용이 일어나므로 인산이 부족하기 쉽다. 칼륨은 토양에 많이 함유되어 있어 천연공급량이 많지만 결핍하면 임목의 생리적 상태를 악화시켜 병충해와 건조해에 대한 저항성이 약해진다. 외국에서는 질소, 인산, 칼륨을 각각 주거나 질소와 인산만을 주거나, 고농도 비료를 주는 경우도 많지만 우리나라에서는 3요소가 함유된 배합비료나 산림용 고형복합비료를 시비한다. 대체로 질소는 요소를, 인산은 용과린이나 용성인비, 칼륨은 염화가리를 섞어 사용하며 사방시공지에는 칼륨을 시비하지 않는다. 시비량은 수종, 임목 크기, 토양 종류, 비료 종류, 기상적 조건에 따라 약간씩 다르지만 현재의 수종별 시비량과 추비량은 표 13-10, 표 13-11과 같다. 산지에 시비된 비료는 유기물층에 있는 낙엽·낙지를 분해하는 미생물에도 이용되어 산림토양 개량과 물질순환 측면에서 유리하게 작용한다.

표 13-10 조림 시 시비기준량(본당)

| 수종 | 단비(g) | | | 산림용 고형복비 (개) |
|---|---|---|---|---|
| | 요소 | 용과린 | 염화가리 | |
| 잣나무, 소나무류, 일본잎갈나무 | 15.6 | 48 | 4 | 4 |
| 밤나무, 오동나무 | 19.6 | 60 | 5 | 5 |
| 포플러류 | 20.0 | 72 | 6 | 6 |

표 13-11 조림 후 3년까지 추비기준량(산림용 고형복비)

| 수종 | 본당(개) | 헥타당(kg) | ha당기존본수 |
|---|---|---|---|
| 밤나무 | 40 | 240 | 400 |
| 오동나무 | 40 | 360 | 600 |
| 이태리포플러 | 20 | 120 | 400 |
| 장기수 | 2 | 90 | 3000 |
| 연료림수종 | 2 | 120 | 4000 |

## 2) 시비위치

식재 시의 시비위치는 식혈[조림구덩이] 흙에 비료를 혼합하는 방법과 표토에 시비하는 방법이 있다. 앞의 방법은 구덩이 밑에 있는 흙에 비료를 섞은 후 비료 피해를 막기 위해 다시 흙을 2~3cm 덮은 후 식재하는 방법이다. 이것은 발근 직후 뿌리가 비료를 흡수하는 이점이 있으나 식혈을 크게 만들어야 하므로 노력이 많이 들고 비료에 뿌리가 닿을 수 있어 피해를 줄 수 있다. 따라서 시비량을 약간 적게 하거나 비료피해의 가능성이 적은 완효성 비료를 사용하거나, 시비한 후 며칠 지난 뒤 식재해야 안전하다.

표토시비는 묘목을 중심으로 하여 역지[수관에서 제일 긴 가지] 밑에 반원형 또는 원형으로 5cm 깊게 땅을 파고 비료를 준 다음 복토하는 방법, 5cm 깊게 땅을 파서 비료와 흙을 섞는 방법, 또는 2~4개의 구멍을 파고 여기에 비료를 주는 방법이 있는데 이러한 방법을 비교적 노력도 적게 들고 비료 피해가 없으며 작업이 쉽다(그림 13-8). 비료의 3요소 중 질소와 칼륨은 토양 중에서 이동하기 쉬우나 인산은 시간이 경과할수록 토양에 고정되어 흡수가 어렵다. 식재 후 1~2년의 임목은 지표 가까이에 세근 분포가 적어 인산 효과도 적다. 따라서 인산비료는 약간 깊게 시비하는 것이 좋다. 임목생장이 좋으면 식재 후 2~3년에 뿌리가 지표 가까이에 세근이 분포하므로 시비한 효과가 나타난다.

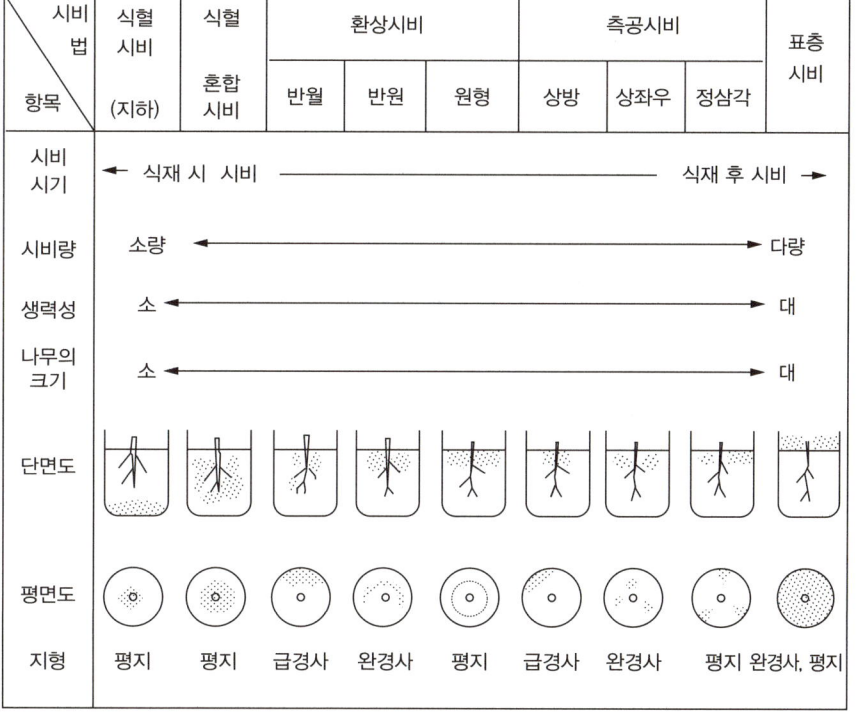

그림 13-8 **산지시비 위치도**(정인구, 1975)

### 3) 시비시기 및 횟수

식재당년의 시비에 대해서는 식재와 동시에 시비하는 경우가 많지만, 식재시기인 봄철은 농번기와 겹쳐서 노동력이 부족하기 쉬우므로 노동력의 분산이라는 의미로 가을에 시비하는 경우도 있다. 시비시기와 비료효과에 대해서는 여러 결과가 있는데 활착이 불량하면 시비효과도 잘 나타나지 않으며, 건조가 계속되어 토양수분이 적거나 수광조건이 나빠도 비료 흡수가 불량하다. 따라서 환경과 묘목 상태에 따라 비료효과가 달라지므로 시비시기는 조림직후가 좋다. 여름철 시비는 임목이 웃자라기 쉬워 건조할 우려가 있다. 가을~겨울의 시비는 저온 때문에 토양 질산화작용이 약하여 질소 유실이 적고 온난지방에서는 질소 흡수가 지속되어 흡수된 질소는 뿌리에 축적된다. 그래서 이른 봄에 잎색이 진해지고 왕성한 생장을 시작하므로 시비효과가 높게 나타나는 경우가 많지만 추운지방에서는 식재 후 1~2년째 이른 봄에 동해를 받기 쉽다.

겨울에는 임지가 눈이 덮여 있으므로 시비할 곳이 제한되어 있다. 그러므로 조림 후 1~2년은 봄에서 초여름까지 시비하고, 그 후는 지역에 따라 시기를 고려하여 가을에 시비한다. 식재에서 풀베기까지의 기간에는 2~3년 연속 시비하는 것이 좋은데 이것은 수종, 지위, 생산목표 등에 따라 달라진다. 지위가 좋은 곳은 생장이 양호하므로 울폐에 걸리는 기간이 적고 시비 횟수도 적다. 또 같은 지위라도 벌채시기를 단축시키려면 시비횟수를 늘린다. 조림묘의 활착이 좋지 않은 곳은 활착 후 시비하는 것이 경제적이며 경우에 따라서는 조림 이듬해에 한다.

### 4) 시비효과 증대방법

시비해도 효과가 적은 원인은 토양조건의 부적절, 묘목 취급 부주의, 관리 소홀 등이 있다.

- (1) **토양조건의 부적절** : 시비는 직접적으로 토양 화학성을 개선하는 것이므로 토양 물리성이 좋고 화학성이 나쁜 경우에 효과가 아주 크다. 그러나 토양 물리성이 나쁘더라도 임목생장을 촉진하여 낙엽이나 죽은 가지의

양이 많아져 물질순환이 잘 되면 물리성이 개선되어 비료효과가 높아질 수 있다. 시비는 물리성 개선효과 때문에 적지가 아니더라도 임목생장을 촉진한다. 그러나 물리성이 나쁜 잔적토보다 좋은 붕적토가 비효가 더 크고, 물리성이 나쁜 토양도 식혈을 크게 파거나, 환토, 식혈 주변의 경운은 물리성을 개선하여 시비효과가 커진다.

(2) **묘목의 취급 부주의** : 가을에 웃자란 묘목과 건조해를 받은 묘목과 같이 생리적 상태가 나쁜 묘목은 활착이 불량하고 뿌리발달도 빈약하여 비료 흡수력이 약해지므로 효과가 잘 나타나지 않는다. 또 건전묘라도 식재방법이 나쁘면 묘목의 생리적 상태가 저하되어 시비효과가 나타나기 어렵다. 그러므로 건전묘를 잘 식재하는 것이 시비효과를 높이는 방법이다. 시비해서 생장이 불량한 사례도 많은데 그 원인은 비료의 농도장애에 의한다. 시비에 의하여 토양용액의 삼투압이 높아지면 묘목의 발근과 뿌리 생장에 영향을 주며 특히, 생리적 상태가 나쁜 묘목은 그 영향을 받기 쉽다. 이 경우 묘목이 잘 활착한 이듬해에 시비하는 것이 좋다. 또 시비위치를 조림목과 멀게 하면 비료성분의 농도장애는 없으나 성분이 유실될 염려가 있고 초류와의 경쟁을 고려할 때 오히려 시비를 늦게 하는 것이 바람직하다.

(3) **관리소홀** : 시비한 임지에서는 잡초도 비료를 흡수하여 식재당년은 묘목보다 잡초의 비료흡수가 커서 시비하지 않은 곳보다 잡초가 현저하게 번무한다. 따라서 묘목이 잡초에 의해 피압되기 쉬우므로 비료효과를 크게 하려면 풀깎기를 일찍하고 덩굴치기 등의 작업을 하여 묘목에 충분한 광선을 주어야 한다.

(4) **위치 불량** : 조림지가 임도에서 멀면 비료운반 노력이 많아 들어 경제적으로 불리하다. 이때는 조림 자체도 경제성이 적으므로 면적이 넓으면 항공기로 시비함이 좋다. 식재 후 2~3년 동안 시비하지 않고 그 후 항공 시비하는 방법을 쓴다. 그러나 면적이 작으면 시비하지 않는다.

## 3 유령림 시비효과

### 1) 토양에 미치는 영향

시비로 인한 토양변화는 비료가 토양용액에 녹아들어가서 일으키는 직접영향과 비료가 임목과 잡초, 잡목 등에 흡수되어 유기화한 뒤 낙엽 등으로 토양에 환원되어 일으키는 간접영향으로 나뉜다. 직접영향은 비료종류와 양, 간접영향은 공급된 유기물의 질과 양에 의해 지배된다. 시비하면 토양의 탄질률은 작아지나 치환성 석회와 마그네슘이 용탈되어 토양 산성화가 진행될 수 있다. 그러나 토양 내 질소, 인산, 칼륨 등의 양분이 풍부해져 토양이 개선되고 토양미생물의 수가 크게 증가한다(표 13-12).

표 13-12 토양처리별 미생물 수(1,000개/g)

| 처리 | pH | 세균 | 방선균 | 균류 |
|---|---|---|---|---|
| 무시비구 | 4.6 | 3,000 | 1,150 | 60 |
| 석회 | 6.4 | 5,210 | 2,410 | 22 |
| 염화가리 + 인산 | 5.5 | 5,160 | 1,520 | 58 |
| 질소 + 염화가리 + 인산 | 5.4 | 8,800 | 2,920 | 73 |
| 황산암모늄 + 염화가리 + 인산 | 4.1 | 2,690 | 370 | 111 |
| 황산암모늄 + 염화가리 + 인산 + 석회 | 5.8 | 7,000 | 2,520 | 39 |
| 염화가리 + 인산 + 수산화나트륨 | 5.5 | 7,600 | 2,530 | 46 |

## 2) 생장에 미치는 영향

국내에서 유령림 시비는 1973년부터 전국적으로 실시되어 왔으며 그 효과도 크게 나타나고 있다. 산림용 고형복합비료와 단비배합비료(요소, 중과석, 염화가리)의 시비에 의한 임목 생장효과를 구명코자 단비배합비료의 시비량(은수원사시나무 1본당 질소 10.8g, 인산 14.4g, 칼륨 3.6g, 일본잎갈나무 1본당 질소 3.6g, 인산 4.5g, 칼륨 1.2g)과 고형비료 표준구의 시비량을 동일하게 처리하여 1978년에 식재후 3년 연속시비하고, 1980년 가을에 조사한 결과 수고생장은 그림 13-9와 같이 시비량에 따라 2배까지 증가하였다. 또한 물오리나무에 대하여 인산비료를 시비한 결과 표 13-13과 같이 수고가 1.5~1.7배 증가하고 근류수도 크게 증가하였다.

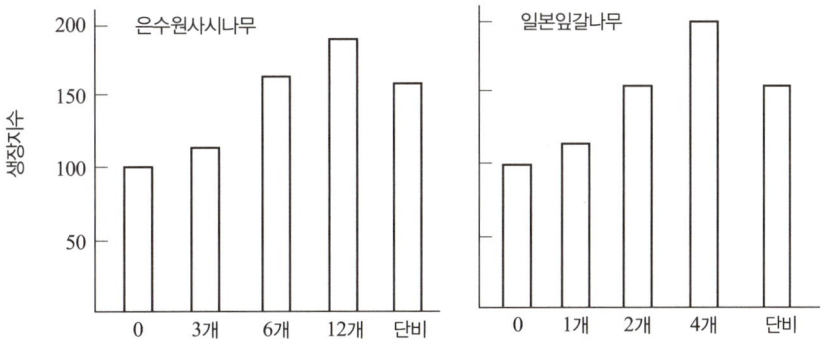

그림 13-9 수고에 나타난 산림용 고형복합비료 시비효과

표 13-13 물오리나무의 인산 시비효과

| 시비량<br>(g/본) | 수고<br>(cm) | 근원경<br>(cm) | 근류수<br>(개) | 재적<br>(m³/본) |
|---|---|---|---|---|
| 0 | 204 | 2.1 | 5 | 0.0009 |
| 2.76 | 308 | 4.3 | 16 | 0.0044 |
| 5.53 | 359 | 4.5 | 31 | 0.0069 |

## 13.7 성목림 시비

### 1 필요성

성목림은 임분울폐 이후의 산림을 말하며 성목림 시비의 목적은 각 임목의 형질 발현과 생장을 증대하여 숲가꾸기로 일시 정체된 산림생태계의 양분순환을 원활하게 하고 임분의 건전성과 생산성을 높여, 단위면적당 가치있는 임목 생산을 증가하는 데 있다. 임분울폐 후에는 가지치기로써 옹이가 없는 나무를 생산하고, 솎아베기로써 건전한 임분을 유지하고 우량목을 남기는 작업을 한다. 성목림 시비는 가지치기 상처를 빨리 아물게 하고 솎아베기 후 임분의 울폐촉진과 임지에 퇴적한 유기물 분해촉진을 통하여 임지비옥도를 증진하고 임목의 생장촉진에 따른 수확증대로서 질적, 양적으로 생산성을 높인다.

### 2 시비방법

#### 1) 비료 종류

비료에는 단비배합비료, 질소비료, 산림용 고형복합비료 등이 있으며 토양조건, 임분조건, 시비목표에 따라 비료의 종류가 다르다. 단비로 줄 경우 질소만 주는 것이 보통이지만 복합비료가 단비보다 효과가 크며 수령이 적은 임분에서 더 효과가 있다. 질소비료 시비는 가지와 잎의 번무를 촉진하여 지상부 생장이 증가하지만 임분 건전도를 고려할 때 3요소 배합비료가 좋다. 임업용 비료에는 속효성과 완효성이 있는데, 희망시기에 비료 효과를 빠르게 내려면 질소비료와 같이 속효성이 좋으나 임입용으로는 두 가지 성분 이상을 혼합하여 만든 비료가 이상적이다.

#### 2) 시비시기

봄에서 초여름 사이에 시비하나 가지치기와 솎아베기 등의 작업이 끝난 후가 좋다. 남부지방의 삼나무 성목림은 새 잎이 완전히 나온 시기가 적기이며 지역별로 기후가 다르므로 식물생육계절을 판단하여 시비한다.

## 3) 시비량

시비량은 시비에 의한 재적 증가량과 양분 흡수량, 천연 공급량, 비료 흡수율 등에 따라 결정되지만 실제로는 수종, 생장상태, 임분밀도, 토양 성질 등 여러 조건이 달라 시비량을 결정하기 어렵다. 일반적으로 질소성분으로 약 100kg/ha을 주는 경우가 많다. 시비횟수를 보면, 많은 양을 일시에 주는 것보다는 소량을 2~3회 나누어 주는 것이 좋으나 노력과 비용이 많이 들므로 가지치기와 솎아베기 후에 한번 시비한다.

## 4) 시비위치, 시비방법

성목림은 거의 울폐되어 있으므로 활력이 있는 세근은 통기성이 양호한 유기물층에 발달되어 있다. 그러므로 시비위치도 낮게 하여야 좋은데 땅을 가볍게 긁어주고 시비하든지, 표토 위에 뿌려주는 방법이 있다. 그러나 지표면 살포는 비료 종류에 따라 효과가 다르게 나타나므로 유실되기 쉬운 비료는 땅을 파고 주는 것이 효과적이다. 대면적으로 시비하려면 항공기를 이용한다.

## 3 시비효과

성목림의 시비효과는 수고와 직경에 나타나지만 눈으로 확인할 정도로 큰 것은 아니다. 그러나 잎색이 짙어지고 침엽수의 잎이 길어지며, 활엽수는 새 잎이 나오는 시기가 빠르고 낙엽이 늦게 지므로 착생기간이 길어진다. 또한 잎의 양분농도로 높아져 탄소동화량이 증가하므로 건물생산량이 증가한다(표 13-14).

표 13-14 시비와 무육에 의한 소나무 천연림의 잎 양분변화(%)

| 처리 | N | | P₂O₅ | | K₂O | | 비고 |
|---|---|---|---|---|---|---|---|
| | 무시비 | 시비 | 무시비 | 시비 | 무시비 | 시비 | |
| 무처리 | 0.93 | 0.98 | 0.15 | 0.19 | 0.79 | 0.84 | 요소 : 147kg |
| 제벌 | 0.79 | 0.90 | 0.17 | 0.19 | 0.70 | 0.84 | 용과린 : 450kg |
| 제벌 및 가지치기 | 0.90 | 1.14 | 0.17 | 0.20 | 0.72 | 0.79 | 염화가리 : 380kg/ha |

(이원규 등, 1986)

임목에서는 재적 〉 흉고직경 〉 수고의 순으로 시비효과가 나타나며, 특히 수관 내 줄기[수간]가 크게 증대하므로 시비목은 수간형이 완만해진다. 우세목과 열세목의 시비효과를 보면 우세목에서 효과가 크게 나타나고 열세목은 우세목 수관에 피압되기 쉽다. 시비효과는 입지조건, 시비조건, 임분 등에 따라 크게 다르나 보통 5년간 15~30m³/ha 정도 증가하며 연년생장량으로 환산하면 시비림은 무시비림보다 매년 평균 4m³/ha 더 자란다.

시비효과는 시비 당년부터 나타나는 경우가 드물고 거의 이듬해부터 나타난다. 특히 소나무와 같이 봄에서 여름까지의 생장을 전년도의 저장양분에 의존하는 수종은 시비하여도 여름 이후의 비대생장과 양분저장에 보충되므로 당년에는 효과가 적다. 따라서 임목에 흡수된 양분의 일부는 저장양분이 되어 그 후의 생장에 재이용되고 일부는 양분순환과정으로 이용되므로 효과가 장기간 지속되는데 2~3년간 연속 시비할 경우 효과는 4~6년간 지속된다.

한편 임분밀도가 높으면 수관의 수광량이 적고 따라서 시비 효과도 저하한다. 즉 광선이 부족하면 낙엽 분해가 저해되어 산성의 조부식이 퇴적하는데 이것은 토양의 산성화를 초래하여 양분의 유효화를 억제하므로 유실되기 쉽다. 그러므로 솎아베기가 늦어 과밀 임분이 된 곳은 솎아베기 후 시비함이 효과적이고 경제적이다. 시비효과는 비옥지보다는 척박지에서 잘 나타나지만 절대임목생산량은 비옥지가 더 많다. 산능선은 일시적으로 효과가 크게 나타나지만 임목생장 제한인자는 토양양분 이외에도 투수성, 통기성 등 물리성도 관련되어 있으므로 효과는 지속되지 않는다. 토양이 비옥하면 효과가 잘 나타나지 않을 수 있다.

한랭지에서는 조림목 생장이 느리고 특히 침엽수림은 낙엽 분해가 늦어 유기물이 쌓이므로 토양 – 임목의 양분순환을 저해한다. 그러나 임지를 보전하고 건전한 산림을 유지하기 위해서는 시비효과가 적더라도 시비할 필요가 있으며 숲가꾸기를 겸해야 한다.

토양에 미치는 시비 영향은 시비로 잎이 커지고 양분 함량이 높은 낙엽이 토양으로 환원되려면 오랜 시간이 걸리므로 느리게 나타난다. 직접적으로 H층 분해가 촉진되고, pH가 낮아지며, 탄질률이 커지면, 석회포화도가 낮아진다. 질소비료 시비는 일시적으로 토양의 암모니아태 질소와 질산태질소를 증가시키나 3~5개월이 경과하면 무시비구와 같은 양이 된다. 그 전에 질소비료는 곧 임목 양분으로 이용되며 일부는 균체에 고정, 다시 서서히 무기화된다. 인산의 이용 지표인 탄소/유기태 인의 값도 시비에 의하여 변화한다.

## 4 숲가꾸기 단계별 시비

### 1) 가지치기와 시비

가지치기는 우량한 목재를 생산하는 데 목적이 있으나, 생가지를 자르므로 탄소동화작용이 감퇴함으로써 생장이 감소한다. 가지치기 후 시비하면 가지와 잎의 생장이 왕성해져 수관 발달이 촉진되므로 생장감퇴를 방지하는 효과가 있으며, 가지치기 부위의 상처를 빨리 아물게 한다. 가지치기를 하면 삼나무의 재적생장은 약 20%, 편백은 20~30% 정도 감소하나, 가지치기와 시비를 동시에 하면 생장감퇴를 방지한다. 그러므로 연륜폭이 일정한 우량재를 생산할 수 있다.

잣나무 14년생에 대한 가지치기 시비시험 결과 5년간 ha당 재적이 무가지치기 무시비구가 26.6$m^3$일 때 가지치기구는 26.4$m^3$이었고, 시비와 무가지치기구는 34.2$m^3$, 가지치기와 시비한 구는 35.5$m^3$으로 증대하였으며, 가지치기와 시비의 복합효과는 수고보다 흉고직경에 더 크게 나타났다(표 13-15).

표 13-15 잣나무림에서의 가지치기 및 시비로 인한 5년간의 생장증대 효과

| 처리 | 평균수고 (m) | 평균흉고직경 (cm) | 헥타당 재적 (m³) |
|---|---|---|---|
| 무가지치기 + 무시비 | 1.5 | 2.1 | 26.6 |
| 무가지치기 + 시비 | 2.0 | 2.5 | 34.2 |
| 가지치기 + 무시비 | 1.8 | 2.2 | 26.4 |
| 가지치기 + 시비 | 2.1 | 2.8 | 35.5 |

(주진순 등, 1983)

### 2) 솎아베기와 시비

수관이 울폐된 성목림에서는 비대생장촉진을 위하여 솎아베기를 한다. 울폐림에서는 임목 간 경쟁이 일어나 열세목은 고사하기 시작하며, 우세목과 열세목의 차가 뚜렷해진다. 그러므로 밀도를 조절해 주는 솎아베기를 해야 하며, 보통 주벌 전 3~4회 실시한다. 성목림 시비는 솎아베기 후 수간 발달을 촉진하여 동화기관을 크게 하므로 생장을 촉진하는 효과가 있고, 다음 솎아베기 시기를 단축하는 결과를 가져온다. 따라서 윤벌기를 단축시킨다. 주진순 등(1983)은 시비 3년차부터 시비효과가 나타났고 수령이 낮은 임분이 높은 임분보다 효과가 더 컸다고 하였다. 잣나무 23년생은 시비에 의하여 5년 동안 ha당 9m³ 더 증가하였으나 솎아베기구는 11m³ 증가하였다. 일본잎갈나무 14년생의 5년간 ha당 재적생장량을 보면 무솎아베기 무시비구 67.6m³, 무솎아베기 시비구 82.3m³, 솎아베기 무시비구 68.9m³, 솎아베기 시비구 81.5m³으로 시비효과가 뚜렷하였다.

### 3) 수확 전 시비 [말기 시비]

연간 ha당 재적증가량이 2.8~3.0m³인 벌채 전의 삼나무림에 시비하면 흉고직경 증가량은 연간 0.4~0.6mm로서 연륜폭에 의한 재질 저하는 문제가 없으며 오히려 균일화하는 효과가 있다. 수확 전 시비는 재적증가에 따른 수입 증가와 재질 향상을 도모하므로 시비효과 지속기간이 4~6년

계속된다고 보면 수확 전 5년에 시비함이 좋다. 이 때의 시비는 낙엽층 분해를 촉진하여 낙엽 내 양분을 유효화하므로 다음 조림목에 충분한 양분을 공급하게 된다.

## 13.8 시비의 경제성

### 1 유령림 시비

유령림에서는 생장촉진에 의한 풀베기 절감효과는 기계화로 인하여 크게 나타나지 않고, 또한 기타 효과도 금액으로 환산하기가 곤란하기 때문에 직접적인 경제성을 구명하기가 어렵다.

### 2 성목림 시비

성목림 시비효과는 입지조건(지위, 임지의 비옥도)과 임분밀도 등에 따라 달라질 수 있는데, 입지조건이 좋은 곳은 시비 효과가 잘 나타나며 아주 빽빽한 임분에서는 우세목 이외에는 시비효과가 나타나기 어렵다. 성목림 시비에 대한 경제성은 ① 재적증가량, ② 비료 효과 지속기간, ③ 비료 가격, ④ 노동비용, ⑤ 임목가격 등이 지배하는데, 여기서 ①, ②의 요인은 시비효과가 직접 나타난 재적생장량이나 수확량으로 산출하며 ③, ④는 대체로 일정한 값을 나타내므로 그다지 큰 변동은 없으나, ⑤의 요인은 성목림 시비의 경제성을 크게 좌우한다. 소나무천연림에서 시비에 의한 경제성은 ha당 5년간 16$m^3$ 이상의 재적증대가 있어야 하며, 일본의 경우 ha당 5년간 삼나무 10$m^3$, 편백 7$m^3$, 소나무 15$m^3$, 일본잎갈나무 17$m^3$ 이상의 재적증대가 있어야 한다.

## 13.9 항공 시비

산림에서 비행기를 이용한 시비방법은 1954년부터 미국, 독일, 스웨덴, 노르웨이 등에서 실시하였으나 우리나라에서는 1978년에 처음 실시하였다. 항공 시비는 대면적 산림, 먼 거리에 위치한 산림, 험준한 산악지대, 습지대 등 지상으로는 비료 운반이 곤란하고, 특히 인력으로 할 수 없는 곳, 노동력 확보가 곤란한 곳 등에서 큰 효과가 발휘되며 단기간에 작업목표량을 달성할 수 있다.

### 1 항공기 종류

산지 시비에 사용된 항공기는 외국의 경우 비료적재량이 많은 단발경비행기를 많이 사용하고 있으나, 우리나라는 지형이 복잡하므로 이착륙 장소에 구애되지 않고 소회전 비행이 가능한 적재량 200kg 내외의 소형 헬기를 사용하고 있다(표 13-16).

표 13-16 항공기의 종류

| 기종<br>구분 | 비행기 | | | 헬기 | | |
|---|---|---|---|---|---|---|
| | 세스나 172 | 세스나 177 | 세스나 206 | 벨 47G2 | 시골스 47KH4 | 벨 204B |
| 최고속도(km/h) | 220 | 240 | 260 | 160 | 170 | 220 |
| 평균속도(km/h) | 150 | 150 | 220 | 100 | 110 | 150 |
| 항공시간(h) | 4.5 | 5.5 | 4.5 | 3.0 | 4.0 | 4.0 |
| 적재량(kg) | 280 | 270 | 400 | 200 | 550 | 1,200 |

## 2 항공 시비용 비료

항공 시비용 비료는 비교적 고농도비료가 저농도비료보다 비행횟수를 줄이므로 경제적이며, 공중에서의 편중된 살포를 방지할 수 있는 적당한 입경, 경도, 비흡습성 등 조건을 구비하는 것이 중요하다. 입경은 2mm ± 0.5mm가 적당하다. 습기를 흡수하여 비료가 서로 붙는 현상을 방지하기 위해 파라핀, 유지류, 합성수지 등으로 비료를 코팅한다. 항공 시비는 임지 전체에 살포하므로 잡초에도 시비하는 모순도 생기지만, 유령림보다도 성목림을 대상으로 하는 것이 효율적이며, 유령림에서는 제초제를 넣은 비료가 좋다.

## 3 항공 시비의 생력 및 시비효과

항공 시비는 인공 시비에 비해 ha당 25~60%의 비용이 절약되며 균일한 살포량, 작업인원 절감, 작업기간 단축 등에서 효과가 크다. 또한 항공 시비는 인공 시비보다 15~25배의 생력효과가 있다. 우리나라에서는 1979년에 비료를 사방지용으로 N : P : K의 비율이 10 : 25 : 5인 것과 4 : 10 : 2, 조림지용으로 고농도 15 : 20 : 5, 저농도 6 : 8 : 2로 만들어(표 13-17) 사방지는 경기도 여주에, 조림지는 경남 진해에 시비한 결과, 식재목에 대한 비료 피해는 없었으며 생력효과는 항공 시비가 15배나 되었으며, 경비는 항공 시비가 50% 더 소요되었다. 항공 시비효과는 일반적인 시비효과와 큰 차이가 없다.

Conway(1958)는 22~28년생 라디아타소나무림에 항공 시비로 ha당 과석($P_2O_5$ 22%)을 각각 250kg, 500kg, 750kg 살포한 결과 시비량이 많을수록 효과가 크며, 시비 5년 후의 재적생장률은 무시비구에서 17~26%였을 때 시비구는 2배인 39~54%였다고 하였다.

표 13-17 우리나라에서 사용한 비료와 비료량(kg/ha)

| 1978년 | | | |
|---|---|---|---|
| 비료종류 | 시비량 | | |
| | 표준구 | 150%구 | 200%구 |
| 입상 복합비료<br>(6:8:0) | 460 | 690 | 920 |
| 단비 배합비료<br>(요소+용과린) | 474<br>(60+414) | 711<br>(90+621) | 948<br>(120+828) |

| 1979년 | | | |
|---|---|---|---|
| 구분 | 비료종류 | 시비량 | 성분량 |
| 조림지용 | 입상 복합비료<br>(6:8:2) | 750 | 120 |
| | 입상 복합비료<br>(15:20:5) | 300 | 120 |
| 사방지용 | 입상 복합비료<br>(4:10:2) | 500 | 80 |
| | 입상 복합비료<br>(10:25:5) | 200 | 80 |

## 4 항공 시비 조건

### 1) 적정면적

항공 시비는 시비대상 면적이 50~60ha 이상이면 인공시비보다 유리하다.

### 2) 헬기장 선정

살포면적, 비행횟수, 헬기장 선정 등이 경제성을 크게 좌우하는데 헬기장 면적은 30m² 이상 필요하며, 비료보관장소나 포장을 푸는 작업장소가 대상 임지의 중앙에 위치하고, 이착륙 방행에 전선, 수목, 가옥 등의 장애물이 없어야 한다.

### 3) 기상조건

기후에 의하여 장애를 받는 경향이 크므로 강풍, 비, 짙은 안개 등 기후조 항공기는 기후에 의하여 영향을 크게 받으므로 기후조건이 나쁘면 살포할 수 없다.

### 4) 살포방법(헬기의 경우)

살포고도는 수고가 낮은 경우 지상에서 30~40m이고, 수고가 높은 경우 수관 위 20~30m가 좋으며, 살포 폭은 제초제가 20m이지만 비료는 25~30m가 적합하다. 살포속도는 시간당 48~64km를 유지해야 한다.

### 5) 기타

살포시기는 3~5월과 10~11월이 좋으며, 1일 중에는 9~14시가 좋다. 1일 작업량은 비행시간 4~5시간과 20~30ha가 적당하고 적재작업인원은 3~10인이 필요하다.

### 6) 살포기(dust kit)

비료살포용 키트는 항공기의 조건, 기류, 모양, 무게 등 여러 문제를 고려하여 제작하고, 다음과 같은 문제점을 해결해야 한다.

(1) 비료를 균일하게 살포할 수 있고 살포량을 조절할 수 있는 분출장치의 개량이 필요하다.
(2) 험준한 지역, 급경사지의 비료살포 시 비행속도 및 고도와 살포량을 조절할 수 있는 조종사의 비행기술이 숙련되어야 하며, 헬기조종사와 지상과의 작업지도 등을 위해 통신시설이 필요하다.
(3) 항공 시비의 경비절감을 위하여 고농도 입상복합비료의 개발이 필요하다.

## 5 항공 시비의 문제점

항공 시비는 작업능률 향상, 살포량 균일성, 작업인원 절감, 작업기간 단축 등 큰 장점이 있으나 다음과 같은 문제점의 해결도 필요하다. 성능이 좋은 비료살포기를 개발하고, 비료 살포기가 고정되어 있으므로 헬기 착륙 후 작업자가 날개에 접근하여 비료를 적재할 때 위험이 많고, 소형 헬기는 기상상태에 크게 좌우되므로 좋은 날씨에 집중적으로 살포해야 한다. 유령림 항공 시비는 잡관목과 잡초도 비료를 흡수하므로 그들이 번무함에 따라 풀베기작업에 많은 인력이 소요된다. 따라서 잡초만 죽일 수 있는 선택성 제초제를 개발하여 비료와 함께 섞어 뿌리는 기술이 필요하다. 그 외 경비가 많이 들고, 살포된 비료의 편중에 의한 효과 감소와 농도장애, 임목에 부착된 비료의 부분적인 화학적 장애, 헬기장 설치, 비료를 일차적으로 보관하는 가건물 설치, 비료 살포 후 수질오염 문제도 검토할 사항이다.

Chapter 14

# 산림입지 토양조사

14.1 산림입지조사
14.2 토양조사
14.3 산림식생조사

Forest Environmental Soil Science

# chapter 14
# 산림입지 토양조사

## 14.1 산림입지조사

### 1 표준지 선정

현지조사에 필요한 잠정 표준지 선정을 위해 항공사진(1:5000)에서 지형, 경사, 방위, 침식, 임지이용상태 등을 고려하고 최소 3헥타르(ha)를 구획한 후 지형, 식생, 임상을 대표할 수 있는 지점에 표준지를 정한다. 지형이 급변하거나 인위적 훼손지, 비탈면의 요철지는 피한다. 규모는 성목림의 경우 40미터×40미터 = 0.16ha, 유령림의 경우 20미터×25미터 = 0.05ha로 한다.

### 2 현지조사

항공사진에 잠정 구획한 표준지에서 입지환경 인자인 모암, 표고, 방위, 경사를 조사하고 토양은 토성, 토색, 토심, 침식정도, 건습도, 토양배수, 토양구조 인자를 조사한다. 표준지에 있는 수종의 우세목 5본을 선정하여 수령과 수고를 측정한 후 수종별 지위지수분류곡선에 의거 지위지수를 조사한다. 토양조사는 단면을 파고 토양인자를 조사하며 토양분류에 따라 토양형을 조사한다.

## 3 조사방법

### 1) 입지환경조사

(1) 기후대 : 연평균기온에 의거 다음과 같이 4개 기후대로 구분 조사한다.

표 14-1 기후대 구분

| 기후대 | 연평균기온(℃) |
|---|---|
| 난대 | 14℃ 이상 |
| 온대남부 | 14~12℃ |
| 온대중부 | 12~9℃ |
| 온대북부 | 9~6℃ |
| 한대 | 6℃ 이하 |

(2) 표고 : GIS분석자료 또는 현지조사 시 GPS장비를 이용하여 m단위로 조사한다.

(3) 방위 : 컴퍼스에 의거 동, 서, 남, 북, 북동, 북서, 남동, 남서 등 8방위로 조사하거나 GIS 분석자료를 이용한다.

(4) 지형

    a) **평탄지** : 산록 하부로서, 농경지에 연결된 5°미만인 지역

    b) **완구릉지** : 산세가 험하지 않고 산록이 전답이 연결된 파상형의 야산 지형으로, 경사길이 300m 이하인 지역

    c) **산록** : 하부가 경작지 및 계곡에 접한 지역으로, 구릉지 및 산지의 3부 능선 이하인 지역

    d) **산복** : 구릉지 및 산지의 4~7부 능선지역

    e) **산정** : 구릉지 및 산지의 8부 능선 이상 지역

    f) **능선** : 구릉지 및 산지의 봉우리를 연결한 선

    g) **계곡** : 산록과 산록 사이의 계간

(5) 경사 : 구분된 경계 내의 전지역을 대표할 수 있는 평균경사지로서 경사측정기에 의거 비탈면 상부와 하부의 평균경사를 측정한다. 경사는 다음과 같이 구분한다.

표 14-2 경사구분

| 구분 | 기준 |
|---|---|
| 평탄지 | 5° 미만 |
| 완경사지 | 5~15° |
| 경사지 | 16~20° |
| 급경사지 | 21~30° |
| 험준지 | 31~45° |
| 절험지 | 46° 이상 |

(6) 퇴적양식

  a) **붕적토** : 비탈면 상부에서 중력에 의해 붕락한 토양이 퇴적된 것으로 불규칙한 토양단면을 보이며 계곡 및 산록하부에 분포한다.

  b) **포행토** : 상부에서 내려온 토양과 하부로 내려간 토양이 거의 평행하게 일어나는 퇴적형태로서 산복의 비탈면에 분포한다.

  c) **잔적토** : 풍화모재 위에서 생성된 토양이 그대로 쌓인 것으로 성숙토에서는 층위발달이 뚜렷하다.

(7) **침식상태** : 주로 물에 의한 침식을 다음과 같이 구분 조사한다.

  a) **없다** : 지표가 완전히 피복되어 토사 유출이 없다.

  b) **있다** : A층 일부가 침식을 받은 상태이다.

  c) **많다** : A층 대부분과 B층 일부가 유실된 상태이다.

(8) 암석노출도 : 표준지 지표면에 노출된 암석 및 석력지 비율을 조사한다.
   a) 적다 : 10% 이하
   b) 있다 : 11 ~ 30%
   c) 많다 : 31 ~ 50%
   d) 매우 많다 : 51 ~ 75%(76% 이상은 암석 제지로 구분)

(9) 풍노출도
   a) 보호 : 계곡, 산록 등 바람에 대하여 거의 완전하게 보호되는 지역
   b) 보통 : 높은 산에 둘러싸여 주풍에는 보호되나 완전히 보호받지 못한 지역
   c) 노출 : 산정, 고원 등 모든 풍향에 대하여 거의 보호받지 못하는 지역

(10) 모암 : 모암은 지질도를 이용하거나 현지에 분포한 노두와 절리 등으로 조사하며 대분류와 중분류로 구분한다.

표 14-3 모암 종류

| 대분류 | 세분류 |
| --- | --- |
| 화성암 | 화강암류, 반암, 안산암, 규장암, 섬록암, 현무암 |
| 퇴적암 | 혈암, 응회암, 석회암, 이암, 역암, 사암 |
| 변성암 | 편마암, 편암, 천매암, 점판암 |

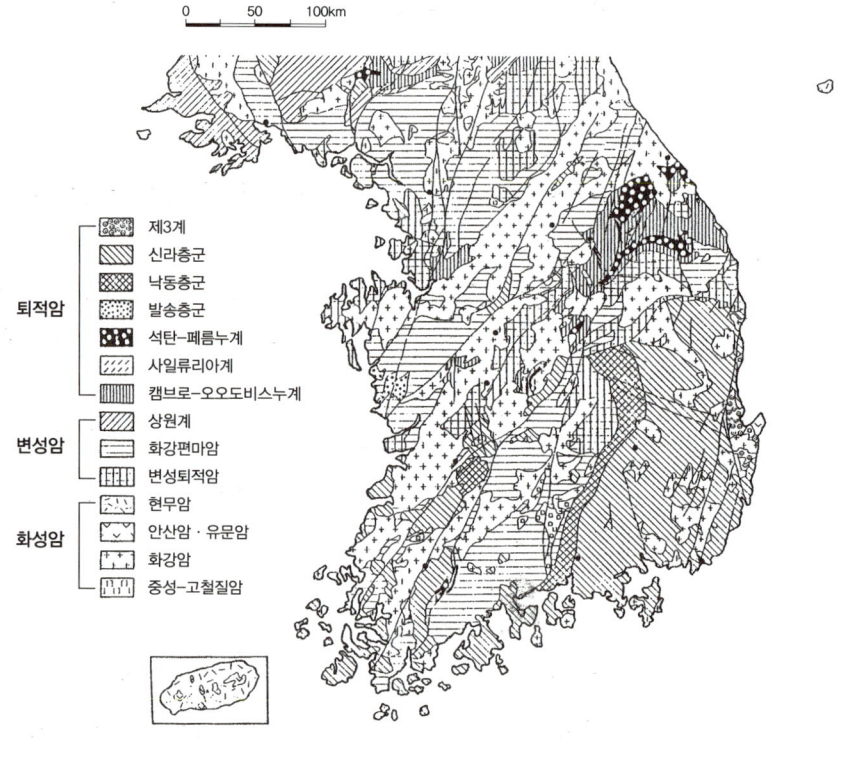

그림 14-1 한국지질도

(11) **경사형태** : 지표면의 침식과 퇴적 등 운반작용으로 인하여 경사지의 형태가 상승사면, 평형사면, 하강사면으로 구분 조사한다.

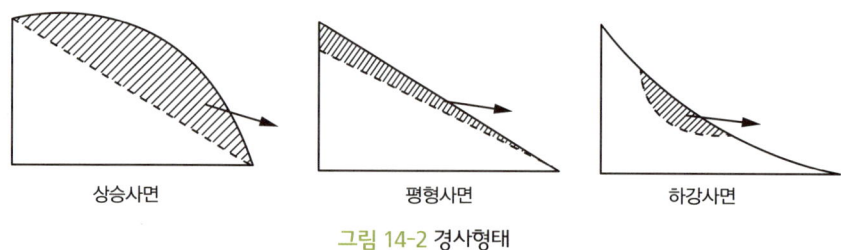

그림 14-2 경사형태

(12) **토양배수** : 토성, 토양구조, 지하수위의 고저 등에 의해 결정하며 지표면의 저류 상태와 토양으로의 투수상태를 종합하여 구분한다.

a) **불량** : 지하수위가 높아 오랫동안 습한 상태를 유지하며 미립질 토성에서 발생한다. 단면에 반점과 회갈색 토층이 보인다.

b) **보통** : 지하수위는 비교적 높으며 중립질 토성에서 발생한다. A층과 B층 상부의 토색이 균일하며 C층에서 반점이 보인다.

c) **양호** : A층이 얇고 사토와 같은 조립질 토성에서 발생한다.

d) **매우 양호** : 암쇄토 또는 험준지 이상의 경사지에서 발생한다.

## 14.2 토양조사

현지 토양조사는 표준지에서 토양단면을 파고 자세한 내용을 조사야장에 기록하며 이화학적인 성질을 분석하기 위하여 시료를 층위별로 0.5kg씩 채취한다.

### 1 토양단면 설정

산림토양에서는 국소지형과 식생이 유사하면 토양의 종류, 퇴적상태, 토양의 두께 등 여러 성질도 비슷하므로, 토양단면조사는 미지형과 지피식생이 일정한 지역을 대표한다고 판단되는 곳의 중앙에서 한다. 산림토양에서는 퇴적 유기물 상태가 중요하며, 되도록 지표가 교란되지 않은 지점을 선정한다. 즉 임도 아래쪽 비탈면과 같은 성토지, 나무 뿌리 부근, 암석 근처, 탄광, 가옥 등 구조물이 있었던 곳은 피한다. 단면 위치를 결정하기 위해서는 처음 몇 개소에 구멍을 뚫고 그 중 평균되는 곳을 시굴한다. 도로변 절토면에서 조사하는 것은 쉽고 토양상태를 하층까지 관찰하여 기암의 풍화정도와 퇴적상태를 알 수 있는 장점이 있지만, 표토층이 인위적으로 교란되고 형태적으로도 산림 내와 차이가 있으므로 정밀조사에는 부적당하다. 또한 벌채지나 최근 조림지와 같이 토양이 교란된 곳은 피하고 되도록 식생이 안정된 곳에서 조사한다.

그림 14-3 갈색산림토양 단면

## 2 토양단면 파기

단면조사는 자연상태에서 관찰하고 단면 상부를 밟지 않도록 주의하며 그림 14-4와 같이 흙을 아래로 퍼낸다. 지표가 교란되면 관찰하기 어려우므로 주의를 요한다. 조사단면은 폭, 깊이 모두 1m씩 비탈면 경사방향에 관계없이 수직으로 판다. 표토층을 괭이로 파서 임목과 식생의 뿌리를 제거하고, 다음에 삽으로 단면을 잘 정리한다. 단면을 만들 때 암석이 나오면 중단하고, 심토층을 상세히 조사할 필요가 없으면 60~70cm만 파도 무방하다.

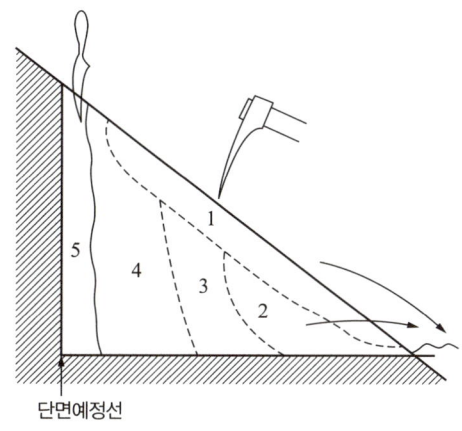

그림 14-4 **토양단면파기 순서**

### 3 단면 정리

단면 형태를 잘 관찰하기 위하여 유기물층은 손으로 유기물을 가볍게 눌러 절단면을 만들고, 광물토층은 위에서 아래로 작은 삽으로 단면을 정리한다. 만약 심토층을 정리한 후 표토층을 정리하면 표토층이 도중에 내려와 단면 관찰이 어렵게 되므로, 항상 위부터 다듬는다. 토양 중의 뿌리는 단면에서 5mm 길이까지 자르고 주위의 흙이 떨어지지 않도록 한다. 또 석력은 특별한 경우가 아니면 그대로 둔다.

### 4 단면사진과 사진촬영

토양단면을 잘 다듬은 후 조사하기 전 필요에 따라 사진촬영을 한다. 이때 조립용 막대(빨간색과 흰색이 10cm씩 교대로 칠해 있음)를 세우거나 폭이 넓은 줄자를 대면 쉽게 기준이 된다. 야장에 토양단면을 그릴 때 광물토층의 상단을 0cm로 하고 유기물층은 그 위에, 광물토층은 아래에 그린다. 또 A층과 유기물층과의 경계선을 표시하고, 큰 석력과 뿌리 등의 특징을 그린 다음, 세부적인 것을 그린다. 단면도의 내용은 유기물층의 구분, 각 토층의 변화상태, 뿌리 및 석력의 크기와 분포, 유기물과 철의 이동·집적, 토양구조, 반철, 썩은 뿌리가 있었던 대공극 분포 및 비율 등 단면 특징을 표시한다.

뿌리는 직경이 20mm 이상이면 이중원(◎)으로, 2~20mm이면 단원(○)으로, 2mm 이하 세근은 선(-)으로 표시하면 분포 특성을 아는 데 편리하다. 사진촬영은 위치를 알 수 있는 지명을 적은 종이를 단면 위에 놓아야 나중에 정리할 때 혼동하지 않는다. 햇빛이 없어야 좋으며 플래시(flash) 등을 사용하면 반사의 우려가 있다. 단면 촬영은 노출을 약간 부족하게, 적당히, 약간 많게 하여 3장을 찍는다. 그 외 지피식생, 산림, 단면 주변의 미지형 등도 촬영하면 도움이 된다.

## 5 토양단면 조사인자

토양의 형태적 특징을 이해하기 위하여 의사가 진단하는 것과 같이 눈으로 보거나 손가락으로 눌러 여러 항목을 조사해서 그 결과를 종합한 후 어떤 토양형에 속하는가, 어떠한 특징을 갖는 토양인가를 판단한다. 조사항목은 조사자의 감각에 의하므로 주관적이 되기 쉽지만 오랫동안 조사하여 숙련도가 높으면 조사자에 따른 차이 없이 거의 같은 결과를 얻을 수 있다. 관찰과 판정에 객관성을 주기 위해 우리나라 산림토양은 국립산림과학원에서 조사기준을 만들어 토양조사를 하고 있다. 토양조사는 토양의 생성과정에 비중을 두며 토양형의 판정에는 유기물층의 상태, 토색, 층위의 추이상태, 구조, 모암 등이 중요하다.

### 1) 토양층위[토층]

산림토양에서 토층이란 지표에서 기암 상부까지의 토색과 견밀도 등 성질이 다른 부분을 의미한다. 층위 분화는 암석 풍화와 함께 지상에서 공급된 동식물의 사체가 분해되어 침투하므로 유기화합물과 무기 화합물이 생기고 점토화가 진행되어 이동·집적된 결과 특징을 갖는 토층이 형성된다. 토층의 성질과 두께 등의 차이가 있는 것은 환경조건에 의하여 생성과정과 정도가 다르기 때문이다(그림 14-5).

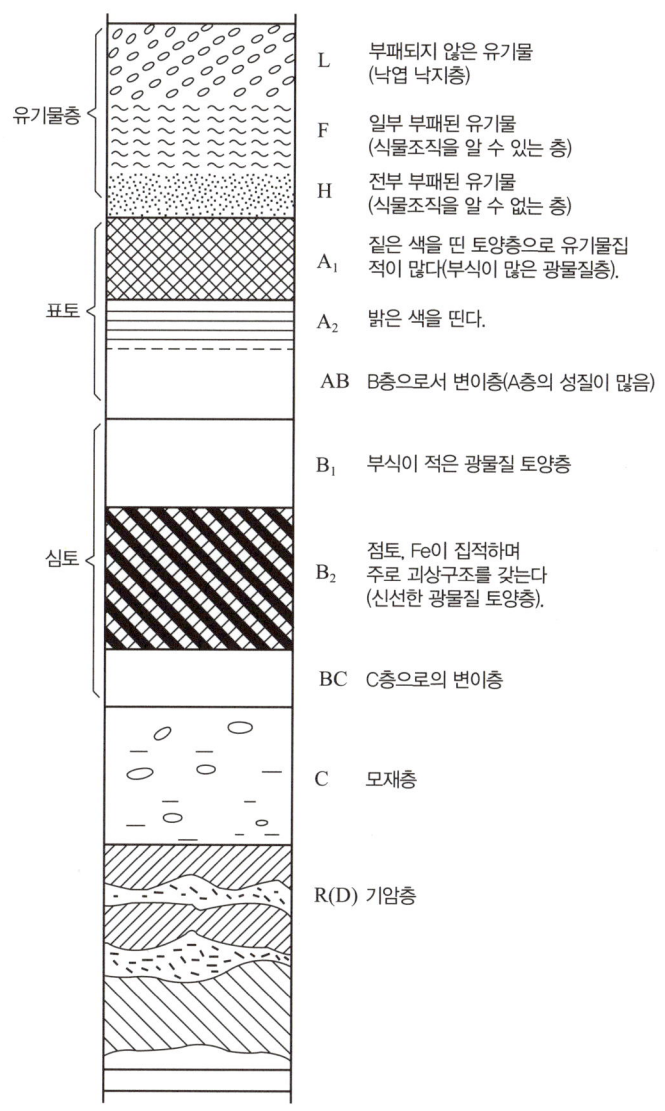

그림 14-5 산림토양단면의 모형도

토양단면 모형도는 성숙토양의 전형적인 단면이며 침식, 수분, 모암, 기후 등에 의하여 다음과 같은 특수층위가 나타날 수 있다.

(1) **G층** : 지하수위의 상승과 하강에 따라 산화 환원이 되는 부분, 또는 정체수에 의하여 토양 중 철화합물이 환원되어 연한 회색, 청회색, 청록색을 띠는 층으로서 층의 기호 밑에 G로 표시한다.

(2) **Pan층** : 토양 내 철, 철과 유기물의 혼합물질, 규토, 규토와 석회의 혼합물 등이 단독 또는 복합작용으로 토양이 치밀하고 단단하게 된 토층을 말한다.

(3) **중점층**(clay pan) : 상층으로부터 점토가 집적되거나 모재 영향으로 단단하게 된 층이다.

(4) **균사층**(mycorrhizae layer, M층) : 균근균의 균사가 층을 이룰 때 균사층이라 하며, 산성을 띠고 유기물이 많은 임지에 나타난다.

(5) **매몰토층**(transported layer) : A, B층 밑에 다시 풍부한 유기물층이 나타난 층위로 과거에 생성된 토양이 물이나 산사태에 의하여 매몰된 층으로서 1층, 2층, 3층 … 등으로 표시한다.

토층 구분은 조사한 각 항목의 특징을 종합적으로 판단하여 결정하나 그 중 토색, 구조, 견밀도 등의 차이가 가장 중요한 인자이다. 전형적인 갈색산림토양에서 표토층은 유기물로 오염되어 암갈색 또는 흑갈색을 띠는 토층이 A층, 그 밑의 갈색층이 B층, 그 밑의 모재 영향을 받아 밝은 색을 띤 층이 C층이다. 적색산림토양에서는 유기물로 오염된 암갈색, 또는 갈색의 토층을 A층, 그 밑의 적색토층을 B층이라 한다.

토층을 구분할 때 A, B층의 뚜렷한 특징이 없고 어느 토층에 포함시켜야 할지 분명하지 않으면 이행층이라 한다. 예를 들어 A층과 B층 사이에 있으면 AB($A_3$)층으로 표시한다. 또한 어느 한 쪽의 성질이 강하면 A(B)와 같이 약한 쪽에 괄호를 넣는다.

## 2) 유기물층

유기물층은 부숙 정도에 따라 낙엽층(L), 분해층(F), 부식층(H)으로 구분하지만 현지조사에는 전체를 cm단위로 기록한다. 활엽수낙엽은 퇴적상태가 불규칙할 수 있으므로 손으로 정리한 후 측정한다. 우리나라 산림토양의 평균 유기물층 깊이는 5cm이다.

## 3) 유효토심

임목생장과 관련이 많은 토양의 깊이로서 미생물 활동, 뿌리 발달, 양분과 수분의 저장공간, 통기성 등이 양호한 곳이다. 직경 1cm 이하의 중근과 세근이 가장 많이 분포하는 깊이를 말하며 cm단위로 측정한다. 우리나라는 평균 20cm이다.

## 4) 토심

토층의 두께[토심]는 토양이 생성되었을 당시의 조건과 토양의 여러 성질을 반영하므로, 토층이 두꺼우면 토양화가 깊은 곳까지 진행된 것이고, 얇은 것은 그 반대이다. A층 깊이는 유기물의 침투와 밀접한 관계가 있어 갈색산림토양의 경우 A층이 깊다는 것은 깊은 곳까지 유기물이 침투되었음을 의미하며, 수분 이동이 쉽고 물리성이 양호하다. 건조토양과 침식토양에서는 A층이 얇고, 갈색적윤산림토양에서는 A층이 깊다. A층이 두꺼우면 생산성도 양호하다. 전토심은 A층과 B층의 깊이를 합한 것이며 C층은 제외한다. 미성숙토양의 A층은 불완전하므로 (A)층이라고 표기한다. 각 층위별 깊이는 cm단위로 측정한다.

## 5) 층계

토층의 변화상태를 의미하며 토양형 판정은 물론 생산성을 나타내는 데 중요하다. 경계가 명료하다는 것은 표토층과 심토층의 성질이 아주 달라서 유기물 및 수분의 동태와 토양의 이화학적 특성이 다름을 나타낸다. 따라서 식물뿌리와 토양 중의 생물활동도 표토층과 심토층에서 현저히 다른 경우가 많다. 반대로 층계가 명확하지 않으면 상하층 간에 극단적인 성질의 차가 없음을 의미한다. 조사내용은 두 가지가 있는데 (1) 경계가 뚜렷한가, 또는 상층에서 하층으로 서서히 변하고 있는가, (2) 경계가 평행인가 아니면 파상형인가를 조사한다. 갈색건조산림토양은 A층과 B층의 경계가 명확하며, 갈색적윤산림토양은 점변이 많다. 또 포드졸과 글레이토양 등은 층계가 파상이며, 초원의 흑색토는 직선상이 많다.

표 14-4 층계 구분

| 구분 | 경계의 폭 |
|---|---|
| 명확(abrupt) | 2cm 이하 |
| 판연(clear) | 3~5cm |
| 점변(gradual) | 6~12cm |
| 불명(diffuse) | 13cm 이상 |

### 6) 풍화 정도

모재의 풍화 정도로 토양발달 정도를 추정하는 지표로 활용되며 아래 기준에 따라 구분한다. 모암의 결정상태가 조립인지, 세립인지에 따라 풍화 정도를 구분한다.

표 14-5 모재의 풍화 정도 구분

| 구분 | 기준 |
|---|---|
| 상 | 손으로 만져보면 거친 감이 적고 장석, 운모가 거의 보이지 않으며 삽으로 파기 쉽다. |
| 중 | 삽으로 파기가 힘들지만 계속 파내려갈 수 있다. |
| 하 | 상당히 거친 감이 있고 장석, 운모가 많으며 삽으로 파기 어렵다. |

## 7) 토색

각 토층에서 대표적인 색을 갖고 있는 흙덩어리[토괴]를 채취한 후 쪼개어, 새로운 면을 대조하며, 부서지기 쉬운 흙은 손바닥으로 가볍게 눌러 펴놓는다. 직사광선 또는 산란광을 피해 그늘에서 흙알갱이[토립]를 토색첩과 비교하여 가장 가까운 색깔을 선정한 후 색상(color) → 채도(chroma) → 명도(value) 순으로 구분한다. 표준토색첩에 들어있는 흰색받침은 옅은 색, 검은 색 받침은 진한 색을 비교할 때 사용한다.

산림토양은 건조형에서 습윤형까지 출현하지만 같은 토양에서도 건습에 따라 토색 차가 있어서 건조하면 밝은 색, 습하면 어두운 색이 증가하기도 한다. 현지조사에서는 적윤한 토양의 토색을 기준하지만 건조한 토양에서는 건조할 때와 습할 때의 토색을, 습한 토양에서는 습할 때와 건조할 때의 토색을 함께 기재한다. 또한 같은 토층에서도 토색이 일정하지 않고 얼룩이나 원형으로 혼합해 있으면 이러한 토색을 기재한다.

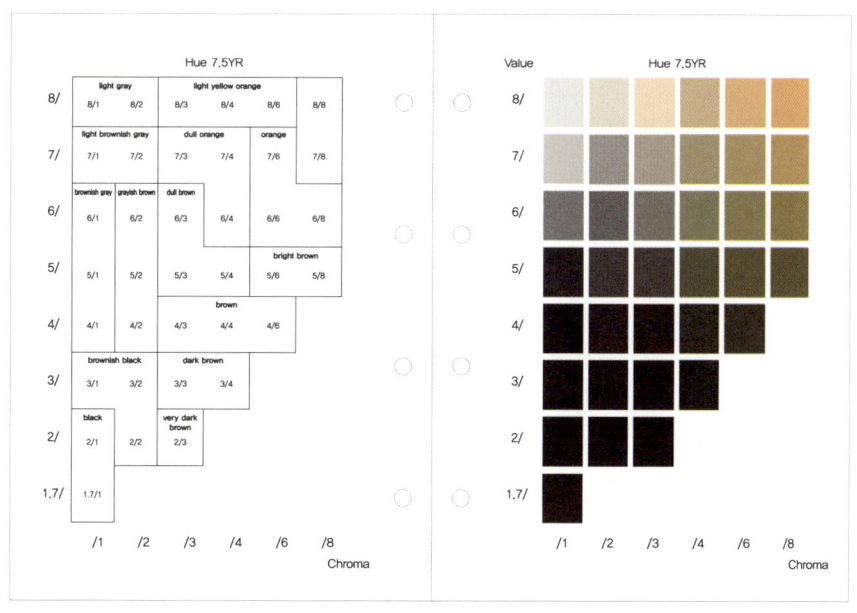

그림 14-6 토색첩

## 8) 유기물 함량

토양에 특수한 유기화합물로 있는 유기물은 토양생성과 비옥도를 판정하는 데 중요한 인자가 된다. 원래 유기물 함량은 분석하여 구한 탄소함량에 1.724를 곱하여 표시하나, 현지조사에서는 유기물 그 자체를 정량적으로 파악하기가 불가능하므로 유기물 오염에 의한 토색의 명암, 각 토층의 토색을 눈으로 보고 다음과 같이 구분한다.

(1) 아주 많다 : 흑색 또는 흑갈색을 띤다.

(2) 많다 : 흑갈색 또는 암갈색을 띤다.

(3) 있다 : 약간 탁한 색을 띤다.

(4) 적다 : 선명한 색을 띤다.

일본에서는 현지에서 유기물함량을 객관적으로 판정하기 위하여 다음과 같이 구분하였다.

(1) 아주 많다 : 토색은 명도와 채도는 모두 2 이하로서 탄소함량이 12% 이상

(2) 많다 : 명도와 채도는 3 이하, 탄소함량은 6 ~ 12%

(3) 있다 : 명도와 채도는 4 이하, 탄소함량은 3 ~ 6%

(4) 적다 : 명도와 채도는 4 이하, 탄소함량은 3% 미만

표 14-6 토색에 의한 유기물 함량 판정

| 구분 | 토색 |
| --- | --- |
| 아주 많다 | 7.2YR2/2, 7.5YR2/3, 10YR2/3 |
| 많다 | 10YR2/3, 10YR3/4, 10YR4/3, 7.5YR3/4 |
| 있다 | 10YR3/2, 10YR4/6, 7.5YR4/4 |
| 약간 있다 | 10YR4/4, 10YR6/4, 10YR5/4, 10YR5/6, 10YR6/6, 10YR5/8, 7.5YR5/4, 7.5YR5/6, 7.5YR4/6, 7.5YR6/6, 5YR4/6, 5YR6/4, 5YR5/6, 5YR4/8, 5YR4/4 |
| 적다 | 10YR7/6, 10YR6/8, 7.5YR5/8, 7.5YR6/8, 5YR7/6, 5YR6/8 |

탄소함량 분석치가 있으면 유기물 함량 정도를 보완할 수 있으나 분석치가 없으면 표 14-6을 이용한다. 적윤 또는 약습성 붕적토에서는 유기물이 깊은 곳까지 침투하고 생산성이 높으며, 건조한 잔적토에서는 유기물 침투가 적어 함량도 적어서 생산성이 낮거나 보통이다. 그러나 토양이 건조할 때는 유기물량을 적게 판정하는 오류를 범하기 쉬우므로 적당한 수분을 주어 관찰한다. 또 식질토양은 사질토양에 비해 옅은 색을 보이며, 화산회토양에서는 토색에 비하여 유기물함량이 많은 것처럼 보이므로 주의를 요한다.

## 9) 토성

토성 결정은 기계적 분석에 의하며, 2mm 이하의 흙을 입경에 따라 모래, 미사, 점토로 구분하여 각각의 중량을 구하고 비율로 결정한다. 그러나 야외에서는 위와 같은 분석을 할 수 없으므로 탁구공 크기의 습윤한 토양을 엄지와 검지 사이에 놓고 비벼서, 촉감과 육안적 관찰을 통해 모래와 점토량을 추정하여 토성을 판단한다. 모래는 까칠한 느낌, 미사는 미끈미끈한 느낌, 점토는 끈적끈적한 느낌을 갖는다.

(1) **사토**(sand : S) : 거의 모래만 느껴진다.

(2) **사질양토**(sandy loam : SL) : 육안과 손가락에 검지된 모래의 비율이 1/3 ~ 2/3이다.

(3) **양토**(loam : L) : 거의 1/3 이하의 모래가 감지된다.

(4) **미사질양토**(silt loam : SiL) : 모래성분은 거의 없고 끈적거리는 느낌이 없으며 미끌미끌한 미사가 대부분으로 화산회토에 많다.

(5) **식양토**(clay loam : CL) : 끈적거리는 느낌의 점토에 고운 모래를 감지할 수 있다.

(6) **사질식양토**(sandy clay loam : SCL) : 모래성분이 많고 끈적임이 있다.

(7) **미사질식양토**(silty clay loam : SiCL) : 모래성분이 약간 있고 끈적임이 많다.

촉감법을 이용한 토성판별 절차는 탁구공만큼의 흙을 떼어서 손바닥에 올려놓고 물 몇 방울을 더해 토양입자를 부숴 가며 움켜쥔다. 그 다음 순서는 표 14-7과 같이 한다.

표 14-7 촉감법을 이용한 토성판별 절차

| 순서 | 기준 | 토성 |
|---|---|---|
| ⓐ | 흙이 탁구공 모양으로 뭉쳐지지 않는다.<br>흙이 탁구공 모양으로 뭉쳐진다. → ⓑ | 사토(S) |
| ⓑ | 엄지와 검지로 문질러도 띠가 생기지 않는다.<br>엄지와 검지로 문지르면 띠가 생긴다. → ⓒ | 양질사토(LS) |
| ⓒ | 띠의 길이가 2.5cm 이하이다. → ⓓ<br>띠의 길이가 2.5~5.0cm이다. → ⓔ<br>띠의 길이가 5.0cm 이상이다. → ⓕ | |
| ⓓ | 매우 거칠다.<br>거칠지도 부드럽지도 않다.<br>매우 부드럽다. | 사질양토(SL)<br>양토(S)<br>미사질양도(SiL) |
| ⓔ | 매우 거칠다.<br>거칠지도 부드럽지도 않다.<br>매우 부드럽다. | 사질식양토(SCL)<br>식양토(CS)<br>미사질식양토(SiCL) |
| ⓕ | 매우 거칠다.<br>거칠지도 부드럽지도 않다.<br>매우 부드럽다. | 사질식식토(SC)<br>식토(C)<br>미사질식토(SiC) |

### 10) 석력 함량

직경이 2mm 이상인 돌을 석력이라 하며, 산림토양에는 석력 함량이 많고 그 종류와 형상도 각양각색이므로, 토양의 모재와 퇴적양식 등을 추측하는 데 중요하다. 잔적토에서는 석력이 풍화되어 있는데, 표토층에 가까이 있는 것은 작지만, 깊은 곳에 있는 것은 모암의 영향으로 크다. 붕적토에서는 표층에서 심층까지 전토심에 걸쳐 석력이 불규칙하게 섞여 있으며, 크고 균일하지 않다. 또한 비교적 신선한 모난 돌이 많다. 충적토에는 둥근 돌이 수평으로 배열되어 있다.

석력은 암석 종류, 크기, 형태. 풍화 정도, 함량 등을 조사한다. 크기는 cm로 표시하고 풍 화정도는 부근 암석의 경도와 색의 차이를 판단하여 풍화된 돌, 신선한 돌로 구분하고 형태는 모난 자갈, 막자갈, 둥근자갈 등 모서리 형태로 판단한다. 석력 함량은 각 토층 내 점유면적 비율로 나타내며 토양단면도에 그려진 석력을 참고한다. 5% 미만, 6~15%, 16~30%, 31~50%, 51% 이상 등 5등급으로 표시한다.

표 14-8 석력 구분

| 구분 | 기준 |
|---|---|
| 왕사 | 직경 0.2~1cm |
| 자갈(gravel) | 직경 1~7.5cm |
| 잔돌(cobble) | 직경 7.5~25cm |
| 돌(stone) | 직경 25cm 이상이나 인력으로 움직일 수 있는 돌 |
| 바위(rock) | 인력으로 움직일 수 없는 바위 |

## 11) 건습도

토양 건습도는 토양 내 수분함량의 많고 적음을 의미하는 것이 아니고 토양에서 이탈하기 쉬운 물과 어려운 물을 보는 것인데 즉 유효수분량을 말한다. 조사한 시점의 수분상태를 보면 동일토양에서도 건조기와 우기, 맑은 날과 비올 때가 서로 다르다. 따라서 조사 전 수 일간 기후를 파악해야 한다. 건조 또는 적윤이라는 용어는 조사 당시의 수분상태를 의미하며 토양분류 인자라는 의미가 아니다. 토양분류 인자로서의 건조와 습윤은 건조 또는 습윤상태가 오랜 세월 동안 계속된 결과로 나타나므로 토색, 구조, 유기물의 상태 등을 종합적으로 검토하여 결정한다. 토양단면에서 수분상태 조사는 토양 내 수분변화를 보면 되는데, B층이 항상 다습하면 뿌리 활동이 빈약하고 극단적인 경우 고사하므로 토양 내 생물의 종류와 활동범위가 제한된다. 토양 건습도는 탁구공 크기 만한 흙을 떼어 손바닥으로 2~3회 움켜쥔 후 다음 기준에 따라 구분한다.

표 14-9 토양 건습도 구분

| 구분 | 기준 | 주 분포지형 | 비고 |
|---|---|---|---|
| 건조 | 손으로 꽉 쥐었을 때 수분에 대한 감촉이 전혀 없다. | 산정, 바람이 심하게 닿는 곳 | 지피식생 단순 |
| 약건 | 꽉 쥐었을 때 손바닥에 물기가 약간 묻는다. | 급경사지 | 지피식생 보통 |
| 적윤 | 꽉 쥐면 손바닥 전체에 물기가 묻고 쉽게 떨어지지 않는다. | 산록, 계곡, 평탄지 | 지피식생 다양 임목생장 최적 |
| 약습 | 꽉 쥐었을 때 손가락 사이에 물기가 약간 있다. | 경사가 완만한 계곡, 평탄지 | 지피식생 다양 |
| 습 | 꽉 쥐었을 때 물방울이 흘러내린다. | 오목한 지형의 지하수위가 높은 곳 | 지피식생 다양 임목생장 불량 |

### 12) 토양구조

토양구조는 각 토층, 특히 흙을 파낼 때 무너지는 방향과 괭이에 의한 흙덩어리의 붕괴방향, 또 토양 단면에서 작은 삽으로 채취한 흙덩어리 및 입자의 형상과 파쇄방향에 의하여 결정한다. 흙덩어리를 손으로 가만히 쪼개면 입단이 된 것은 뭉쳐진 방향으로 나누어지고 큰 덩어리가 거의 같은 형태로 되지만, 입단이 되지 않은 것은 힘을 주면 힘을 준 방향으로 나뉘어지고 일정한 형태가 없다. 구조를 조사할 경우 각 토층에서 구조의 형상, 크기, 발달, 정도, 분포상태를 본다. 우리나라 산림토양에 나타나는 토양구조는 다음과 같다.

(1) **무구조**[홑알](single grain) : 모래 언덕이나 강 어귀에 쌓인 모래와 같이 입자 사이에 일정한 배열이 없으며 건조한 토양에서 발달한다.

(2) **벽상구조**(massive) : 토양입자가 균일하게 응집하여 있으며 단면은 벽과 같이 편평하고 공극없이 밀착된 형태로서, 굴취하면 특정한 형태없이 부서진다.

(3) **판상구조**(platy) : 수평방향이 크고 수직방향은 매우 단단하여 얇은 판자가 중첩되어 있는 형태로, 토양이 동결되기 쉬운 초원 등에서 볼 수 있다. 두께는 폭의 약 1/16 정도이다.

(4) **괴상구조**(blocky, cloddy) : 정육면체에 가까운 형상이며 모서리는 둥글고 면은 거친 감이 있으며 대형 구조이다. 적윤한 토양의 B층과 뿌리 주변에서 잘 나타난다.

(5) **견과상구조**(nutty) : 정육면체에 가까우며, 각과 면이 뚜렷하다. 표면은 편평하고 속은 치밀하다. 풍충지[바람이 항상 닿는 곳]와 건조한 토양의 B층에서 볼 수 있다. 뿌리주변에서도 자주 보인다. 흙덩어리의 크기는 1~3cm이다.

(6) **세립상구조**(fine granular) : 1~2mm의 미세한 구조로서 토립이 균사와 얽혀 있다. 건조가 심하고 외생균근이 발달한 곳에 생긴다.

(7) **입상구조**(granular) : 토양입자와 입자 사이가 점토와 유기물로 이어져 있어 2~5mm의 크기로서 각은 없고 속은 치밀하여 딱딱하다. 유기물이 많은 표토층에서 볼 수 있다.

(8) **단립상**[떼알]**구조**(crumb) : 비교적 작은 입자가 몇 개 뭉쳐 있는 것 같으며, 유기물과 공극이 많고 카스테라와 같이 부드럽다. 수분 공급이 충분하고 미생물과 토양동물의 활동이 왕성한 표토층에 발달한다.

**그림 14-7** 토양구조

### 13) 견밀도

견밀도는 토양경도계(soil penetrometer)나 손가락으로 눌렀을 때 저항 정도에 의해 다음과 같이 구분한다.

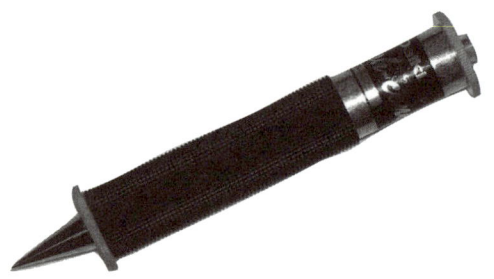

그림 14-8 토양경도계

표 14-10 견밀도 기준

| 구분 | 기준 | | | |
|---|---|---|---|---|
| | 측정값 | | 입자의 결합력 | 지압법 |
| | kg/cm² | mm | | |
| 심송 | 0.4 이하 | 4 이하 | 입자가 단독으로 분리되어 결합력이 없다. | 누르면 손가락이 아주 잘 들어간다. |
| 송 | 0.5~1.0 | 5~8 | 매우 연하여 약간의 힘에도 잘 부서진다. | 누르면 손가락이 잘 들어간다. |
| 연 | 1.1~2.0 | 9~12 | 비교적 단단하며 손으로 눌러야 부서진다. | 누르면 흔적이 생긴다. |
| 견 | 2.1~3.5 | 13~16 | 단단하여 힘을 가해야 부서진다. | 누르면 흔적이 겨우 생긴다. |
| 강견 | 3.6 이상 | 17 이상 | 매우 단단하여 상당한 힘을 가해야 부서진다. | 눌러도 흔적이 생기지 않는다. |

견밀도를 조사할 때는 자갈과 뿌리 부분은 피하는 것은 당연하지만 한 토층에서도 장소에 따라 견밀도 차이가 크므로 5반복 이상 측정한다. 한 층에서도 차이가 나면 '견, 일부분 연'과 같이 기재한다.

## 14) 토양 공극

공극의 크기와 양은 토양의 물리성을 지배하므로 토양 특징을 알 수 있는 인자 중 하나이다. 토양단면을 관찰하여 공극의 크기와 양을 안다는 것은 상당히 어렵지만 입자 사이와 토양 내부를 관찰하여 형상과 크기 등을 기재한다. 미세한 공극 형상과 크기 등은 현지에서 관찰이 아주 곤란하므로 이때는 실험실에서 현미경으로 관찰하고 물리적 방법으로 구한다.

현지 관찰에서는 크고 작은 여러 가지 공극 중 눈으로 알 수 있는 비교적 큰 것, 작은 동물이 만든 구멍, 뿌리가 있던 곳 등 원통 형태의 공극과 갈라진 형태의 형상, 양 등을 기재한다. 단면을 보고 대(1cm 이상), 중(2mm~1cm), 소(2mm 미만)로 나누며 그 분포 정도는 아주 많다, 많다, 있다, 적다의 4단계로 나눈다. 형상에 대해서 필요가 있으면 다음과 같은 특징을 기재한다.

(1) **해면상**(spongy) : 공극의 크기와 형상이 거의 같고 공극이 서로 연결되어 있다.

(2) **세포상**(cellular) : 공극의 크기와 형상이 거의 같으나 공극이 서로 연결되어 있지 않다.

(3) **기포상**(bubble) : 내면이 비교적 미끄럽고 구멍이 작다.

(4) **관상**(tube) : 형상이 비교적 가지런하고 교호로 연접한 관모양의 구멍이 있다.

(5) **절개상**(cut) : 흙 사이에 큰 틈이 있으며, 공극의 내벽에 흙색과 벽돌색이 물들어 있고, 틈의 주변이 회백색으로 된 것과 내벽이 점토로 피복되어 있는 것이 있는데 이것은 토양의 생성 분류 측면에서 중요하다.

### 15) 뿌리

식물이 토양과 접하는 것은 뿌리이다. 뿌리는 양분을 흡수하고 식물체를 지지하는 기능을 갖고 있으나, 식물종류에 따라 특징이 있고 또 토양조건에 따라 다르다. 따라서 단면에서의 뿌리 분포와 형태를 조사해 보면 특정 토양이 뿌리에게 좋은지 나쁜지를 알 수 있다. 건조토양에서는 뿌리가 표토층에 집중하여 있는 데 비하여, 적윤하고 깊은 곳까지 부드러운 토양에서는 전토심에 걸쳐 분포하는 경향이 있다. 초본과 목본의 뿌리를 구분하고 세근(직경 2mm 미만), 중근(2~20mm), 대근(21mm 이상)으로 하여 각 토층마다 뿌리량을 조사한다. 뿌리량은 토양단면에 나타나 있는 것을 관찰하여 많다, 있다, 적다로 기재한다. 또 뿌리의 색, 형상, 건전도 등 특징을 관찰하여 썩은 뿌리와 고사한 뿌리의 존재도 동시에 조사함이 좋다.

### 16) 균사와 균근

균사와 균근의 분포는 토양과 밀접한 관계가 있으며 건조토양에 균사가 많다. 이것은 외생균근이다. 균근은 색, 형태, 양 등을 관찰하여 상세히 기록한다. $\alpha$, $\beta$, $\gamma$형으로 나눈다.

표 14-11 균근 구분

| 구분 | 기준 |
|---|---|
| $\alpha$형 | 토립과 엉겨서 세립상구조를 형성하며 A층에 균사층을 형성한다. 이는 물의 침투를 약화시키므로 건조한 상태가 계속되며 소나무림에 많이 나타난다. |
| $\beta$형 | O층에 균사가 많고 해면상(sponge)의 균사망을 형성하므로 물이 하부로 침투하는 것을 막아 토양이 건조하다. 모밀잣밤나무림에 많이 나타난다. |
| $\gamma$형 | 균사층을 형성하지 않으므로 물의 침투가 쉬워서 토양이 건조하지 않다. |

### 17) 반점(spotting)

배수 불량한 B층, 특히 C층에 많이 나타나는 얼룩을 말하며 유무만 조사한다.

## 18) 입지 토양조사 야장

### 산림입지·토양조사야장

| 표본점번호 : | | 도엽명(좌표) : | |
|---|---|---|---|
| 위치 : | 도    군(시) | 면(읍) | 리 |
| 소유구분 | ① 국유림 : ㉮ 영림계획 편성지(영림구 임반) <br> ㉯ 영림계획 미편성지 <br> ② 민유림(지자체 관리 국유림 포함) | | |
| 조사년월일 : | 년    월    일 | 날씨 : | 조사자 : |

### 입지환경조사

| 모암 | ① 화성암 : 화강암류, 섬록암, 반암, 현무암, 안산암 등 <br> ② 퇴적암 : 역암, 사암, 혈암, 응회암, 이암, 석회암 등 <br> ③ 변성암 : 편마암류, 편암, 천매암, 기타 변성암류 | | |
|---|---|---|---|
| 표고 | ① 100m미만 ② 100~200m ③ 200~300m ④ 300~400m ⑤ 400~500m <br> ⑥ 500~600m ⑦ 600~700mm ⑧ 700~800m ⑨ 800~900m <br> ⑩ 900~1000m ⑪ 1000m~1100m ⑫ 1100~1200m ⑬ 1200~1300m <br> ⑭ 1300~1400m ⑮ 1400~1500m ⑯ 1500~1600m ⑰ 1600~1700m <br> ⑱ 1700~1800m ⑲ 1800~1900m ⑳ 1900m 이상 | | |
| 경사 | ① 15℃ 미만 ② 15~20℃ ③ 20~25℃ ④ 25~30℃ ⑤ 30~35℃ | | |
| 지형 | ① 평탄지 ② 완구릉지 ③ 산록 ④ 산복 ⑤ 산정 | | |
| 기후대 | ① 온대북부 ② 온대중부 ③ 온대남부 ④ 난대 | | |
| 방위 | ① E ② W ③ S ④ N ⑤ NE ⑥ NW ⑦ SE ⑧ SW | | |
| 경사형태 | ① 철 ② 평형 ③ 요 | 풍화정도 | ① 상 ② 중 ③ 하 |
| 퇴적양식 | ① 잔적토 ② 포행토 ③ 붕적토 | 능선대 계곡비 | 1, 2, 3, 4, 5, 6, 7, 8, 9 / 10 |
| 토양배수 | ① 불량 ② 보통 ③ 양호 ④ 매우양호 | | |
| 풍노출도 | ① 노출 ② 보통 ③ 보호 | 침식상태 | ① 없다 ② 있다 ③ 많다 |
| 암석노출도 | ① 10% 이하 ② 11~30% ③ 31~50% ④ 51~75% | | |

### 지위지수조사

#### 분류곡선에 의한 사정

| 수종 | 수고 | 수령 | 지위지수 |
|---|---|---|---|
| | | | |
| | | | |
| | | | |
| | | | |
| 합계 | | | |
| 평균 | | | |

특기사항(식생 등) :

## 토양단면조사

| 항목 | 1 | 2 | 3 | 4 | 5 | 층위 | |
|---|---|---|---|---|---|---|---|
| | 6 | 7 | 8 | 9 | 10 | A | B |
| 층계(cm) | 명확 <2 | 판연 2~5 | 점변 5~12 | 불명 >12 | //// | 2 | 4 |
| 토심(cm) | //////////////////////////// | | | | | 46 | 81 |
| 유효토심 | 37cm | 토색 | ////////// | | | 10YR 3/3 | 5/6 |
| 유기물 | 약간 있다 | 있다 | 많다 | 아주 많다 | //// | 3 | 2 |
| 토성 | SL | L | SiL | SicL | SCL | 2 | 2 |
| | SiC | CL | C | LS | S | | |
| 구조형태 | 입상 | 團粒 | 세립 | 견과 | 판상 | 2 | 7 |
| | 원주 | 괴상 | 벽상 | 單粒 | 무구 | | |
| 석력함량 | 적다 5%이하 | 있다 5~15% | 많다 15~30% | 매우 많다 30~50% | //// | 1 | 2 |
| 건습도 | 적윤 | 약건 | 약습 | 습 | 건조 | 1 | 1 |
| 견밀도 | 심송 <0.5 | 송 0.5~1.0 | 연 1.0~1.5 | 견 1.5~2.5 | 강견 >2.5 | 1 | 3 |
| 균사및 균근 | 없다 | 적다 | 있다 | 많다 | //// | 1 | 1 |
| 식물근 초본 | 많다 | 있다 | 적다 | //// | //// | 1 | 1 |
| 식물근 목본 소 | 많다 | 있다 | 적다 | //// | //// | 2 | 2 |
| 식물근 목본 중 | 많다 | 있다 | 적다 | //// | //// | 2 | 3 |
| 식물근 목본 대 | 있다 | 없다 | //// | //// | //// | 1 | 1 |
| 토양시료 | Y / N //////////////////////// | | | | | Y | Y |

특기사항 :

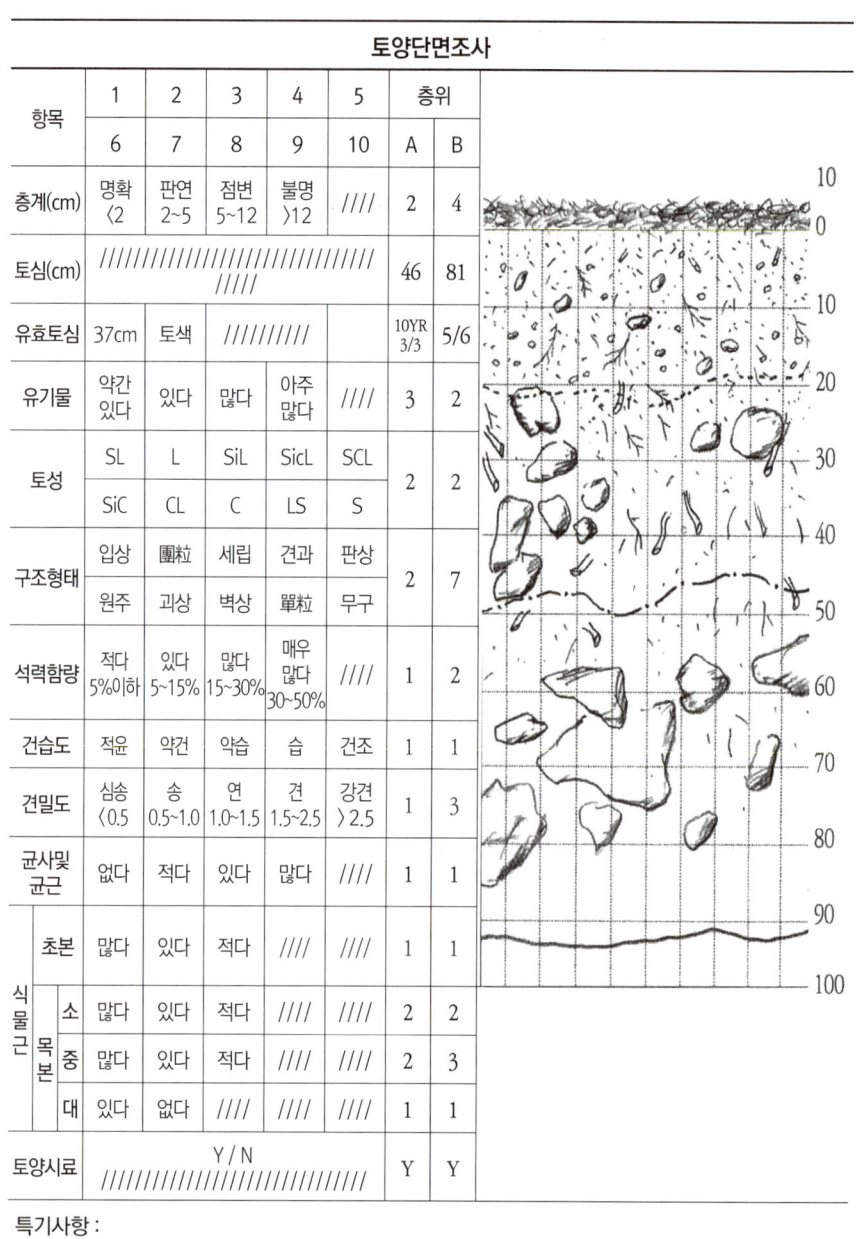

**그림 14-9** 산림입지 토양조사야장

## 14.3 산림식생조사

산림식생은 필요한 경우에만 조사하며 경우에 따라서 생략할 수 있다. 산림식생조사(forest vegetation survey)에 의하여 식물군락의 구분, 천이의 추정, 식물현존량 등을 추정할 수 있다. 조사는 식물사회학적 방법을 주로 사용하나, 여기에 매목조사법을 혼용하여 사용하기도 한다.

### 1 조사구 설정 및 조사방법

시굴점을 기준으로 대표적인 식생분포를 나타내는 곳에 설정하며 분석방법은 방형구법을 원칙으로 하고 크기는 상층목 10m×10m, 관목 4×4m, 초본류는 1×1m로 하나, 정사각형이 아니어도 무방하다. 조사구의 숫자는 최소면적법(minimal area method)에 따른다.

### 2 식생조사 인자

#### 1) 종명

상층목은 임종, 수종, 우세목, 평균수고, 평균수령, 임분밀도를 조사야장에 기입한다. 하층목 및 초본류는 피복도가 큰 것부터 순서대로 기록한다.

#### 2) 우점도

Braun-Blanquet(1964)의 방법으로 조사한다.

5 : 표본구 면적의 3/4 이상을 덮고, 개체수는 임의
4 : 표본구 면적의 1/2~3/4을 덮고, 개체수는 임의
3 : 표본구 면적의 1/4~1/2을 덮고, 개체수는 임의
2 : 표본구 면적의 1/10~1/4을 덮든가, 혹은 개체수가 많다.
1 : 개체수는 많으나 피도가 낮다. 혹은 산재하나 피도는 높다(단 1/100이다).
+ : 피도는 낮고 산재되어 있다.
$r$ : 고립하여 출현하고 피도는 극히 낮다.

## 3) 군도

어떤 식물 개체의 집합 또는 산재된 정도이다.

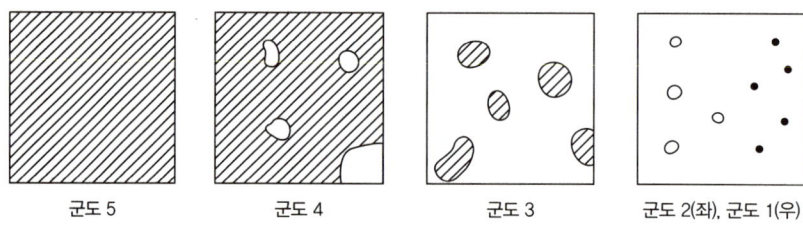

그림 14-10 **군도의 종류**

군도 5 : 동종 개체의 지엽이 상호 접촉하여 전면을 덮은 단순 군락 상태
군도 4 : 군도 5의 상태에 구멍이 뚫려 있다. 또는 다른 종이 그 구멍에 생육하고 있다.
군도 3 : 군도 4의 식물 피복 부분과 구멍 부분이 반대로 되어 있다.
군도 2 : 군도 3이 소규모로 되어 있다.
군도 1 : 단독으로 생육한 상태

## 3 조사방법

우점도와 군도를 조사할 때, 예를 들어 피복도가 25~50%로 군생상태가 구멍이 뚫린 양탄자 같으면 우점 도3 - 군도 4라고 적는다. 우점도와 군도는 어느 정도 관계가 있어서 우점도가 5라면 군도는 5 또는 4이고 우점도가 1이면 군도로 1~2인 경우가 많다. 우점도가 +나 $\gamma$이고 군도 1인 경우에는 '+' 또는 '$\gamma$'만 기입한다.

**식 생 조 사 야 장**

20 년 월 일

| 번호: | 조사지: | | | | 조사자: | |
|---|---|---|---|---|---|---|

지형: 산정, 사면(상·중·하·凸·凹), 평탄지, 계곡

| 표 고 ___ m | 계층 | 높이(m) | 식피율(%) | 우점종 | 흉고직경(cm) | 종수 | 바 람 | 강중약 |
|---|---|---|---|---|---|---|---|---|
| 방 위 ___ | 교목층(8<) | | | | | | 토 양 | |
| 경 사 ___ ° | 아교목층(2~8) | | | | | | 습 도 | 건적윤습 |
| 면 적 ___ × ___ m | 관목층(0.8~2) | | | | | | 모 암 | |
| 출현종수 ___ | 초본층(0.1~0.8) | | | | | | 토양형 | |
| 군락명 ___ | 선태·지의층(<0.1) | | | | | | 일 광 | 양중음 |

| | Species | D.S | DBH | V | Species | D.S | DBH | V | Species | D.S | V | Species | D.S | V |
|---|---|---|---|---|---|---|---|---|---|---|---|---|---|---|
| 1 | | | | | | | | | | | | | | |
| 2 | | | | | | | | | | | | | | |
| 3 | | | | | | | | | | | | | | |
| 4 | | | | | | | | | | | | | | |
| 5 | | | | | | | | | | | | | | |
| 6 | | | | | | | | | | | | | | |
| 7 | | | | | | | | | | | | | | |
| 8 | | | | | | | | | | | | | | |

그림 14-11 **식생조사 야장**

Chapter 15

# 산불지토양

15.1 토양의 화학성 변화
15.2 토양의 물리성 변화
15.3 산불과 토양생물
15.4 조림목 생장 및 식재 시기

Forest Environmental Soil Science

# chapter 15
# 산불지토양

산불(forest fire)은 임지에 있는 지피식생과 임목을 태워버리므로 지역적인 미기상이 변화하고, 산림토양 노출과 투수성 감소로 유출량이 증가하며 침식이 발생한다. 또한 축적된 낙엽과 유기물층을 없애 토양의 이화학적 성질을 변화시키며, 지중화나 지표화는 토양미생물을 죽게 하거나 활동을 방해하므로 산림토양 생산성이 일시적으로 저하된다. 그러나 산불은 때때로 두꺼운 낙엽층을 태워 천연 갱신과 불필요한 잡관목 제거에 유리한 때도 있으며, 종실을 먹고 사는 야생동물을 쫓아버리는 역할도 한다. 그 외에도 산림생태계에 큰 변화를 주어 식물의 침입, 발달, 구성, 종다양성 및 천이와 야생동물의 서식수 등이 달라진다. 산불로 인한 토양생산능력의 저하는 화학적인 성질변화보다 물리적인 영향이 더 크게 작용한다. 특히 토양의 투수능력과 토양공극 등 물리적 성질이 임목생장에 미치는 영향은 화학성 변화 즉, 인산, 칼륨, 칼슘(Ca), 마그네슘(Mg)의 증가보다 더욱 중요하다.

그림 15-1 고성 지역의 산불 후 지상부가 전부 소실

## 15.1 토양의 화학성 변화

### 1 pH

산불은 식물이 타고남은 재로 pH를 높이나 사토에서는 용탈이 심하여 별 차이가 없다. 산불로 인한 토양 pH는 산불 전 pH 6.3에서 산불 후 pH 6.7로 약 0.4 정도 증가하며, 산불이 심하면 pH 4.4에서 pH 7.2까지 증가하기도 한다. 증가된 pH의 지속기간은 유기물 형태와 밀접한 관계가 있는데, 그림 15-2와 같다. 산불 후 pH의 변화는 약 10년 정도이다.

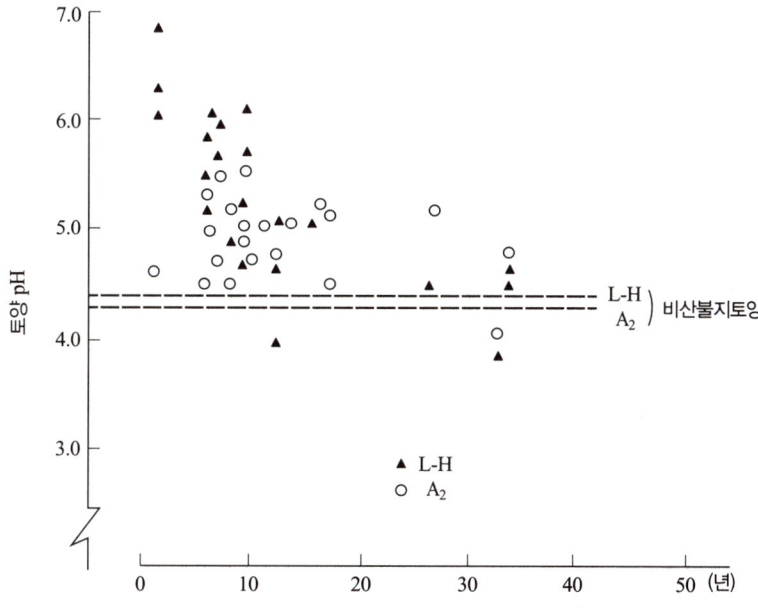

그림 15-2 캐나다 중부 한대림의 산불 후 경과년수에 따른 pH 변화

토양 pH가 높아지는 이유는 산불에 의하여 염기성 물질이 축적되기 때문이며 토양 내 유기물과 점토함량이 높으면 pH가 크게 증가한다. pH 증가는 초본생육에 영향을 미치나 임목생장에는 큰 지장을 주지 않는다.

## 2 유기물

산불은 임목과 유기물의 대부분을 태우지만 처방화입(prescribed burning)은 하층식생이나 낙엽, 죽은 가지만 태운다. 처방화입에 의하여 없어지는 유기물의 양은 연간 2~4ton/ha이나, 산불은 4~9ton/ha로 소실되는 양이 약 2배이다(Wells. 1971). 처방화입으로 손실된 유기물의 양은 낙엽 등으로 다시 보충되어 내부 양분순환계에 큰 영향을 주지 않는다. 그러나 온대지방에서는 산불지가 원래 상태로 돌아오는 데 많은 시간이 걸린다. 한대지방에서 처방화입에 의한 유기물층(F, H층)의 적정 감소율은 24% 이하(33~25ton/ha)이며, 13년 경과 후에는 처방화입지역과 비처방화입지역의 차가 12%로 감소한다.

처방화입에 의한 지상부 손실에도 불구하고 산불 후 광물토층에 유기물이 증가한다. 20년 간격으로 처방화입한 테에다소나무림의 토심 5cm 이내의 유기물 함량은 비산불보다 30% 더 많았다. 표토에 유기물 함량이 증가하는 이유는 ① 산불 후 초류 생장 증가 ② 중력이나 물에 의하여 연소된 물질이 광물토층으로 이동 ③ 타는 동안 생산된 알칼리 부식산염(humate)이 잔존 ④ 표토와 혼합된 분해성 유기물의 축적 등이다.

그러나 모든 산불지에 토양 유기물이 증가되는 것은 아니며 산불이 심하면 토양 또는 지상부에도 유기물과 전질소가 크게 감소하기도 한다. 김정섭 등(2011)은 산불유형과 산불피해로부터 회복 정도에 따른 낙엽생산량과, 낙엽에 의해 공급되는 양분 함량을 연구한 결과 비산불구, 지표화 발생구, 수관화 발생구에서 연간 헥타르당 평균 낙엽생산량은 각각 7.74, 2.92, 1.17톤으로 나타났다. 낙엽에서 공급되는 연간 헥타르당 평균 총질소, 총인, 칼륨, 칼슘과 마그네슘의 양은 비산불구에서 각각 22.2, 1.16, 2.68, 16.22, 1.36kg으로 가장 높았으며, 수관화 발생구에서는 각각 3.73, 0.1, 0.27, 2.75, 0.24kg으로 가장 낮은 결과를 보였다. 낙엽에 의해 공급되는 총질소 등 5가지 원소총량은 비산불구 〉 지표화 발생구 〉 수관화 발생구 순으로 나타났다고 하였다.

## 3 전질소

전질소는 유기물과 상관이 높으므로 유기물이 타면 질소도 감소한다. 질소 손실은 화열의 세기 즉 연소물질인 지피물량에 따라 좌우된다. Debano 등(1979)은 산불온도 변화에 따른 토양 및 낙엽의 질소 손실관계를 그림 15-3과 같이 나타냈는데, 토양 및 낙엽의 질소 손실량으로 당시의 화열 온도를 추정할 수 있다고 하였다.

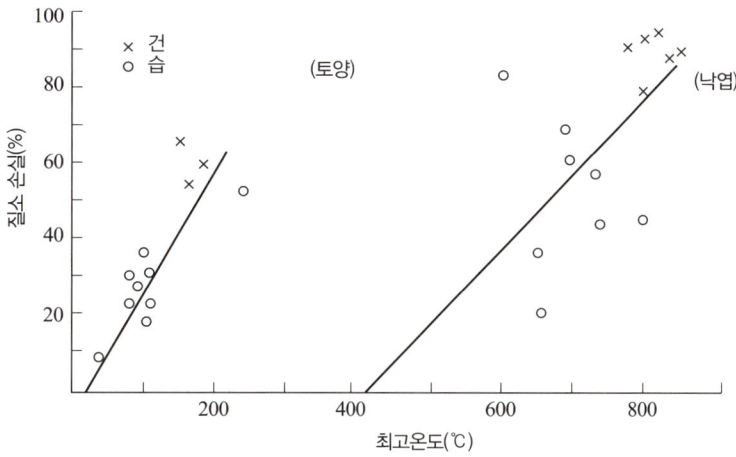

그림 15-3 **산불발열(온도)에 따른 질소 손실량**(Debano 등, 1979)

산불로 유기물층 내 질소가 감소하면 토심 10cm 내에는 같은 비율의 질소가 쌓인다. 즉, 산불 후 질소가 100~300kg/ha 휘산되지만 생물적 질소 고정이 증가되어 질소 손실을 보충한다(그림 15-4).

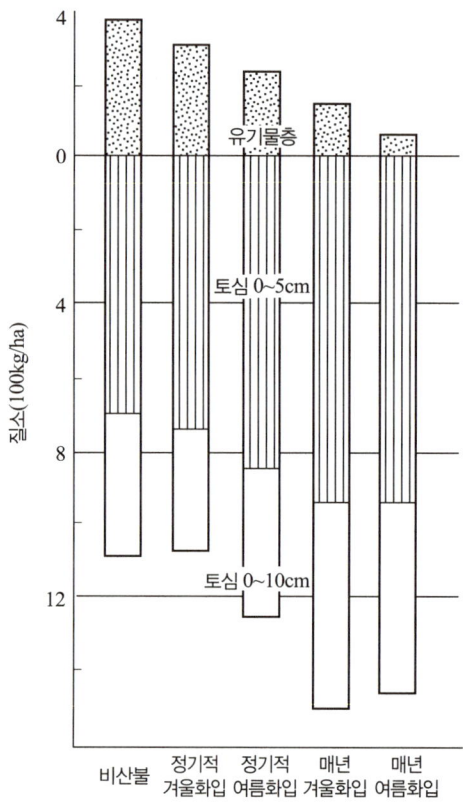

그림 15-4 **산불형태에 따른 토양 내 질소의 20년 후 변화**(Wells, 1971)

지피물 감소와 재(ash)의 축적으로 인하여 토양 온도, 수분 및 양분공급, pH 조건이 양호해지면 비공생 또는 공생 미생물에 의한 질소 고정이 증대한다. Viro(1974)는 한대림에서의 산불로 평균 320kg/ha의 질소가 손실되었는데, 이 회복에는 50년이 걸린다고 하였다. 그러나 질소 손실에도 불구하고 산불은 유효태(available) 질소를 상당히 증가시키므로 임목생장에는 크게 영향을 주지 않는다. 토양 내 질산태 질소($NO_3$-N) 양은 질산화 증가와 토양으로의 용탈로 비산불지보다 산불지가 더 높다.

## 4 인산

일반적으로 산불은 토양 내 인산의 농도를 증가시킨다. Debyle(1981)에 의하면 표토층의 인산함량은 산불로 인하여 $5.6g/m^2$에서 $6.5g/m^2$로 증가되었는데 그 원인은 임목 연소로 생긴 재(ash)때문이라고 하였다. Kraemer(1979) 등에 의하면 비산불지는 인산이 291ppm이었으나 산불지는 360ppm으로 증가되었으며, 또한 화열강도에 따라 인산 농도가 다르다고 했다. 즉 약한 화열은 379ppm, 보통 화열은 436ppm, 심한 화열은 715ppm으로 증가되었으므로, 화열강도가 강할수록 인산 농도는 높은 경향을 보인다. 지표에 가까울수록 화열강도가 높으므로 토심 5cm까지에서 크게 증가한다.

## 5 칼륨

Debyle(1981)은 산불 전에 표토층의 칼륨 함량이 $14.7g/m^2$에서 산불 후 $19.6g/m^2$로 증가하였으나 시간이 가면 $8.8g/m^2$로 감소되었다고 하였으며, 광물토층에는 토양깊이에 따라 표 15-1과 같이 변화한다고 했다.

표 15-1 토양 내 칼륨함량 변화(me/100g)

| 토심(cm) | 산불 전 | 산불 1년 후 |
| --- | --- | --- |
| 0~5 | 0.38 | 0.47 |
| 6~10 | 0.35 | 0.44 |
| 11~20 | 0.32 | 0.36 |
| 21~30 | 0.23 | 0.26 |

산불지토양 내 N, P, K 3요소 모두 산불 후 초기에는 비산불지보다 양분이 많았으나 5년째에는 비산불지와 같은 양분수준을 보인다(그림 15-5).

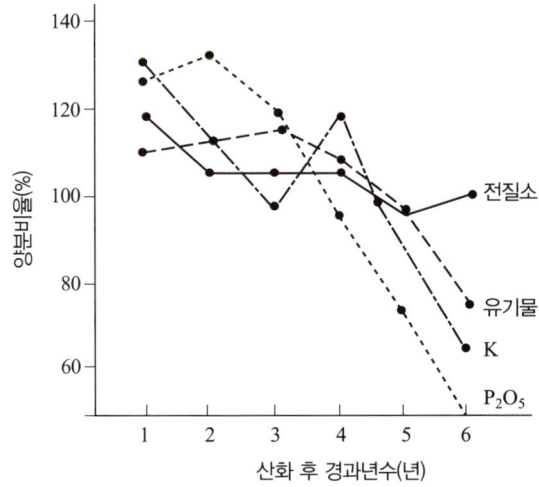

그림 15-5 **산불지토양의 양분변화**(이원규 등, 1988)

### 6 칼슘(Ca), 마그네슘(Mg), 나트륨(Na)

Ca와 Mg는 산불 후 일시적으로 증가되었다가 1년 후에는 표토층에서 양분 함량이 감소하는데 이것은 양분이 유실, 또는 침전되었다가 식물에 흡수되었기 때문이다(Kebaco 등, 1979). Na는 2년째부터 증가하다가 다시 감소하는데, 박봉규 등(1981)은 비산불지가 약 200ppm인데 비하여 당년 산불지는 225ppm으로 약간 많았다고 하였다.

## 15.2 토양의 물리성 변화

산불은 지표의 낙엽층과 잘 분해된 유기물층까지도 연소시키므로 수분을 공급하는 물리적 환경을 파괴한다. 또한 토양이 노출되면서 태양의 직사광선과 바람의 영향으로 건조해진다. 특히 중점질 토양은 건조로 인하여 딱딱해지고 불투수성이 되며 토양 표면에 균열이 생긴다. 사질토의 경우는 더욱 뜨거워지고 구멍이 많아진다. 산불이 산림토양의 물리적 성질을 변화시킨다는 것은 임지생산성의 저하를 의미한다.

### 1 토양 온도

토양 온도는 연료량, 산불 시 조건, 유기물층 형태에 크게 좌우된다. 산불로 타서 검게 변한 낙엽층과 노출된 표토층은 토양 온도가 높아진다. 산불이 나면 일평균 지온은 10cm 내려갈 때마다 1℃씩 내려가며 지표 아래 30cm에서는 산불의 영향을 크게 받지 않는다.

Davis(1959)는 호주 유칼리 임지의 사질토양에서 산불이 발생하였을 때 토양 온도를 측정한 결과 표 15-2와 같이 연소시간이 짧으면 깊은 토양에는 영향을 주지 않는다고 하였다. 그리고 그는 지표의 식생상태에 따라 토양 온도가 달라진다고 하였는데 연료가 많으면 적을 때보다 토양 온도가 2배나 더 높았다고 하였다(표 15-3). 또한 지상부에 연료량이 많으면 많을수록 토양 온도도 높아지고 토양 깊은 곳까지 영향을 미친다(그림 15-5).

표 15-2 산불에 의한 최고 토양 온도(℃)

| 토심(cm) | 연료가 적을 때 | | 연료가 많을 때 | |
|---|---|---|---|---|
| | 45분 간 연소 | 최고발열 시 2시간 연소 | 2시간 연소 | 최고발열 시 8시간 연소 |
| 0 | 143 | 249 | | |
| 2.5 | 54 | 113 | 117 | 249 |
| 7.6 | | 63 | 99 | 221 |
| 15.2 | | 35 | 66 | 85 |
| 22.8 | | 15 | 38 | 57 |
| 30.4 | | 12 | 21 | 47 |

표 15-3 산불 중 낙엽층과 표토층의 온도변화

| 식생상태 | 토심(cm) | 최대온도(℃) | 최대온도 도달시간(시간) |
|---|---|---|---|
| 초목이 무성한 산림 | 0 | 335 | 9 |
| | 1.8(S) | 160 | 9 |
| | 3.7(S) | 110 | 16 |
| 오리나무 혼합림 | 1.2(L) | 449 | 4 |
| | 1.2(S) | 210 | 7 |
| | 3.7(S) | 113 | 14 |
| 초목이 적은 산림 | 1.2(L) | 149 | 5 |
| | 1.2(S) | 93 | 1 |
| | 3.7(S) | – | – |
| 무성한 관목지 | 1.2(L) | 516 | 8 |
| | 3.7(S) | 101 | 16 |

[쥐] ( ) 안은 토성이며 S는 사토, L은 양토

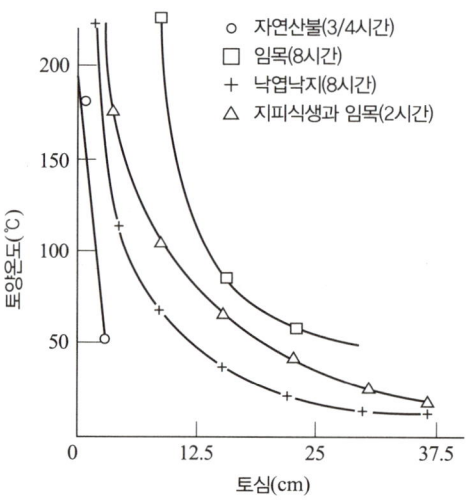

그림 15-5 산불 시 유칼리림의 여러 형태 지피물에 따른 토심별 토양 온도(Beadle, 1940)

바람의 방향도 토양 온도에 영향을 준다(그림 15-6). 산불 후의 검은 재(ash)는 남쪽 비탈면에서 태양열의 흡수를 증가시키므로 산불이 바람의 방향과 같으면 토양 온도 지속시간이 길어지고 토양 온도가 상승한다.

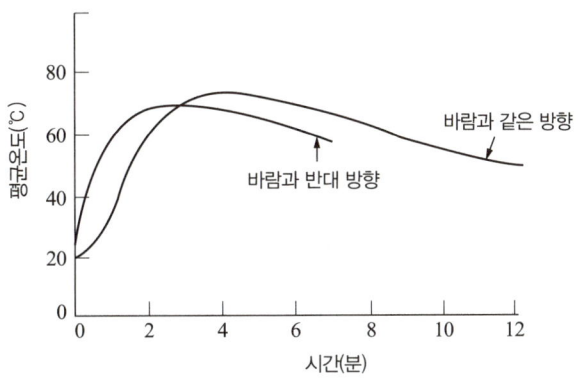

그림 15-6 미국 플로리다의 대왕송(longleaf pine)림에 처방화입 후 12분 동안의 토양 온도 변화(토심 3~6cm)

## 2 토양수분

산불은 토양수분에게 간접적으로 불리하게 작용한다. 유기물이 제거되면 유기물층의 수분흡수 및 보수능이 크게 감소하며 증발량도 많아진다. 또한 산불지의 높은 온도도 증발을 촉진하며 타고 남은 재가 토양 속으로 침투하므로 수분의 침투능도 감소하여 유출량(runoff)이 많아진다. 특히 급경사지에서는 식물의 수분이용이 감소하고 토양유실이 생긴다.

사토에서는 유기물이 타서 생긴 물질이 아래로 이동하여 불투수층을 형성한다. Dyrness(1976)는 건조한 지역의 사토에서 불투수층은 토심 2.5~3.3cm 사이에 있으며 산불 후 5년까지 지속된다고 하였다. 불투수층이 발달하면 물의 침투율과(그림 15-7) 저류능(water holding capacity)을 저하시킨다. 사질토양은 과도하게 건조하면 다시 습해지기 어려우나 유기물층이 있으면 토양이 완전히 건조되는 경우가 드물다. 그러므로 처방화입에 의하여 유기물층이 다 타버리지 않으면 광물토층은 완전히 건조해지지 않는다. 토양수분은 산불에 의하여 현저히 감소하나 15cm 이하에는 큰 영향을 미치지 않는다(표 15-4).

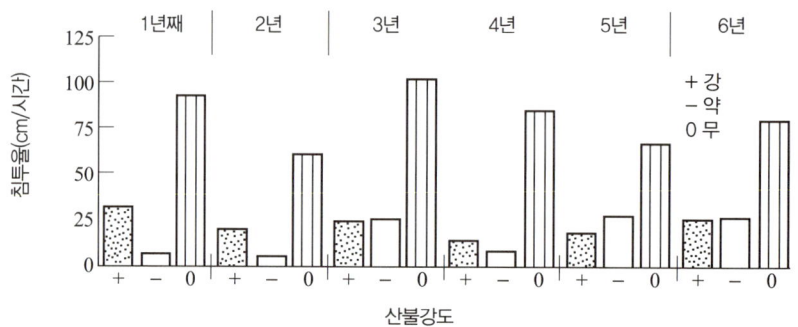

그림 15-7 발열강도별 산불 후의 침투율 변화(Dyrness, 1976)

표 15-4 치악산 지역의 산불에 의한 토양수분 변화(%)

| 토심 | 산불 전 | 산불 후 |
|---|---|---|
| 0~5 | 33.9 | 9.0 |
| 6~10 | 22.2 | 16.2 |
| 15~20 | 19.3 | 17.1 |

(박봉규 등, 1981)

## 3 토양침식

산불은 표토층에 불투수층을 형성함으로써 토양의 물리적 성질이 악화될 뿐만 아니라 표토침식을 가속화한다. 또한 지상부를 다 태워 토양을 노출시키므로 비가 오면 침식에 영향을 준다. 토양 입자는 강우에 의해 분산되고 공극은 불에 탄 물질에 의하여 막히므로 침투능과 통기성이 감소한다. 토양공극을 만드는 지렁이와 기타 토양동물의 활동도 산불이 자주 발생하는 지역에서는 크게 감소하며 이곳에 방목할 경우 가비중이 증가한다.

침식량은 토양의 침식률, 산불의 세기, 지피물, 경사, 강우 강도 및 지속기간 등에 따라 크게 달라진다. 유기물층이 완전히 연소되지 않으면 공극 크기와 침투율 변화는 아주 적다. 그러나 산불이 난 유역의 직접유량은 16~50% 증가하는

데 이것은 L층이 없어지고 F층의 일부가 소실되었기 때문이다. 또한 침전물도 산불 1년 후에 48~100% 증가하며 그 속에 들어있는 양분도 비산불지보다 훨씬 많다(표 15-5). 강우가 적을 때는 산불이 경사 요인보다 침식에 더 크게 영향하며, 강우가 많으면 경사도가 더 큰 영향을 미친다. 화강암을 모재로 한 토양은 침식을 받기 쉽고 경사가 70% 이상 되면 산불이 없어도 토사가 이동한다. 중력에 의한 토사유출도 산불로 인하여 가속화하여 크게 증가할 수 있다.

표 15-5 미국 몬타나(Montana)지역의 산불 후 발생한 침전물 내 양분 함량(kg/ha)

| 양분 | 산불후 경과년수 ||||||||| 계 ||
|---|---|---|---|---|---|---|---|---|---|---|
| | 1 || 2 || 3 || 4 || | |
| | 비산불지 | 산불지 | 비산불지 | 산불지 | 비산불지 | 산불지 | 비산불지 | 산불지 | 비산불지 | 산불지 |
| P | – | 0.39 | 0.03 | 0.28 | 0.01 | 0.03 | 0.01 | 0.20 | 0.05 | 0.72 |
| K | 0.15 | 1.73 | 0.73 | 1.36 | 0.13 | 0.53 | 0.21 | 0.37 | 1.22 | 3.99 |
| Ca | 0.01 | 6.89 | 0.20 | 4.81 | – | 1.34 | 0.04 | 1.56 | 0.25 | 14.60 |
| Mg | 0.03 | 1.50 | .016 | 1.77 | 0.11 | 0.37 | 0.01 | 0.27 | 0.31 | 3.91 |
| Na | 0.19 | 0.76 | 0.29 | 0.79 | 0.10 | 0.43 | 0.03 | 0.16 | 0.61 | 2.14 |
| 계 | 0.38 | 11.27 | 1.41 | 9.01 | 0.35 | 2.70 | 0.30 | 2.38 | 2.44 | 25.36 |

산불이 난 지역의 경사별 표토유실량에 대해서 Hawley(1948)는 경사가 43%일 때 130ton/ha, 경사가 78%일 때 660ton/ha이 유실되어 비탈면 경사도에 따라 그 차이가 크다고 하였다. Debyle(1981)은 산불 후 당년에는 63kg/ha, 3년차에는 17kg/ha, 7년 후에는 토양침식이 없었고, 태풍에 의한 토양유실은 눈에 녹아 유실되는 것보다 대부분 적다고 하였다.

산불은 토양의 화학적 변화에 의한 이익보다는 물리적 성질의 악화로 인한 불이익이 더 크다. 또한 토양양분이 가장 많이 들어있는 표토가 유실되므로 지력이 저하됨으로써 조림한 묘목의 활착과 생장에 큰 영향을 준다. 산불 후 토양 유실은 척박지가 비옥지보다 많고 조림시기별로 볼 때 산불 당년이 더 많다(표 15-6). 유실된 토양에는 N 1.4%, P 56ppm, K 0.45me/100g이 들어있다.

표 15-6 산불 후의 조림시기별 유실토사량 변화(kg/ha/년)

| 지역 | 산불 당년 조림 | | | | 산불 1년 후 조림 | | | |
|---|---|---|---|---|---|---|---|---|
| | '85 | '86 | '87 | 계 | '85 | '86 | '87 | 계 |
| 용인(척박지) | 2361 | 150 | 80 | 2591 | 1963 | 158 | 106 | 2227 |
| 양평(비옥지) | 23 | 7 | 9 | 39 | 27 | 10 | 9 | 46 |

(이원규, 1988)

그림 15-8 고성지역 산불 후 토사유출 발생

## 15.3 산불과 토양생물

### 1 토양미생물

산불에 의한 열은 세균 수를 즉시 감소시키지만 그 범위는 산불의 세기와 기간, 토양수분과 구조, 서식깊이 등에 의해 좌우된다. 토양을 100℃로 1시간 가열하면 세균 수는 처음에 크게 감소하나 곧 증가한다. 또한 세균은 비가 오기 전까지는 산불 후가 산불 전보다 적으나 몇 달이 지나면 토심 4cm 내의 세균 수는 비산불지보다 많아진다. Jorgensen과 Hodges(1971)는 처방화입한 테에다소나무림에서는 진균, 세균, 방선균의 구성이 질적, 양적으로 바뀌는데 이것은 토양 내 대사과정이 손상되었기 때문이라고 하였다.

정기적인 처방화입은 토양 내 미생물 수에는 거의 영향을 주지 않으나 유기물층의 세균+방선균 수에는 영향을 준다(표 15-7). Wright와 Tarrant(1957)는 산불이 난 미송림의 토심 4cm 내 진균이 6개월 지난 산불지보다 적었으며, 산불이 심했던 곳은 토심 8cm 이하에서도 같은 결과를 보였다고 하였다. 산불지의 미생물 종류는 비산불지와 다른데 이것은 미생물이 요구하는 환경이 다르기 때문이다(Ahlgren, 1974).

산불 후 토양 pH가 변하므로 경과년수에 따라 균 종류도 다르다. 토양에 있는 병원성 진균은 산불에 의하여 소멸되는데, *Septoria alpicola*가 일으키는 대왕송(longleaf pine)의 잎마름병(brown needle spot)은 산불이 난 후 1년 동안 생기지 않았으며, 병이 만연되기 전에 2~3년 동안 조림목 생장이 양호하였다. 솎아베기 전후의 처방화입은 사토에 식재된 엘리오티소나무(slash pine)와 테에다소나무의 뿌리 부후를 일으키는 담자균 *Heterobasidion annosum*을 감소시킨다. Spurr(1980)는 세균, 방선균 등이 표토 2~5cm 사이에 대부분이 서식하고 있으며 산불 직후 감소하였다고 보고하였다.

표 15-7 산불처리별 토양층위 내 미생물 수($10^6$/g)

| 토양층위 | 처리 | 균류 | 세균+방선균 |
|---|---|---|---|
| F+H | 비산불 | 1.51 | 51.1 |
| | 간헐적 처방화입 | 3.28 | 70.8 |
| | 매년 처방화입 | 1.18 | 28.2 |
| 0~5cm | 비산불 | 0.12 | 4.1 |
| | 간헐적 처방화입 | 0.14 | 3.0 |
| | 매년 처방화입 | 0.13 | 6.5 |
| 13~18cm | 비산불 | 0.03 | 1.3 |
| | 간헐적 처방화입 | 0.02 | 1.1 |
| | 매년 처방화입 | 0.02 | 1.1 |

토양미생물의 생활최적온도는 20℃ ~ 35℃이며 50℃가 넘으면 그 활동이 정지되거나 죽게 된다. 산불에 의한 산림토양미생물의 활동은 산불 중 발열강도에 따라 차이는 있으나 표토층 5cm 깊이까지 열이 전도되고 때때로 10cm까지 가열되므로 방해된다. 미생물은 산성에서 활동이 강하나 산불로 인하여 토양이 염기성화하므로 미생물 활동이 제한된다. 아무리 약한 산불이라도 토양을 가열하게 되고, 토양 가열은 미생물 활동을 저지하므로 토양 생산성이 저하될 우려가 있다.

## 2 토양동물

토양동물은 유기물층과 토양 속에 사는 동물로서 토양층위 사이를 왕래한다. 서식지는 생육기 또는 환경조건에 따라 달라진다. 산불은 토양동물의 서식지와 활동성, 열과 건조에 대한 내성 등에 따라 영향을 미친다. 산불에 의한 열은 동물 밀도를 감소시키는데, 산불의 직접적인 영향보다는 산불 후의 환경변화로 인한 영향이 더 크다.

토심 2.5cm 이내에 있는 동물이라도 보통 산불에는 생존할 수 있으나 유기물 연소로 먹이 공급이 끊어져서 밀도가 감소한다. 하지만 오래지 않아 회복한다. 정기적인 처방화입의 경우 산불 후 즉시 대형 토양동물을 감소시킨다. 산불지와 비산불지의 서식밀도는 큰 차가 없더라도 원래대로 회복되려면 적어도 43개월이 소요된다고 한다.

톡토기류는 정기적으로 처방화입한 곳보다 비산불지가 많고(표 15-8), 개미는 뜨겁고 건조된 곳에서도 잘 적응하고 사회적인 생활특성을 가지고 있어서 산불지역에 다시 빠르게 서식지를 만든다. 반면 지렁이 밀도는 약한 산불에도 상당히 감소한다. 대왕송(longleaf pine)림의 토심 5cm 이내의 지렁이 수는 비산불지가 산불지의 4배인 곳도 있다. 지렁이는 산불기간 동안 고온보다는 산불 후에 오는 불리한 토양수분환경과 양분공급 중단에 더 큰 영향을 받는다. 이원규 등(1988)

은 산불발생 후 경과 연수별로 산불지와 그에 인접한 비산불지를 대비하여 조사한 결과 표 15-9와 같이 출현빈도가 높은 것은 지표동물에서 거미류, 노래기류, 짚신벌레류, 개미류, 바구미류였고, 지중동물에서 토양선충, 지네류, 지렁이류의 순이었다. 지표화로 인하여 지중동물보다 지표동물의 피해가 심했으며, 피해의 회복추세는 그림 15-9와 같이 산불 후 6년차에 94%의 회복률을 보였다.

표 15-8 호주 유칼리 숲의 매년 처방화입한 토양과 비산불지 토양의 동물밀도($10^6$/ha)

| 구분 | 비산불지 | 산불지 |
|---|---|---|
| 평균 밀도 | 16.7 | 10.0 |
| 응애 및 톡토기류 | 86.3 | 82.5 |
| 노래기 및 지네류 | 1.5 | 1.2 |
| 유충 | 4.5 | 3.3 |
| 기타 | 7.7 | 13.0 |

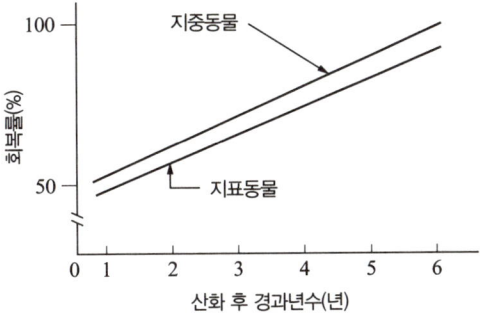

그림 15-9 산불 후 토양동물 회복도 변화(이원규 등, 1988)

표 15-9 산불지의 경과연수에 따른 토양동물상 변화(마리/0.08m³)

| 경과연수<br>토양동물 | | 1 | | 2 | | 3 | | 4 | | 5 | | 6 | |
|---|---|---|---|---|---|---|---|---|---|---|---|---|---|
| | | 산불지 | 비산불지 | 산불지 | 비산불지 | 산불지 | 비산불지 | 산불지 | 비산불지 | 산불지 | 비산불지 | 산불지 | 비산불지 |
| **지표동물** | | 1.03 | 2.92 | 1.76 | 4.55 | 2.63 | 5.19 | 2.48 | 3.38 | 4.43 | 4.00 | 4.12 | 4.18 |
| | 거미류 (spider) | 0.49 | 1.05 | 0.73 | 1.30 | 0.63 | 1.33 | 0.67 | 1.14 | 0.67 | 0.88 | 1.06 | 1.03 |
| | 노래기류 (stinking centipede) | 0.11 | 0.41 | 0.15 | 1.21 | 0.25 | 1.00 | 0.33 | 0.52 | 1.33 | 1.13 | 1.45 | 1.48 |
| | 짚신벌레류 (Parameciidae) | | 0.08 | 0.09 | 0.39 | 0.37 | 0.59 | 0.33 | 0.24 | 0.71 | 0.29 | 0.70 | 0.58 |
| | 개미류 (ant) | 0.32 | 0.95 | 0.21 | 0.64 | 0.81 | 0.63 | 0.19 | 0.52 | 0.50 | 0.96 | | 0.27 |
| | 바구미류 (weevil) | | 0.03 | 0.27 | 0.64 | 0.25 | 0.30 | 0.38 | 0.24 | 0.25 | 0.17 | 0.30 | 0.03 |
| | 갑충류 (beetle) | | | 0.24 | 0.33 | 0.22 | 0.26 | 0.57 | 0.33 | 0.13 | 0.13 | 0.30 | 0.27 |
| | 응애류 (mite) | | 0.08 | | 0.03 | 0.04 | 0.89 | | | 0.63 | 0.08 | 0.24 | 0.30 |
| | 먼지벌레 (Anisodactylus) | | 0.27 | | | 0.04 | | | | 0.21 | 0.08 | 0.06 | 0.06 |
| | 기타 | 0.08 | 0.05 | 0.03 | | | 0.19 | | 0.39 | | 0.29 | | 0.15 |
| **지중동물** | | 1.73 | 3.95 | 3.85 | 6.76 | 4.56 | 5.59 | 4.38 | 5.43 | 6.63 | 6.63 | 5.85 | 5.97 |
| | 토양선충 (nematode) | 0.62 | 1.68 | 1.36 | 3.06 | 2.15 | 2.52 | 1.62 | 2.52 | 3.08 | 3.42 | 2.00 | 2.30 |
| | 지네류 (centipede) | 0.30 | 0.73 | 0.79 | 2.09 | 0.85 | 1.59 | 1.48 | 1.95 | 1.42 | 1.35 | 2.27 | 1.73 |
| | 지렁이류 (earth worm) | 0.38 | 0.57 | 0.48 | 1.00 | 0.52 | 0.89 | 0.90 | .048 | 1.08 | 1.080 | 0.67 | 1.06 |
| | 풍뎅이 유충 (may beetle larva) | | 0.03 | 0.18 | 0.03 | 0.07 | 0.15 | 0.28 | 0.19 | 0.46 | 0.38 | 0.36 | 0.21 |
| | 굼벵이류 (ground beetle) | 0.11 | 0.24 | 0.42 | 0.18 | 0.14 | 0.11 | | | 0.21 | 0.13 | | 0.03 |
| | 번데기류 (pupa) | 0.05 | 0.16 | 0.09 | 0.03 | 0.11 | 0.04 | | | | | 0.06 | 0.06 |
| | 기타 | 0.27 | 0.54 | 0.52 | 0.36 | 0.70 | 0.30 | 0.10 | 0.29 | 0.38 | 0.25 | 0.48 | 0.58 |
| **계** | | 2.76 | 6.87 | 5.61 | 11.31 | 7.19 | 10.78 | 6.86 | 8.81 | 11.06 | 10.63 | 9.97 | 10.15 |

(이원규 등, 1988)

## 15.4 조림목 생장 및 식재 시기

산불발생 당년과 이듬해에 각각 조림하고, 2년간 우듬지 생장을 조사한 결과 표 15-10과 같이 잣나무와 물오리나무는 당년 조림과 1년 후 조림에 차이가 적으나 일본잎갈나무는 1년 후 조림이 16 ~ 29% 더 생장하였다(표 15-10).

표 15-10 산불 후 조림한 수종의 우듬지 생장(cm)

| 지역 | 수종 | 산불 당년(A) | | | 산불 1년 후(B) | | | $\frac{B}{A} \times 100$ |
|---|---|---|---|---|---|---|---|---|
| | | 1년생장 | 2년생장 | 계 | 1년생장 | 2년생장 | 계 | |
| 용인 | 잣나무 | 7.9 | 11.0 | 18.9 | 8.2 | 11.8 | 20.0 | 106 |
| | 일본잎갈나무 | 14.1 | 41.4 | 55.5 | 30.3 | 41.4 | 71.7 | 129 |
| | 물오리나무 | 30.9 | 66.0 | 96.9 | 34.0 | 64.5 | 98.5 | 102 |
| 양평 | 잣나무 | 7.7 | 15.0 | 22.7 | 9.7 | 16.3 | 26.0 | 114 |
| | 일본잎갈나무 | 21.1 | 52.3 | 73.3 | 37.3 | 47.6 | 84.9 | 116 |
| | 물오리나무 | 51.1 | 64.0 | 115.1 | 37.3 | 59.4 | 96.7 | 84 |

(이원규 등, 1988)

그러나 산불지에 대한 조림은 산불 당년을 피하고 다음 해 조림을 실시하는 것이 유리한데, 그 이유는

(1) 우리나라에서 발생되는 산불은 대부분 3월 하순에서 5월 상순에 발생하므로 재조림 시기가 부적절한 경우가 많고,
(2) 산불은 산림토양의 이학적 성질을 악화시킬 뿐만 아니라 식생파괴와 토양미생물 활동을 저해하여 생산성을 낮게 하므로 조림목 활착이 저하되고,
(3) 산불 당년에는 산불잔존물 제거작업이 불편하기 때문이다.

따라서 부득이 경관조성 목적으로 식재해야 할 때는 대묘를 식재하여 건조 피해를 막아야 할 것이며, 수종선택에 있어서도 내건성 수종 특히 질소고정 수종을 1차적으로 식재함이 좋다.

Chapter 16

# 도시숲토양

16.1 토양특성
16.2 토양환경과 수목피해
16.3 토양환경보전방법
16.4 토양관리

## chapter 16
# 도시숲토양

도시숲이란 국민의 보건 휴양, 정서 함양 및 체험활동 등을 위하여 조성·관리하는 산림 및 수목으로 공원, 명상숲, 산림공원, 가로수(숲) 등을 말한다. 우리나라 도시면적은 전체의 16%이지만 국민의 90%가 살고 있어 중요성이 점점 커지고 있다. 도시숲 면적은 2017년 기준 110만ha로서 이중 생활권 도시숲 면적은 47,340ha로 약 4.3%에 불과하다. 1인당 면적으로 환산하면 도시숲은 257$m^2$이고 생활권 도시숲은 10$m^2$로서 상당히 부족한 실정이다. 도시숲은 경관 보전, 소음 감소, 기후 완화, 정신 건강 창조, 대기오염물질 감소, 동물의 서식지 등의 기능을 갖고 있다.

서울의 도시숲은 서울에서 발생하는 미세먼지의 42%를 제거하는데 이것은 나무의 미세먼지 흡수, 흡착, 침강, 차단효과에 의한다. 흡수란 나뭇잎의 기공으로 먼지가 들어가는 것이고 흡착이란 나뭇잎에 먼지가 붙는 것이다. 침강은 숲아래로 먼지가 가라앉는 것이며 차단은 나무나 풀이 먼지를 막아주는 것이다. 결국 모든 먼지는 토양으로 떨어지며 토양은 정화작용으로 미세먼지를 제거한다.

## 16.1 토양특성

도시는 거의 평탄한 곳에 발달되어 있으며 점차 도시화가 주변의 구릉지에도 미치고 있다. 따라서 도시 녹지의 토양은 도시화 진행에 따라 현저히 악화되고 있다. 즉, 자연지형을 파괴하여 대규모의 토지를 조성하므로 표토층이 교란되고 심토층이 나타나 토양이 견밀하여 보수성과 투수성이 나쁘다. 공원녹지도 사람의 왕래가 심하여 표토층은 답압에 의하여 현저히 견밀화되므로 역시 물리성이 나빠진다. 도시는 구조적 특성에 의하여 빗물이 땅 속으로 침투하는 면적도 아주 작고 공업용수로 지하수를 대량 이용하므로 지하수위는 현저히 낮아진다. 이와 같은 요소는 토양의 만성적인 건조화, 대기의 고온화, 건조화, 특히 도시사막을 형성하는 원인이 된다. 한편 지하수의 대량 이용은 저해발지역을 중심으로 지반침하를 가져오므로 이 지역과 투수성이 나쁜 숲에서는 큰 비가 내리면 물이 정체하여 과습하기 쉽다.

그림 16-1 숲속에 산책로를 넓게 만들고 사람들이 다니면 답압에 의해 토양이 악화된다.

도시 녹지는 수목생육이 산지토양에 비하면 나쁘다. 일반산림의 지표는 수목과 초류, 낙엽 낙지에 의하여 피복되어 외부환경변화의 영향을 직접 받지 않는다. 매년 공급되는 낙엽과 죽은 가지는 토양동물과 미생물이 분해하므로 산림에 재이용이 가능한 무기양분을 공급한다. 그래서 토양은 비옥도가 높아지고 투수성과 통기성도 양호해진다. 즉, 산림에서는 물질순환이 자연적으로 이루어지지만, 도시숲에는 토양이 미숙하여 토양생물상의 발달이 극히 빈약하고 낙엽 등의 유기물 퇴적도 적어서 자연적인 양분순환을 기대할 수 없다.

## 16.2 토양환경과 수목피해

### 1 답압

도시숲에서 토양악화 정도는 표토층의 견밀화 정도에 크게 좌우된다. 공원화된 도시숲은 시민의 이용과 경관을 고려하여 지표를 청소하고 지피식생과 낙엽 등의 지피물을 제거하는 경우가 많다. 또한 출입한 사람들에 의한 답압이 심하다. 그래서 도시숲토양은 표토층이 딱딱해져서 토양공극량이 감소하고, 투수성과 통기성이 불량하다. 그림 16-2은 답압토양과 자연상태토양의 단면을 비교한 것인데, 답압지의 $A_1$층은 상당히 견밀하고 약한 견과상 구조의 발달이 부분적으로 나타나나 대부분이 판상구조이다. 견과상구조는 토양이 아주 건조한 곳에 발달하는데, 답압에 의하지 않아도 투수성이 낮다. 답압에 의한 토양 견밀화는 토심 20cm 정도까지 영향을 준다. 자연토양에서는 낙엽층이 있으므로 토양환경 악화를 방지한다. 토양공극은 수목생육에 필요한 양분과 수분을 흡수하는 뿌리 생장에 중요한 역할을 한다.

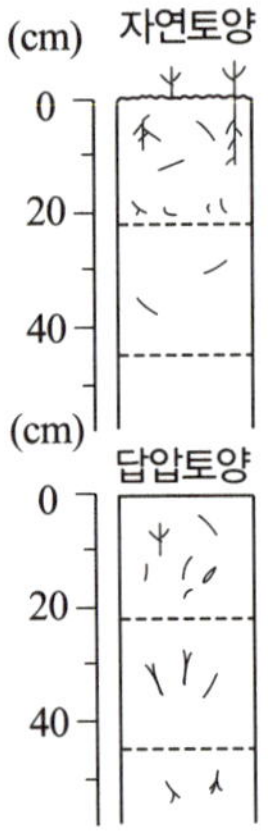

| (cm) 자연토양 | 층위 | 토성 | 견밀도 | 구조 |
|---|---|---|---|---|
| 0 | LF | | | |
| | $A_1$ | 양토 | 연 | 단립상 |
| 20 | | | | |
| 40 | $A_2$ | 〃 | 연 | 약한 괴상 |
| (cm) | AB | 〃 | 견 | 벽상 |
| 답압토양 | | | | |
| 0 | $A_1$ | 양토 | 강견 | 강한 견과상-판상 |
| 20 | | | | |
| 40 | $A_2$ | 〃 | 견 | 약한 견과상-괴상 |
| | AB | 〃 | 견 | 약한 괴상 |

그림 16-2 일본 Shindai식물원의 자연토양과 답압토양의 단면형태(Bongokuli, 1981)

표 16-1를 보면 답압토양은 조공극량이 감소하고 세공극량이 증가하였다. 조공극량 감소는 식물이 가장 흡수하기 쉬운 수분을 갖고 있는 공극량 감소를 의미하며 도시숲토양의 건조화를 나타내는 지표가 된다.

표 16-1 일본 Itou공원 토양의 공극조성

| 구분 | 층위 | 채취위치(cm) | 공극조성(%) | | | 식생 |
|---|---|---|---|---|---|---|
| | | | 전공극 | 조공극 | 세공극 | |
| 자연토양 | $A_1$ | 0~4 | 85.2 | 46.9 | 38.3 | 졸참나무, 이나무 개서어나무 지피식생 있음 |
| | $A_2$ | 10~14 | 78.9 | 36.8 | 42.1 | |
| | AB | 25~29 | 79.6 | 42.3 | 37.3 | |
| 답압지 | $A_1$ | 0~4 | 63.1 | 13.7 | 49.4 | 중국단풍, 졸참나무 개서어나무 지피식생 없음 |
| | $A_2$ | 10~14 | 73.2 | 25.0 | 48.2 | |
| | AB | 25~29 | 76.9 | 29.1 | 47.8 | |

(Bongokuli, 1981)

답압으로 토양이 견고해지면 통기성과 투수성이 나빠지고 세근발달과 양분 및 수분의 흡수가 저해되어 엽량 감소와 생장정체를 초래한다. 그 후 가지가 죽고 우듬지가 죽는 수목쇠퇴현상이 생긴다. 공원 이용자에 의한 토양 견밀화 정도와 수목의 쇠퇴 정도를 보면 그림 16-3과 같이 답압 영향이 강하면 불건전한 생육상태에 있는 수목이 증대한다. 삼나무, 소나무 등도 토양 견밀화에 민감한 반응을 보인다.

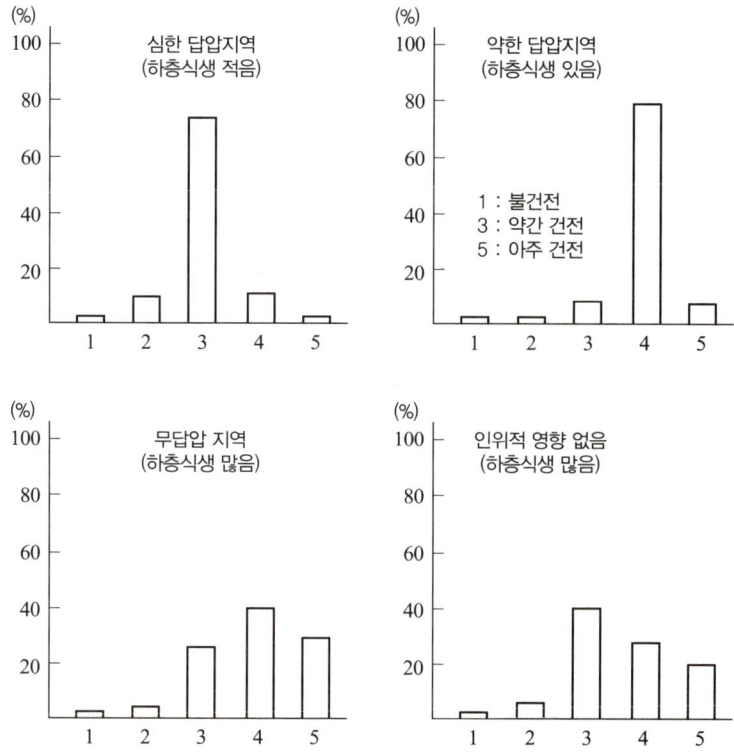

그림 16-3 일본 Shimizu공원 표토층의 견밀도와 건전수목 본수분포(Bongokuli, 1981)

## 2 인공조성 토양과 수목피해

도시에서의 녹지 조성은 대형 기계로 지형을 바꾸고 대규모 토지조성을 한 다음 실시하는 것이 보통이다. 인공조성 토양은 여러 가지 성질을 가진 토양을 쌓아 만든 토층이므로 자연토양과 비교하면 불완전미숙토양이다. 조성할 때 대형차량이나 중기에 의하여 답압되므로 표토층 밑은 견고한 층이 형성되기 쉽다. 이때 불투수층이 생기면 식재한 나무가 과습에 의한 장애가 발생하여 생육이 불량해진다. 오목지형에 성토한 경우 배수가 극히 나쁘다.

불도저와 트럭 등으로 공원을 조성하면 자연토양에 비하여 세토와 자갈이 차지하는 비율이 크고 토양공극이 크게 감소하므로, 식재수목의 뿌리생육이 불량하여 대부분 우듬지가 고사하지만 인공조성 기반토층과 객토를 경운 혼합한 후 식재하면 수목생육이 양호하다. 또 인공조성 토양에서는 토양 층위가 아주 다르면 각 층의 성질도 달라 뿌리생장이 토층의 경계에서 일시적으로 정체하는 경우가 많다. 그러므로 생육회복을 위하여 여러 가지 토양개량방법을 사용해야 하며 조성방법을 개선하는 것도 중요하다.

## 3 가로수 토양과 수목생장

가로수는 도로변에 식재된 수목으로서 도시 내 가로경관을 편안하게 하며, 도시민에게 쾌적한 보행 환경조성에 기여하고, 수목에 의한 계절감과 자연의 소중함을 느끼게 해 준다. 가로수는 인공물이 대부분이고 인구 과밀화 현상이 진전되고 있는 도시에서 그 중요성이 커지고 있다.

외부가 콘크리트로 둘러싸인 가로수 토양은 아주 이상한 토양환경이다. 자연토양이 아닌 하부토층은 자갈과 쇄석 등이 있고 상부는 모래나 화강암 모재로 채워진 후 식재 시 객토하거나 퇴비 등을 넣어 인공적으로 나무가 살 수 있도록 만든 토양이다.

가로수는 통행차량의 배기가스에 노출되고, 지하매설물과 각종 공사에 의한 입목 뿌리 피해, 지하 구조물에 의한 모관수 차단 및 뿌리 생육 공간 제한, 통행인의 답압과 보도의 포장으로 인한 토양 표층의 견밀화 및 수분결핍, 공사 시 사용한 시멘트와 제설용 염화칼슘의 살포 등으로 인한 토양의 알칼리화와 Ca 이온 증가 등으로 토양을 악화시킨다. 특히 사람의 통행이 많은 도시 가로수는 답압으로 토양이 다져져서 비가 오면 빗물의 투수성이 낮아 건조하기 쉬운 토양환경이다.

가로수 뿌리 주변 토양은 조성 시에 객토하므로 식재 당시는 양호하나 식혈은 뿌리가 충분히 뻗어갈 만큼 넓지 않다. 일본 요코하마 가로수식재지 토양은 식혈에 사토가 객토되어 있고, 하층은 자갈 및 모래층이다. 토양의 최소용기량은 6~10%인데 잡석이 있어서 인공조성토양보다 통기성이 좋으나 상당히 건조하다.

가로수 토양의 상층은 고상비율이 높아서 투수성이 나쁘며 강우 시 배수도 불량하다. 그러나 최소용기량이 8% 정도이므로 토층 상부에 있는 세근의 생육환경은 좋다. 뿌리 발달상태를 보면 차도 쪽에 굵은 뿌리가 아주 적고 생장이 부진하므로 보도 밑에 통기성이 좋은 양질토양을 많이 객토할 필요가 있다.

표 16-2 일본 요코하마 가로수 토양의 물리적 성질

| 토심 (cm) | 견밀도 (mm) | 투수성 (cc/분) | 세토 (%) | 자갈 (%) | 최대 용수량 (%) | 토양 수분 (%) | 최소 용기량 (%) |
|---|---|---|---|---|---|---|---|
| 20 | 8~12 | 47 | 40.7 | 8.2 | 44.3 | 12.5 | 6.8 |
| 40 | 10~15 | 102 | 35.0 | 6.5 | 51.3 | 13.0 | 7.2 |
| 60 | 15~19 | 121 | 33.6 | 1.0 | 58.0 | 15.2 | 10.4 |

(Bongokuli, 1981)

## 16.3 토양환경보전방법

### 1 지피식생과 토양보전

도시숲은 이용자가 많아지면 녹지 내 나무들이 적어지고, 지피식생 제거, 낙엽 및 낙지 청소 등에 의하여 토양이 악화된다. 토양에 미치는 악영향인자를 배제해야 도시숲이 보전된다. 지피식생은 토양의 이화학성을 양호한 상태로 유지하는데 큰 역할을 한다. 지피식생을 도입하면 토양의 물리적 성질이 상당히 개선되며 낙엽도 토양을 보전한다. 낙엽, 죽은 가지 등 유기물을 제거하면 낙엽에서 공급되는 석회가 적어지므로 토양 중 치환성 석회량이 부족하여 토양의 산성화를 초래한다. 또 낙엽이 없어서 유기물 공급이 부족하면 염기치환용량이 적게 되고, 토양의 완충작용도 저하되며, 비옥도도 낮아진다.

질소의 무기화량을 기준으로 낙엽층과 지피식생이 남아있으면 그림 16-4와 같이 답압이 되더라도 토심 10cm 이내에서는 자연토양과 큰 차이가 없으나 낙엽층과 지피식생이 없으면 질소공급량이 크게 감소하는 것으로 나타났다. 또한 토심 10cm 이상되는 곳에서는 답압 영향이 크지 않았다. 가로수 주변에는 수목보호덮개를 사용하거나 식물을 도입하여 사람들이 밟지 않게 함으로써 가로수 토양을 보전하고 있다.

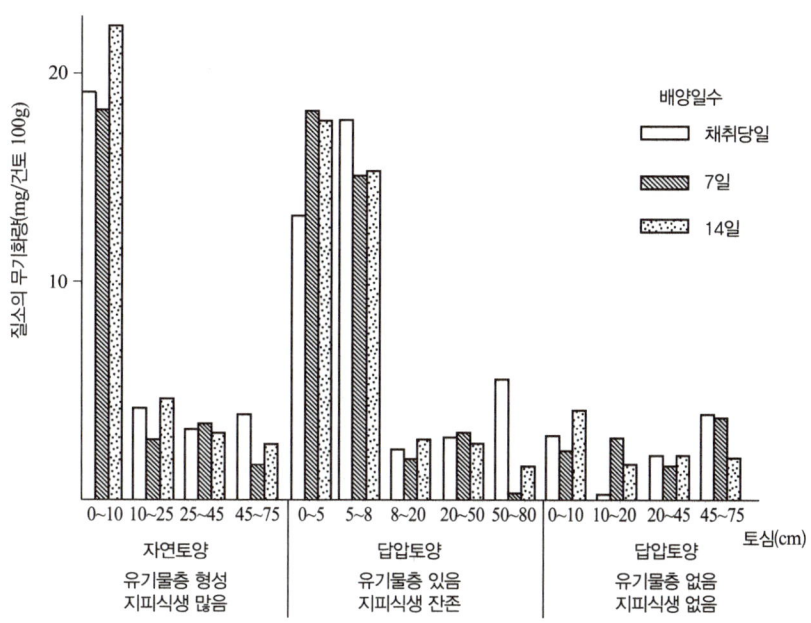

그림 16-4 일본 Shindai식물원의 지피식생 차이와 토양 내 질소의 무기화량(Morida 등)

## 2 이용자수와 토양보전

도시숲은 숲의 형태와 식생에 따라 이용빈도가 다르다. 일본 Tokyo Kanei공원에서 사람들이 이용하는 장소를 조사한 결과 가장 이용이 많은 곳은 잔디밭이고, 다음이 벚나무 밑의 초지였다. 상수리나무와 졸참나무 2차림과 같이 지피식생이 없는 곳은 이용자가 적었다. 여러 가지 운동에 의한 초지 손상도와 토양 견밀도 증가치(운동 후 표토층의 견밀도에서 운동 전의 견밀도를 뺀 값)를 보면 표 16-3과 같이 걷는 행위는 손상이 적지만 토양 견밀도의 증가율은 가장 높았다. 다음 증가율이 큰 것은 뜀, 달림, 축구경기의 순이었다.

이용밀도에 의한 식생 변화는 일본 Wakakusa산의 예를 보면 체류자가 상당히 많은 시간대에서 이용밀도와 초지의 관계는 헥타르당 20~50명일 때 참억새

초원이 존속하고 200명까지도 참억새가 약간 남아있다. 이용밀도가 400명 정도이면 참억새가 사라지면서 초지가 나타나기 시작하고 900명을 넘으면 전형적인 초지가 된다. 1,300명이 되면 답압에 의하여 나지형의 지표식생인 우산잔디형이 된다. 그러므로 나지화가 되는 이용밀도는 헥타르당 1,000명 정도이다. 식생변화는 답압에 의한 토양 견밀화에 있으므로 표토층의 견밀화 지표가 되는 지피식생의 쇠퇴정도를 판단하여 적절히 입산통제를 하면 토양 악화를 막을 수 있을 것이며, 경관을 고려해서 지피식생을 적극적으로 존치하는 것도 토양환경 보전에 큰 역할을 한다.

표 16-3 기본적 신체운동이 지피식생에 미치는 피해

| 기본적 신체운동 | 뜀 | 걷기 | 달리기 | 축구 | 비빔 | 찌름 | 섬 | 앉음 | 잠 |
|---|---|---|---|---|---|---|---|---|---|
| 지상부 피해도 | 3.3 | 2.9 | 3.3 | 10.0 | 6.9 | 10.0 | 2.0 | 2.0 | 2.0 |
| 토양견밀도 증가비 | 4.93 | 7.22 | 4.65 | 4.50 | 1.73 | 2.10 | 1.61 | 2.47 | 1.98 |

[주] 피해도 : 수치가 크면 피해정도가 크다. (Bongokuli, 1981)

## 16.4 토양관리

### 1 토양개량

토양개량에는 물리성과 화학성 개량이 있으며 토양상태를 잘 파악하고 적당한 개량방법을 사용해야 한다. 특히 공원 녹지에서는 식물 – 토양미생물 – 토양 간의 양분순환이 파괴되었으므로 유기물 공급을 기본으로 하는 토양개량이 필요하다. 토양 물리성 개량목표는 견밀한 토양의 투수성과 통기성 개량을 의미하며, 경운에 의하여 토양의 삼상 조성을 변화시키면 된다. 보통 수관 하부를 경운하고 퇴비와 토양개량제를 넣은 후 토양과 잘 섞는다. 토양개량제는 퇴비 외에 버미큘라이트(질석), 펄라이트 등이 사용된다.

답압을 막을 수 없는 곳에서는 어느 정도 답압에 견디는 토양개량방법을 사용해야 한다. 일본 우에노공원에서 느티나무 수관 하부에 폭 40cm, 깊이 30cm의 구덩이를 파고 개량제와 토양을 섞어 넣고 다시 밟아 1년 후의 토양을 조사한 결과 경운과 펄라이트 처리효과가 있었다(표16-4). 토양 개량효과는 단기간에 나타나기 어렵지만 경운 후 비료와 펄라이트, 목탄분말, 부속톱밥퇴비 등의 토양개량제를 같이 사용하면 효과적이다. 경운하지 않고 비료와 토양개량제를 줄 경우 수관하부에 원형으로 파고 주는 것이 세근발달을 촉진한다.

표 16-4 느티나무 식재지의 토양개량시험 1년 후의 물리적 성질

| 처리 | 전공극 (%) | 세공극 (%) | 조공극(%) | | 투수성 (cc/분) |
|---|---|---|---|---|---|
| | | | pF 2.7~1.7 | pF 1.7 이하 | |
| 경운 | 53.4 | 6.7 | 23.7 | 23.0 | 48 |
| 경운 + 펄라이트 | 61.2 | 29.3 | 11.3 | 20.6 | 50 |
| 무처리 | 54.3 | 38.9 | 7.0 | 8.6 | 21 |

(Sato, 1981)

토양을 개량할 때 토양 전체를 좋은 흙으로 복토하는 것이 가장 좋으나 채취 및 운반과 복토에 많은 비용이 들고 좋은 흙을 찾기도 어려우므로 그림 16-5와 같이 토량을 적게 하는 방법을 사용한다.

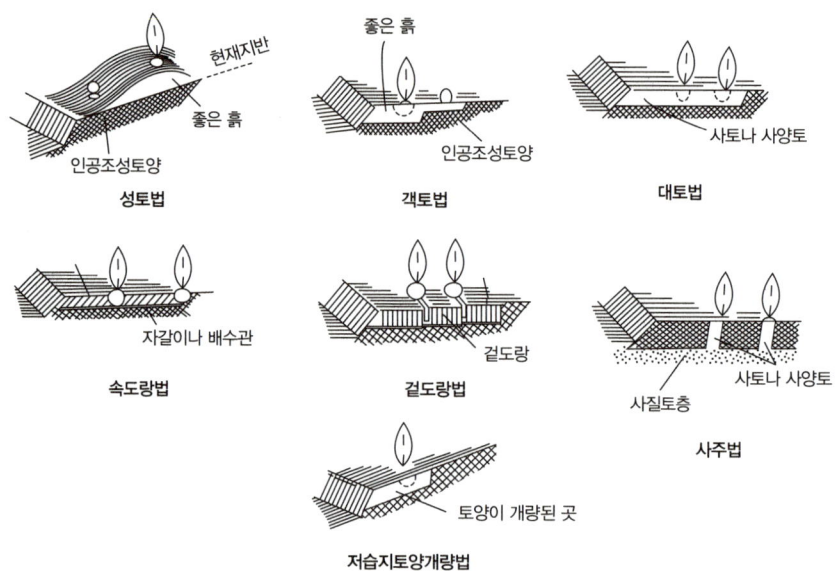

그림 16-5 **인공조성 토양의 개량방법**(Kameyama 등, 1989)

(1) **성토법** : 식재지역 전체에 두께 1m 이상의 좋은 흙을 덮으면 가장 좋으나 그 두께는 식재수종에 따라 조절하며 교목은 1~1.2m, 관목은 50~60cm, 초류는 30cm 정도로 한다.

(2) **객토법** : 좋지 않은 흙을 걷어내고 대신 좋은 흙을 지반까지 객토하는 방법으로, 식혈이 낮으면 물이 차지 않도록 배수시설을 설치한다.

(3) **대토법** : 불량한 흙을 폭 1.2m, 깊이 1m로 파내고 여기에 모래나 사양토를 넣은 후 식재하는 방법으로 식혈 위치가 낮으면 배수를 위하여 겉도랑[명거]을 설치한다.

(4) **속도랑[암게] 또는 겉도랑** : 성토나 객토를 할 수 없는 경우 식혈 주변 토양을 좋은 흙으로 바꾼다. 이때에도 식혈위치가 낮아 배수가 잘 안 되면 속도랑이나 겉도랑을 설치한다. 겉도랑은 배수효과를 쉽게 확인할 수 있지만 사람이 많은 곳에서는 빠질 위험이 있다.

(5) **사주법** : 진흙층이 1m 이내로 비교적 얕으면 식혈 하부의 불투수층까지 파내고 여기에 모래를 객토한 후 식재하는 방법이다.

(6) **저습지 토양개량법** : 토양이 습하고 점토가 많은 곳은 기계로 경운하여 물리성을 개량한다. 화학성은 탄산석회, 고토석회를 넣고 약산성으로 만든다. 이때 과산화수소와 같은 산화제를 넣으면 효과적이다. 점토덩어리는 어느 정도 잘게 부수는 것이 좋다. 유·무기질 토양개량제는 큰 효과가 없다.

## 2 시비

도시숲 대부분은 양분순환이 되지 않으므로 시비 필요성이 크다. 퇴비를 많이 주어야 토양미생물이 번식하기 쉽고 잡초와 지피식생이 생육할 수 있는 환경이 조성된다. 견밀한 토양은 나무뿌리 생장이 불량하므로 유기물을 공급해서 토양을 부드럽게 하고 시비하여 세근발달을 촉진한다. 견밀화한 토양에 직접 비료를 주어도 흡수하는 세근이 없으면 효과가 없다. 수목의 영양상태는 잎내 양분으로 판단하는데, 수목 생장에 가장 관계있는 잎내 질소는 낙엽활엽수(N 1.87~3.80%) → 상록활엽수(N 1.28~2.79%) → 침엽수(N 0.99~2.14%)의 순으로 낮아지는 경향을 보인다.

양분농도는 질소농도를 100으로 하여 다른 양분농도비를 산출하면 되는데, 예외도 있지만 크게 A, B, C의 3형으로 나눈다(표 16-5). A형은 칼륨, 칼슘농도가 높은 수종이며, C형은 질소농도보다도 칼슘만 높은 수종이다. 비료 이용률은 질소 50%, 인산 20%, 칼륨 50%이므로 시비비율을 산출할 수 있다. 특히 B형 수종에서는 질소보다도 칼륨비료의 비율이 높은 특징이 있다. C형 수종은 A형 수종과 시비요소 비율이 거의 같으나 석회요구도가 높은 수종이므로 비료 3요소 외에 마그네슘, 석회 비료도 시비한다. 시비량은 양호한 생육상태를 유지하기 위해서 복합비료기준으로 수고 4~5m의 관목에는 1본당 30g을, 교목에는 1본당 100g 정도를 시비한다.

표 16-5 양분조성비에 따른 시비 비율

| 형 | 양분조성비 | | | | 시비요소비 | 적용수종 |
|---|---|---|---|---|---|---|
| | N | $P_2O_5$ | $K_2O$ | CaO | N-$P_2O_5$-$K_2O$ | |
| A | 100 | 15 | 51 | 61 | 10-4-5 | 들메나무, 돌참나무<br>소귀나무, 동백나무 |
| B | 100 | 20 | 121 | 136 | 10-5-12 | 다정큼나무, 사철나무 |
| C | 100 | 14 | 66 | 144 | 10-4-7 | 꽝꽝나무 |

[주] 시비요소비 : 비료의 이용률을 질소 50%, 인산 20%, 칼륨 50%로 하여 산출한 값  (Bongokuli, 1981)

Chapter 17

# 황폐지토양

17.1 황폐지토양 특성
17.2 침식과 토양 성질
17.3 토양 개량
17.4 황폐지 복구 후 토양변화

# chapter 17
# 황폐지토양

## 17.1 황폐지토양 특성

황폐지토양은 토양화가 진행된 A층과 B층이 없으므로 탄소량과 질소량이 적고 토양단면을 보아도 아주 밝은 색으로 유기물이 결핍되어 있다. 양분이 결핍되어 있고 건조하므로 토양미생물과 토양동물의 활동이 미약하고 임목생장이 크게 제한되어 있다.

토양구조도 아주 나쁘고 견밀하여 삼상을 보면 고상이 60% 이상인 곳도 있다. 고상이 많으면 식물에 필요한 수분과 토양공기가 있는 공극이 적어지므로 보수, 통기성, 배수 등이 불량하고 식물의 생리환경이 불리하다. 비옥한 산림토양은 중공극 비율이 높지만 황폐지는 세공극 또는 조공극이 많다. 조공극이 너무 많으면 건조하기 쉽고, 세공극이 많으면 습하므로 황폐지토양은 건조와 다습의 극단적인 변화를 보인다. 고상이 55~60%이면 뿌리가 생장하기 어렵고, 더욱이 건조와 습윤이 극단적인 경우에는 뿌리 발달이 극히 불량해진다.

## 17.2 침식과 토양 성질

화강암지역에는 지피식생이 없는 황폐지가 많고 수지상(dendritic)으로 구곡침식(gully erosion)이 일어난 비탈면하부와 하천에 토사가 쌓여서 천정천(elevated stream)이 되므로 홍수가 발생하기 쉽다. 석영조면암지대에는 지피식물이 약간 있고 발풀고사리(*Dicranopteris linearis*)가 번무하므로 토사 유출이 많지 않다. 그러나 비탈면의 볼록지형에는 암석이 나타나며 경우에 따라서는 비탈면 전체에 암석이 노출되어 식생 정착이 어렵다.

침식 정도는 토양표면의 형태, 투수의 난이도, 물에서의 분산도 크기가 큰 영향을 준다. 지표의 투수성이 나쁘면 빗물이 땅속으로 침투하지 못하고 지표로 유출되어 표면침식이 커진다. 토양분산도가 크면 토사가 쉽게 물과 섞여 운반된다. 화강암지대에서는 비교적 공극이 적기 때문에 지표수가 많고, 이 때문에 국소지형에 따라 누로가 생긴다. 이곳으로 물이 집중하고 점토와 미사의 분산성이 커서 침식이 시작된다. 토성을 보면 점토가 적고 모래가 많으므로 입자의 응집력이 적고 모래도 대부분 씻겨내려가 종침식이 심해진다. 따라서 지피식생이 있는 비탈면도 종침식이 일어난 후 횡침식이 발생하므로 지피식생이 있는 비탈면도 침식되어 나지가 넓어진다. 또 빗물이 침투하여 다시 계곡 위에서 용출되는 곳에는 붕괴가 일어나기 쉽고, 비탈면 하부와 계곡에 많은 토사가 퇴적된다. 반면 석영조면암지역에서는 침식 양상이 아주 다르다. 이곳의 토성은 상층과 하층이 서로 달라 상층은 점토가 적고 하층에서는 많다. 투수성도 상층에서는 비교적 양호하나 하층에서는 아주 나쁘다. 또한 나지가 적어 빗방울이 지표를 직접 타격하는 경우가 적지만 분산성은 화강암보다 크다. 따라서 빗물의 지표유출이 적고 일단 지중에 깊이 침투한다. 토양 이동은 적지만 분산성이 크므로 점토만 물속에 남아 있으며, 일부는 침투수와 함께 지중으로 들어가서 하층에 침적되거나 물에 의하여 운반된다. 산록의 완경사지에는 부유토사가 토양 속에 쌓여 견밀해지므로 통기성이 불량하고 표토층은 환원상태로 된다. 이러한 토양은 경운하여도 곧 딱딱해져서 토양개량에 신중해야 한다.

## 17.3 토양 개량

황폐지는 자연적으로 방치되어 있어 계속 척박화가 진행하는 경우가 많다. 이것은 토양이 침식을 잘 받는 성질을 갖고 있기 때문이며, 침식을 방지하면 지피식생이 도입되어 토양개량을 할 수 있는 조건이 형성된다. 그러므로 침식-토양악화-식생감소의 반복을 인위적으로 차단하려면 모재와 척박정도에 따라 구분한 다음, 복구방법을 모색한다. 보편적으로 사방공사(erosion control works)를 실시하며 최소 비용으로 침식을 방지하고 임지생산성을 높이는 기술이 필요하다. 토양 안정을 도모하기 위하여 경사도를 낮추고 사방구조물을 설치한 후 식재와 파종을 실시한다.

황폐지토양에서는 비료목을 식재하고 생육에 필요한 비료를 주며, 지표가 피복됨에 따라 유기물층이 보전되고, 낙엽분해에 따른 유기물 공급으로 토양이 개량되므로 비료목을 잘 가꾸어야 한다. 비료목에 의하여 토양이 좋아지고 재침식 우려가 없으면, 비료목을 일부 벌채하고 일반 수종을 식재하는 것도 좋다. 비료목 식재의 최종목적은 토양개량을 하여 일반 임지로 전환하는 것이나, 비료목을 전부 벌채하지 않는다.

비료목에 의해 지표면이 차폐되면 토양수분 환경도 좋게 되고, 낙엽과 근류에 의해 토양 중의 유기물도 증가하여 임목생장을 촉진하지만, 토양의 불량원인이 물리성에 있다면 비료목식재뿐만 아니라 적극적으로 물리성을 개선해야 한다. 토양 물리성이 나쁘면 비료목 생장도 좋지 못하다. 황폐지토양 개량방법은 다음과 같다.

## 1 식혈(planting hole)

식혈은 원래 나무를 식재할 때 활착증대를 주목적으로 하는 것이나 황폐지에서는 식재 후 생장을 기대하기 때문에 경운의 의미가 크다. 따라서 깊고 넓게 파는 것이 좋은데, 그렇지 못할 경우 용기묘(containerized seedling)를 사용하면 조림목 생장에 유리하다. 표토층이 딱딱하거나 견밀층이 얕게 있으면 계단상 수평구를 만든다. 황폐지는 뿌리의 생장공간이 거의 없으므로 수평구를 설치하면 임목 뿌리 발달과 초본류 착생을 도와 추후 조림목의 생장을 촉진한다. 식혈작업은 이른 봄에 하는 것이 효과가 크다. 이것은 겨울의 서릿발에 의하여 토양이 잘 분쇄될 수 있는 상태이므로, 토양구조가 좋아지고 하층 토양에 공기가 유입되어 통기성이 좋아지며, 유효성분이 이용되기 쉽다.

## 2 시비

황폐지는 전체적으로 양분이 부족하므로 시비는 필수적이다. 근류균을 갖고 있는 비료목도 처음에는 비료를 주어야 효과가 크다. 사방사업 초기에 사업이 실패한 이유는 시비를 하지 않았기 때문이다. 화학비료를 시비하면 유실되기 쉬우나 효과가 곧 나타나는 장점이 있고, 고형복합비료는 완효성이므로 뿌리가 흡수할 기회가 적다. 비료 중 인산의 효과가 크므로 인산이 많은 비료가 좋다. 비료목은 식재 4~5년 후에 생장 정체 현상이 보이므로 추비를 한다. 풍화토층에는 칼륨성분이 많으므로 칼륨비료는 주지 않아도 된다.

## 3 유기물 공급

유기물은 토양의 입단화를 촉진하여 토양 중 수분과 공기의 균형이 좋은 상태로 만들기 때문에 물리성 개량과 양분을 유지하는 역할을 한다. 임목의 영양원이 되고, 비료 유실을 방지한다.

유기물은 토양과 섞어 식혈에 넣고 나무를 심지만 부피가 커서 일반 황폐지에 공급하기에는 비용이 많이 든다. 도시 근교가 아니면 도시쓰레기나 분뇨찌꺼기를 사용한다. 석영조면암을 모재로 한 토양에서는 유기물 공급효과가 크다.

## 4 비료목 식재

비료목을 식재하고 2~3년 후에는 인접한 소나무의 생장이 증대한 결과가 있다. 비료목 식재 시 식혈과 시비가 영향을 주며, 장기적으로는 비료목의 근류에 의한 질소공급 효과도 크다. 소나무류는 지표 가까이 공극이 많은 표토층에 세근을 갖고 있다. 또한 황폐임지 하층은 견밀하기 때문에 지표면에 뿌리가 집중한다. 그러나 유기물층이 없는 지표는 지온이 높고 건습의 교차가 크므로 뿌리 생존에 지장을 준다. 비료목 식재로 지표가 보호되면 뿌리의 생육환경이 개선되고, 근류의 신진대사에 의하여 질소도 공급되므로 소나무의 생장을 촉진하는 역할을 한다. 비료목 생장이 불량하면 소나무 생장도 불량해지므로 비료목을 건전하게 생육시켜야 한다.

비료목를 벌채한 후 소나무 생장이 감소한 경우도 있으므로 비료목을 주임목과 혼합식재한다. 비료목에는 아까시나무, 오리나무류, 싸리류 등이 있는데 오리나무류는 식재를, 싸리류는 파종을, 아까시나무는 파종과 식재를 동시에 한다. 토양 내 양분이 극히 적고 표토의 풍화가 심한 강산성 황폐지에 사방공사를 실시하고 비료목을 식재한 결과 시비와 비료목의 영향으로 소나무의 연평균 수고생장은 10cm에서 5년 후 40cm까지 증가하다가 서서히 감소하였다(그림 17-1).

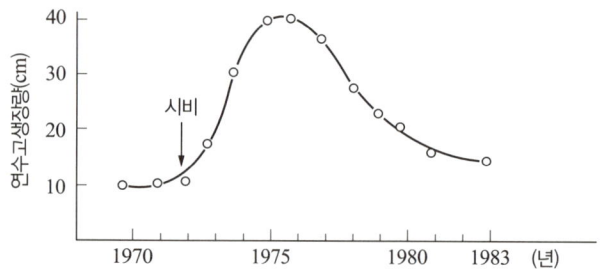

그림 17-1 영일 사방시공지의 소나무 연평균 수고생장변화(이천용, 1986)

20~40년생 자작나무림과 오리나무림의 토양을 비교한 결과 비료목인 오리나무림에는 질소와 유기물은 많았으나 인은 부족하였다(표 17-1).

표 17-1 *Betula pendula*림과 *Alnus incana*림의 토양 화학성 비교

| 수종 | pH | 전기전도도 (m/S/cm) | 유기물 (%) | 전질소 (%) | 인 (mg/l) | (mg/l) | | |
|---|---|---|---|---|---|---|---|---|
| | | | | | | Ca | K | Mg |
| *Betula pendula*림 | 4.5 | 0.11 | 9.9 | 0.26 | 6.9 | 883 | 98 | 117 |
| *Alnus incana*림 | 3.9 | 0.15 | 19.5 | 0.61 | 2.3 | 640 | 94 | 110 |

(Smolander, 1990)

### 5 황폐지 복구 후 관리

사방시공지는 방치하면 지력 증진을 크게 기대할 수 없으므로 적극적인 관리를 실시하여 지력의 회복을 해야 한다. 즉, 낙엽채취를 금지하고 비료목은 맹아갱신과 가지치기를 하여 주임목의 생장을 방해하지 않게 하고 하층식생의 침입을 유도하며 연 1~2회 추비를 실시한다.

## 17.4 황폐지 복구 후 토양변화

사방사업 당시에는 토양유실을 방지하기 위하여 뭉기기를 하므로 토심이 거의 없다. 그러나 객토와 모재층의 직접 노출로 인한 풍화진행, 식물조성에 의한 뿌리의 증가 및 유기물의 집적으로 시공 초기에는 토양화작용이 활발하기 때문에 그림 17-2와 같이 풍화토심은 10년에 25cm가 되었고 점차 그 진행이 늦어져 20년에는 40cm가 되었다. 그러므로 시공 후 14년에는 어느 정도 식물뿌리가 자생할 수 있는 토양이 형성된다.

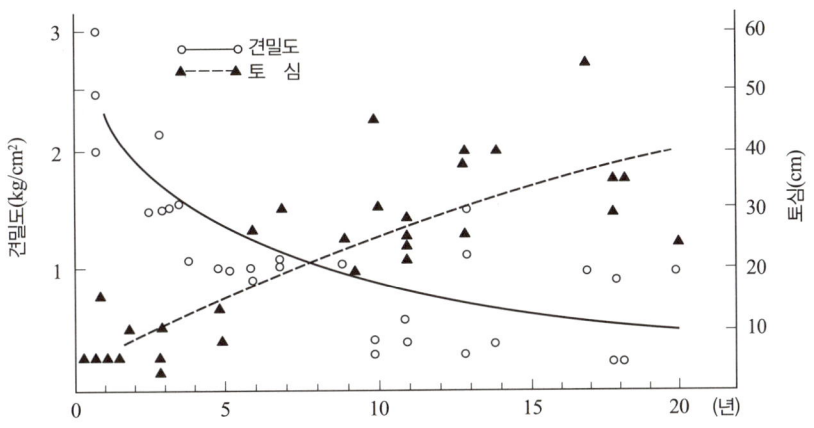

그림 17-2 사방시공지 토양의 견밀도 및 풍화토심변화(이천용, 1986)

또한 시공 직후에는 견밀도가 2.0 이상으로 상당히 딱딱하였으나 시공 후 시간이 경과할수록 점점 부드러워졌다. 토양 pH는 그림 17-3과 같이 시공 직후 5.3이었는데 20년 후에는 5.1로서 약간 낮아졌다. 이것은 산성암인 화강편마암의 풍화촉진 또는 식물에서 분비되는 산성 물질과 낙엽에서 나오는 부식산의 영향을 받았기 때문이다.

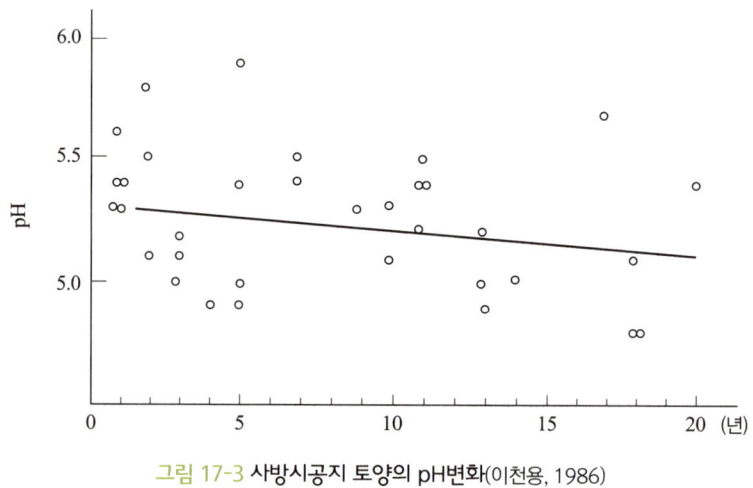

그림 17-3 사방시공지 토양의 pH변화(이천용, 1986)

토양 pH는 토양의 초기조건, 흙깎기, 공종과 시공법 및 식재수종의 혼식방법에 따라 달라질 수 있다. 낙엽 낙지에 의하여 토양으로 공급되는 유기물은 장기간 집적되어, 일부는 토양 중에 침투되고 일부는 유실되지만 매년 유기물은 집적된다. 그러므로 그림 17-4와 같이 시공 후에는 유기물이 계속 증가하여 그 함량이 3년에는 1%였고 11년에는 2%였으나 20년에는 2.7%로 그 증가율이 점점 둔화하였다. 유기물과 밀접한 관계가 있는 토양 내 질소는 낙엽 분해로 토양에 환원되거나 공생질소고정균에 의한 질소고정, 그리고 강우에 함유되어 증가하고 있는데 3년에는 최소필요량인 0.05%가 되었고 20년에는 0.11%가 되어 그 증가율이 상당히 높았으나 임목의 정상생장에 필요한 0.15%에는 아직 미치지 못하고 있다.

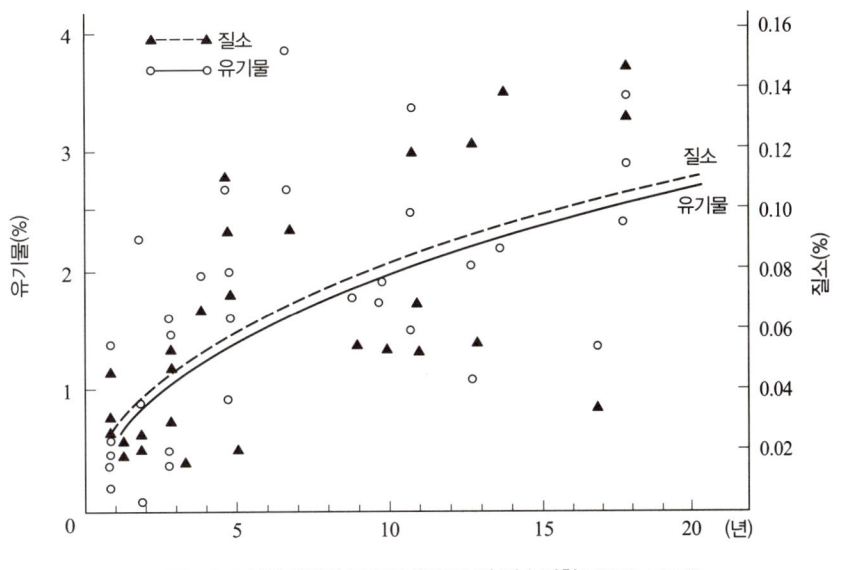

그림 17-4 사방시공지 토양의 유기물 및 질소변화(이천용, 1986)

사방시공지에는 줄떼공, 새심기, 파종 및 식재 시 용과린을 헥타르당 581kg을 시비하기 때문에 그 영향이 비료목 생장에 나타나고 토양 내 인산함량에도 변화를 주고 있다. 그림 17-5와 같이 시공 4년까지 인산 농도가 급격히 저하하면서 소나무류가 최소로 요구하는 30ppm이 되었다가 그 후에도 계속 저하하여 15년부터는 사방 전의 평균인산농도와 같다. 이것은 시비한 인산이 강우에 유실되거나 토양에 흡착되어 임목에 전부 이용되지 못하기 때문이다.

사방시공지는 초기에 종자가 쉽게 정착할 수 있고 녹화 기초공에 의한 생육기반의 개량과 사방수종의 생장에 따른 생육환경개선으로 점차 안정된다. 특히 활엽수의 낙엽은 나지상태에서 초기에 속히 분해되기 때문에 여기서 생기는 유기물은 N, P, K, Ca, Mg 등을 함유하고 있어 임목생장이 증대하고 토양견밀도 저하와 토심 증가를 가져와 토양의 물리적 성질을 어느 정도 개량한다. 그러나 풍화토심은 일반 임지의 토심과 달라서 양분도 부족하고 토양견밀도도 낮지 않으므로 토심이 30cm가 되었다 하더라도 임목생육에 적합하다고 할 수 없다. 또한 산림토양의 A층은 견밀도가 0.5 내외이므로 이 기준에 도달하려면 더 많은 유기물이 필요하게 되며 그러기 위해서는 오랜 세월이 필요하다. 따라서 성급하게 토양을 교란하는 행위는 재황폐 위험을 초래한다.

토양양분에 있어서 질소가 약간씩 증가하지만 임목생장에는 크게 도움을 주지 못하고 있으며, 인산은 초기 시비량의 10~20%만 이용되고 나머지는 흡착과 침전에 의하여 고정되므로 그 양이 절대적으로 부족하다. 따라서 비료목의 생육이 불량하고 공중질소고정능력이 저하됨으로써 주임목인 리기다소나무의 생장도 나빠지게 된다. 또한 시공 직후 3년 동안 실시하는 추비의 효과도 초기의 침식토와 함께 많이 감소되므로 완효성 비료의 시비가 요구된다. 1960년대 미국에서 수입한 완효성 인산암모늄비료는 사방사업 성공의 큰 요인이 되었다. 사방시공지의 토심이 50cm 이상이고 지표가 안정되어 있다면 경제수종 식재를 고려해 볼 수 있으나 토양을 노출시키기 때문에 재황폐 위험이 있으므로 부분적으로 실시해야 한다. 또한 조림목이 잡초에 피압될 우려가 있으므로 풀베기, 제벌, 시비 등 적극적인 관리가 필요하다.

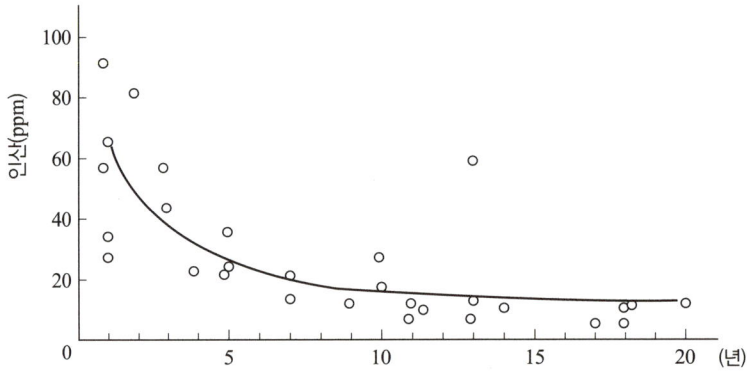

그림 17-5 사방시공지 토양의 인산변화(이천용, 1986)

Chapter 18

# 해안매립지토양

18.1 토성
18.2 화학성
18.3 배수체계
18.4 염분 차단
18.5 식재 기반 조성
18.6 지표피복
18.7 수목식재

Forest Environmental Soil Science

# chapter 18
# 해안매립지토양

해안매립지토양이란 바다 밑에서 퍼올린 바닷모래나 갯흙 위에 산에서 운반한 흙을 덮은 곳으로 일반토사매립지, 준설토매립지, 일반토사＋준설토매립지 등 세 가지로 분류된다. 일반토사매립지는 인근 산의 흙과 공사장 터파기에서 나오는 흙을 매립하는 것이며 매립지 초기에는 많이 사용하였으나, 매립예정지 인근에서 흙 공급이 점점 어려워지면서 장거리에서 흙을 운반해 온다. 일반토사매립지는 양분 함량이 적고 대형차량 통행으로 인한 답압으로 토양물리성이 나쁘다. 준설토매립지는 바다 외곽에 방조제를 쌓아 방조제 안쪽 바다 속의 모래나 갯벌로 매립하는 방법으로 토성, 산도, 염분 등 수목생장에 불리한 조건을 가지고 있다. 또한 토양구조가 발달되지 않아 토양입자가 분산되어 투수성과 통기성이 나쁘고, 지지력이 약하다. 이러한 토양 조건은 제염이 어렵고 식물 뿌리의 활착과 생장이 나쁘며 시비관리 또한 어렵다.

해안 매립지 토양은 흙의 운반과 토양을 다지기 위하여 사용된 토목장비에 의해 땅이 딱딱해진다. 특히 점토가 많은 토양을 객토하면 답압에 의한 견밀도 증가와 배수불량에 따른 습해가 심하다. 따라서 수목 뿌리는 식혈된 곳과 표토층에서만 발달하고, 심토층에서는 생장이 불량하다. 뿌리가 표토층을 따라 얕게 분포하면 바람의 영향으로 쓰러질 위험이 크다.

해안매립지에서 수목의 정상 생육을 저해하는 요인은 토목장비에 의한 답압, 토양 양분 부족, 적정 복토높이 미흡, 염분을 함유한 모세관상승, 건조피해, 강한 해풍, 높은 지하수위, 이식에 따른 스트레스, 수종선정 오류, 이식시기 부적절, 병충해, 식재기술 부적정, 사후 관리미흡 등이 있다(변재경, 2006).

해안매립지는 매립조성 방법과 지역특성에 따라 수목식재지의 토양환경이 크게 다르므로 식재 전 토양조사를 실시하여 물리화학성을 파악해야 한다. 일반토사매립지는 매립재료인 토양의 물리화학적 특성이 채취지역에 따라 차이가 있고 가로수식재지, 공원 및 녹지대 등은 매립 또는 복토 시 조성방법과 지역에 따라 토양물리성이 크게 다르다. 공원과 녹지대는 계획된 매립토양높이에 추가로 복토하므로 염류 유입 가능성과 중장비에 의한 답압정도가 적어 토양의 물리화학성은 가로수식재지에 비하여 비교적 양호하다.

해안매립지에서 수목의 고사와 생육부진은 토양의 물리 화학적 성질이 수목생육에 부적합하기 때문이다. 그러므로 식재예정지에 대한 토양조사를 실시하여 입지환경특성, 토양단면형태 및 토양의 이화학적 특성을 파악하고 이를 기준하여 추가 복토, 맹암거 설치 및 방법, 토양개량방법, 토양개량제 선택, 수종선정 및 시비량 등의 검토가 필요하다.

## 18.1 토성

해안매립지토양은 토성에 따라 제염 및 탈염기간이 다르고, 같은 토양이라도 지형 특성상 지하수위가 다르며, 토성별로 양분이 불균형하다. 매립지 토양의 토성은 모래가 많은 조립질 토양(사토, 양질사토, 사양토)이 43%, 미사질 토양이 47%, 점토함량이 높은 식질 토양이 10%를 차지한다. 서남해안 해안매립지는 미사질양토와 미사질식토를 합하여 70% 이상이므로 미사 함량이 높다. 새만금지역은 사양토 36%, 사토 34%, 미사질토 30%로서 모래함량이 높다(배상원 등, 2014).

## 18.2 화학성

매립토양은 Na와 Ca가 상당히 많고, K와 Mg도 많은데, 토양 밑으로 갈수록 증가한다. 토양 pH는 객토성질에 따라 다르지만 pH가 높은 곳이 많아 약산성을 좋아하는 대부분 수종에 부적합하다. 수목의 토양 내 염분농도 한계값은 0.05% 이하이나 매립토양의 심토층은 0.18%로 아주 높다. Na도 1.5me/100g이 수목 생장의 한계값이나 매립토양에서는 1.2 ~ 1.4me/100g의 값을 보인다(표 18-1).

표 18-1 인천 해안매립지 토양의 화학성

| 채취위치 | pH | 유기물 (%) | 전질소 (%) | 유효인산 (ppm) | CEC | 치환성(me/100g) | | | | 염분 (%) |
|---|---|---|---|---|---|---|---|---|---|---|
| | | | | | | K | Na | Ca | Mg | |
| 토심 30cm | 5.7 | 0.26 | 0.025 | 31.40 | 6.24 | 0.22 | 1.23 | 2.64 | 1.31 | 0.12 |
| 토심 1m | 5.4 | 0.19 | 0.013 | 28.92 | 5.82 | 0.19 | 1.43 | 3.32 | 1.56 | 0.18 |

(임업연구원, 1990)

## 18.3 배수체계

매립지 토양은 배수가 불량하여 습해를 받기 쉬우므로 배수구나 속도랑 등을 만들어 토양 과습을 방지해야 한다. 해안매립지는 지형이 낮고 평탄하므로 95%이상 지역이 우기에 배수가 원활하지 않다. 이로 인해 침수피해가 생기거나 지하수위가 높아 식물 생육에 습해를 준다. 해안매립지 배수를 위해 대부분 유공관 및 암거를 이용한 수평진공배수공법을 적용하고 그 중 PVC주름관이 가장 우수하며 관직경이 클수록 배수유량이 증가하고, 암거 배수용 재료는 왕겨, 모래, 자갈 순으로 배수효과가 우수하다. 배수공법별 작물 생육은 암거배수 〉 관다발배수 〉 심토파쇄 〉 명거배수 순으로 높다.

해안매립지에서 수목을 식재하려면 토양 염분농도를 낮추기 위해 표토에 물을 많이 공급해야 하므로 습해가 우려된다. 따라서 체계적인 배수기술이 필요하며 기반 조성 시 암거 구조물을 매설하는 배수공법을 적용하고 있다. 수목식재지에서는 뿌리가 지하로 1m 이상 생장하기 때문에 경작지 배수공법보다 더 깊게 지하수위를 낮추고 배수하는 공법이 필요하다. 새만금 해안매립지에서 교목성 수목을 식재할 때 배수구 설치 간격은 20m, 설치 깊이 1.5m로 한 것이 가장 배수효과가 좋았으므로 암거 배수구 토심 1.5m 이상 설치하고 암거에 채우는 재료는 갯흙도 무난하다(그림18-1).

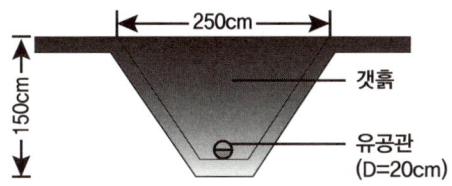

그림 18-1 암거 배수구 모형(배상원 등, 2014)

## 18.4 염분 차단

해안매립지의 염분농도는 전기전도도 20~40dS/m로서 매우 높아 수목생육에 큰 지장을 초래한다. 수목 식재가 가능하려면 전기전도도가 1.45dS/m 이하로 염분을 차단해야 한다. 매립지 토양에서는 지하수위에서 모세관 상승으로 인한 토양염분의 수직이동뿐만 아니라 수평으로 이동해 수목의 염분피해가 발생한다. 염분 차단 방법은 기반층과 식재층 사이에 자갈이나 쇄석 등을 30~50cm 두께로 포설하고 자갈층 위에 부직포를 깔아 기반층과 식재층을 단절하는 것이다. 그러나 이 방법은 모세관수의 상승을 차단하여 수분이 부족하고, 근권의 수분은 공극이 큰 자갈층으로 이탈되어 토양수분이 부족해진다. 수분 부족으로 식재층이 건조해지면 바닷바람에 의한 적은 양의 염분이 집적하더라도 염분 피해가 발생할 수 있다. 배수층 상부에 깔은 부직포가 훼손되어 자갈 사이로 토양이 들어가면 기층의 과다염 함유 모세관수는 표토층으로 재상승하여 염분 피해가 발생하고 건조가 심하면 피해가 확산된다.

차단재료는 목질칩이 우수하며 공극이 크고 토압에 의한 재료의 형상이 유지되어 모세관현상 억제 및 탈염효과가 우수하다. 해안매립지의 매립재로 주로 사용하는 해안 준설토는 초기 염분농도는 높으나 쉽게 탈염되고, 자원 재활용 측면에서 배수층 재료나 염분 차단재로 활용이 가능하다. 염분 차단재의 두께는 두꺼울수록 좋으나 경제성을 감안하여 30cm가 적당하다.

## 18.5 식재 기반 조성

해안매립지의 식재 기반은 근권에 모세관상승에 의한 염류집적을 방지하여 정상적인 수목생육을 도모하기 위하여 갯벌 또는 준설토 위에 오염되지 않은 산흙으로 복토하는 것이다. 복토높이는 내염성이 강한 수종은 1m, 그 밖의 수종은 1.5m 이상으로 실시한다.

공원과 녹지대에서는 자갈, 모래, 토목섬유 및 맹암거를 이용하여 갯벌로부터 염분상승을 차단할 수 있으므로 일반 흙으로 복토하는 것에 비하여 조성비용이 더 들지만 복토높이를 1m로 하여도 무방하므로 복토용 토사확보가 어려운 지역에서 실시한다. 수목을 대량 식재하는 곳은 염분을 함유한 모세관수 상승을 차단하기 위해 복토하기 전에 갯벌 위에 석고($CaSO_4$)를 살포한다(변재경, 2006).

## 18.6 지표피복

해안매립지 토양은 바람에 노출되어 있어 모래가 날리고 건조해지기 쉽다. 지표 고정은 초본류 파종과 이식이 신속하고 효과가 크다. 초본류 발생량이 적은 지역에는 한국 잔디와 켄터키 블루그래스를 파종하고, 초본류 발생량이 많거나 제초 작업이 어려운 지역에는 버뮤다그래스를 이식한다. 그 외 염해에 강한 계요등, 해국, 황근, 갯쇠보리, 큰달맞이꽃, 갯메꽃, 댕댕이덩굴, 산거울, 쑥 등을 식재한다.

## 18.7 수목식재

### 1 수목선정

해안매립지에 식재가능한 교목은 곰솔, 노간주나무, 소나무, 팽나무, 졸참나무, 동백나무, 자귀나무, 팥배나무, 느티나무, 후박나무, 가시나무, 광나무, 아까시나무, 오리나무 등이고 관목 및 만경류는 사철나무, 순비기나무, 보리수나무, 정금나무, 인동덩굴, 찔레꽃 등이다.

### 2 식재기술

식재 시 전면 객토 또는 식혈 객토가 수목 생장에 유리하다. 숲은 종 다양성 확보와 기능적인 측면이 최대한 발휘되도록 조성하며, 척박한 토양을 개량하기 위해 콩과 수종의 도입이 필요하다. 큰 나무 식재간격은 3m가 적합하며, 식재 초기에 지주(연결식 직각 지주)와 방풍 시설을 설치한다. 1~2년생 어린 나무는 헥타르당 10,000본을 식재한다.

식혈은 크게 파고 객토를 충분히 하며 복토한 토양이 다져지지 않도록 주의한다. 답압이 심한 곳은 기계로 깊이 0.5m까지 식재 예정지 부근을 경운하면 수목 생존률이 높아진다. 수목식재 시 유기물을 충분히 공급하고 활착 후에는 수목용 UF(Urea form)완효성복합비료를 시비한다. 알칼리성 토양은 유안 등 산성비료와 인산비료를 충분히 시비한다.

준설토지역의 식혈 개량은 갯벌흙, 준설토, 개량제를 섞어 50cm 성토하는 방법을 사용한다. 여기서 미사질토인 갯벌흙과 사질토인 준설토는 물리성을 개량하고, 개량제는 양분을 공급하여 수목 생육에 도움을 준다.

## 3 수목보호시설

해안매립지를 준설토로 포설할 경우 토양함수율이 낮으므로 파쇄목이나 왕모래를 두께 20cm 정도 깔아주면 토양 보수력 증진과 잡초 방제 등의 멀칭 효과를 얻을 수 있다.

해풍에 의한 수목 스트레스와 피해저감 시설은 방풍책이 가장 좋다. 방풍책의 방풍 효과는 기울기와 바람통과율에 좌우되며 기울기 70°와 바람통과율 50%인 방풍책은 앞부분과 뒷부분에 생성되는 와류 현상(바람 모인 현상)이 가장 적으며 수고의 6배까지 풍속이 감소한다. 해안매립지 숲조성 모식도는 그림 18-2와 같다.

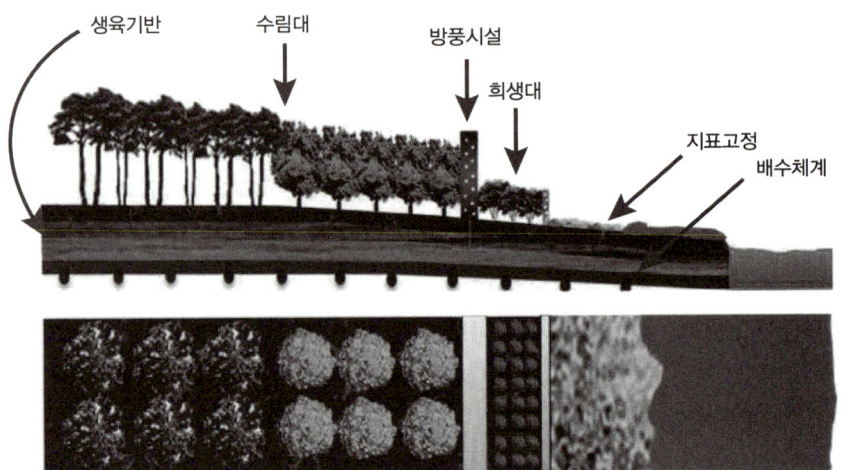

그림 18-2 새만금지역의 숲조성 모식도(배상원 등, 2014)

Chapter 19

# 산성비와 산림토양

19.1 산성비 현황
19.2 산성비 피해
19.3 피해저감

Forest Environmental Soil Science

# chapter 19
# 산성비와 산림토양

## 19.1 산성비 현황

산성비(acid rain)란 평소보다 많은 산성 물질(질산 및 황산)을 함유하고 있는 강수(눈, 안개 포함)를 말하며 pH 5.6 이하의 비를 말한다. 대기 중에는 이산화탄소가 많이 존재하는데 이산화탄소가 강수에 녹으면 탄산($H_2CO_3$)을 형성한다. 어떠한 오염물질도 존재하지 않고 대기의 이산화탄소의 농도가 330ppm일 때 빗물의 pH는 5.6이 되는데 이 기준보다 낮으면 산성비라고 부른다. 대기로 배출된 황산화물과 질소산화물은 비에 녹게 되면 황산이나 질산으로 변하고, 강한 산성을 띠게 되므로 산성비가 내린다. 우리나라 주요 도시에 9년 동안 내린 강우 산도는 표 19-1과 같이 산성비가 아닌 비는 극히 드물었다.

표 19-1 주요 도시의 강우 중의 산도(pH)

| 도시 | 2010 | 2011 | 2012 | 2013 | 2014 | 2015 | 2016 | 2017 | 2018 |
|---|---|---|---|---|---|---|---|---|---|
| 서울 | 4.6 | 4.6 | 4.7 | 4.4 | 4.8 | 4.8 | 5.1 | 5.3 | 5.1 |
| 부산 | 4.4 | 4.9 | 5.0 | 4.9 | 5.0 | 5.5 | 5.3 | 5.2 | 5.4 |
| 대구 | 4.6 | 4.7 | 5.0 | 5.0 | 5.1 | 5.2 | 5.3 | 5.0 | 5.6 |
| 인천 | 4.6 | 4.7 | 4.5 | 4.4 | 4.7 | 4.9 | 4.9 | 5.0 | 5.0 |
| 광주 | 5.0 | 5.2 | 5.2 | 5.2 | 5.4 | 5.1 | 5.6 | 5.0 | 6.0 |
| 대전 | 4.3 | 4.9 | 4.7 | 4.8 | 5.1 | 5.0 | 5.2 | 5.1 | 5.2 |
| 울산 | 4.4 | 5.0 | 5.1 | 52. | 5.0 | 5.0 | 5.1 | 5.4 | 5.0 |

(환경부, 2019)

서울시 월평균 pH는 4.6 ~ 5.3으로서 산성비기준보다 훨씬 낮았다(표 19-2).

표 19-2 서울시(2018년) 월별 강수pH

| 월 | 1 | 2 | 3 | 4 | 5 | 6 | 7 | 8 | 9 | 10 | 11 | 12 |
|---|---|---|---|---|---|---|---|---|---|---|---|---|
| pH | 5.3 | 5.2 | 5.0 | 4.8 | 4.6 | 4.7 | 5.1 | 4.9 | 4.6 | 5.1 | 5.0 | 4.6 |

참고로 미국의 청정지역인 Coweeta지역에서 12년 동안 산성비의 강우빈도를 조사한 결과 18회였고, 가장 높은 pH는 pH 6.4이었고, 가장 낮은 pH는 3.1이었다.

## 19.2 산성비 피해

산성비는 식물의 잎과 토양에 있는 필수양분을 용탈시키고 식물의 양분흡수를 방해함으로써 임목생장에 필요한 양분의 순환과정을 방해한다. 산성비는 대기오염, 특히 아황산가스 오염도가 높은 공업단지 주변에 많이 내리지만 기류 영향으로 인해 다른 지역에도 내릴 수 있다. 산성비에 가장 취약한 산림은 고지대에 위치해 있는 산림이다. 이는 고지대일수록 산성 구름과 산성 안개에 둘러싸이는 경우가 많기 때문이다. 일반적으로 산성 구름과 산성 안개는 산성비보다 더 높은 산성을 띤다. 식물이 산성 안개에 자주 노출되면, 잎에서 필수 양분이 유출되기 때문에 다른 환경적 요인, 예를 들어 추운 날씨나 대기오염물질 증가에 민감하게 반응하여 큰 피해를 받는다(표 19-3).

표 19-3 산성비에 의한 수목피해

| 강수 pH | 피해상황 |
|---|---|
| 3.0 이하 | 수목의 가시적 피해<br>- 잎의 황색반점과 조직파괴 |
| 3.1 ~ 4.5 | 수목의 간접 피해<br>- 엽록소 파괴<br>- 잎내 양분 용탈 |
| 4.6 ~ 5.5 | 수목의 간접 피해<br>- 엽록소 감소<br>- 광합성 저하<br>- 종자발아 및 개화 지연 |

(김영걸 등, 2012)

산성비가 산림을 통과하면 물의 화학적 성질이 변한다. 즉, 강우에는 많은 수소이온이 들어있어 강산성을 보이지만 산림에 떨어져 수관, 유기물층, 토양을 통과하여 계류로 나오면 중성에 가까워진다(표 19-4). 산림의 종류는 대기오염물질 축적에 영향을 주는데 활엽수림이 침엽수림보다 pH의 중화능력이 더 크다.

표 19-4 활엽수 혼합림을 통과한 강우 pH 변화

| 구분 | 수소이온농도($\mu$eq/L) |
|---|---|
| 강우 | 17.1(pH 4.8) |
| 수관통과우량 | 5.1 |
| 유기물층 통과수 | 4.6 |
| 토양수(25cm) | 1.0 |
| 계류 | 0.2(pH 6.7) |

산성비는 임목에 직접 영향을 주지만 대부분 토양은 이미 산성이므로 큰 영향을 주지는 않는다. 그러나 산성비가 계속 내리면 토양 pH는 낮아지며 특히 지표에 가까울수록 pH가 더 낮아진다. 산성비에서는 산성 음이온인 $NO_3$와 $SO_4$가 가장 중요하다. $NO_3$가 식물의 잎에 부착하면 흡수되거나 비에 씻긴다. 흡수된 $NO_3$는 단백질로 합성되고, 용탈된 것은 기존의 $H^+$이온과 결합하여 함께 있거나, 잎에서 나온 $K^+$이온과 $H^+$이온이 치환하여 $NO_3$와 결합한다. 따라서 중화는 되지만 잎은 K와 같은 양분을 잃어서 생리적인 피해를 입는다. $NO_3$가 $H^+$이온과 함께 유기물층 도달하면 $H^+$는 식물의 질소흡수로 소비되거나 미사용된 질산과 함께 토양으로 이동한다. 그러므로 산림에 $NO_3$가 포함된 강우가 내리면 토양은 산성화 된다. 그러나 산림에는 대체로 질소가 부족하므로 산성비 속의 질산염은 쉽게 흡수, 중화되면서 비료 역할을 한다. Wood와 Bormann(1977)은 스트로브잣나무 묘포에 질산을 넣은 물을 관수한 결과 pH는 5.6에서 2.3으로 낮아졌지만 묘목은 생장하였다고 보고했다.

다른 산성화 원인인 $SO_4$는 $NO_3$와 비슷한 과정으로 소비되지만 대부분 산림에서 황산염은 임목생장을 제한하지 않으며 생물적 작용으로 생긴 양은 적다. 그러나 모암풍화 및 화학적 작용으로 많아질 수 있다. 성숙토양의 B와 C층에는 철과 알루미늄이 많아서 $SO_4$와 결합하므로 토양 내에 $SO_4$가 많지만 미숙토양이나 조립질 토양에는 그 양이 적다.

질산염과 황산염은 직접적으로는 임목에 피해를 주지 않으나 토양 pH를 낮추기 때문에 간접적인 영향을 준다. 즉 토양성분의 결합형태가 변하므로 용해도가 변한다. 예를 들면 인산이온은 산성토양에서 철과 알루미늄 등과 결합하여 용해도가 낮아지며, 알칼리성토양에서는 칼슘과 결합하여 용해도가 보통으로 된다. 알루미늄은 산성토양에서는 녹아있는 이온으로 있지만 알칼리성토양에서는 불용성의 수산화물의 형태로 있다.

토양 점토광물의 주요 구성성분은 규소(25.8%), 철(7.6%)과 함께 알루미늄(7.6%)인데 알루미늄은 양이 많은데도 불구하고, 식물의 필수 영양소에 포함되지 않는다. 하지만 니켈과 같이 유익한 원소로 분류되며 토양의 pH변화에 민감하게 반응하여 토양교질 표면에 흡착 및 탈착 반응을 나타낸다. 알루미늄은 식물생리작용에 관여하지만, 그 영향이나 가시적 변화는 식물의 종, 식물의 상태 및 환경조건에 따라 여러 형태로 나타난다. 토양pH가 5.5 이하로 감소하면 치환성 알루미늄 농도가 현저히 증가하여 식물의 칼슘, 마그네슘, 인 등 영양물질 흡수를 억제하며, 최종적으로 식물 잎의 황화, 뿌리의 측근생장이 저하된다. 치환성 알루미늄 농도는 토양 pH와 음(-)의 상관관계를 나타냈으며, 소나무 유묘의 토양 노출실험을 수행한 결과, 치환성 알루미늄 함량이 높을수록 뿌리길이가 감소하였다(김용석 등, 2018).

토양pH가 낮아져서 토양 알루미늄 유효도가 증가하면 뿌리에 흡수된 치환성 알루미늄은 뿌리의 세포분열, 세포호흡, 효소활성을 저해하고 인산을 고정하며 세포벽에 다당류를 축적시켜 세포벽을 견고하게 함으로써 양분의 흡수와 이동을 저해하는 등 다양한 기작으로 식물 뿌리에 피해를 준다. 또한 Ca, Mg, P, Mo 등이 부족해지는 반면 Mn은 과잉으로 인해 임목에 피해를 준다. 알루미늄은 임목에 피해를 줄 뿐만 아니라 수질오염도 가중시킨다.

산성비는 지구상 물의 순환에도 변화를 준다. 미국 산림청은 1989년 이후 지금까지 약 30년간 애팔래치아 산맥 안에 34헥타르 산림에 1년에 3번 산성비 성분을 함유한 무황산비료(non-sulfate fertilizer)를 살포한 후 산림에 일어난 변화를 관찰하였다. 1989년부터 2012년까지 인근 산림과 비교한 결과 평균 5% 더 많은 수분을 흡수하였다. 수분 흡수량은 시기에 따라 변화하였는데 흡수량이 10% 더 많은 해도 있었다. 수분 흡수 증가 원인은 기공(stomata)의 활동인데 세포 내 칼슘농도에 따라 기공 크기가 달라진다. 칼슘 농도가 높아지면 기공에 신호를 보내고 신호를 받은 기공은 확대되면서 수분이 빠져나가게 하고, 자연스럽게 칼슘 농도가 낮아진다. 칼슘 농도가 낮아지면 기공은 다시 줄어들면서 수분을 내보내는 증산작용(transpiration)을 위축시키는 일을 반복하고 있다.

또한 산성화된 토양은 식물의 칼슘 흡수를 촉진하여 이로 인한 기공 크기가 커지면서 수분을 수증기로 내보내고, 식물은 더 많은 수분을 흡수해야 하는 악순환이 이루어진다. 즉 식물은 산성화에 민감하게 반응함으로써 물과 에너지 순환 변화에 따라 가뭄을 촉진하고 사막화 현상을 초래할 수 있다(Lanning, 2019).

## 19.3 피해저감

산성비가 지속적으로 내리면 산림이나 도시를 막론하고 수목피해와 토양 산성화를 저감하기 어렵다. 그러므로 임업적인 대책을 수립해야 한다. 즉 오염물질의 종류와 오염원에 따른 산림생태계의 피해정도와 범위를 조사하여 산림피해를 예측할 수 있는 피해예측 모델을 개발해야 한다. 특정 오염물질에 대해 특히 민감한 수목을 조사하여 대기오염정도의 판단지표로 활용한다. 도시 근처는 대기오염에 저항성이 큰 임분구조를 조성한다. 예를 들면 침엽수는 곰솔 〉 소나무 〉 리기테다소나무 〉 편백 〉 삼나무 〉 일본잎갈나무 순으로 선정하고, 활엽수는 자작나무 〉 참나무류 〉 느티나무 〉 밤나무 〉 양버즘나무 〉 은행나무의 순으로 선정하여 식재한다. 석회나 마그네슘 비료 등 토양중화제를 시비하여 산성토양을 중성으로 유도하고 지력회복을 위한 유기물을 투입한다(김영걸 등, 2012).

Chapter 20

# 묘포토양

20.1 묘포토양 특성
20.2 토양개량방법

Forest Environmental Soil Science

# chapter 20
# 묘포토양

## 20.1 묘포토양 특성

묘포로 적합한 입지환경 조건은 배수와 관수가 용이한 경사 5° 미만으로서 토심이 30cm 이상인 토양이어야 하나 극히 일부분에 불과하고 대부분 논을 임차하여 묘포로 사용하거나 자가 묘포라도 과거 논으로 사용했던 곳이 많다.

논을 묘포로 장기간 사용했던 포지는 몇 년마다 주기적으로 객토를 실시하여 일정한 깊이마다 다른 토색과 토성을 나타내며 단단한 불투수층을 갖고 있거나, 수십년간 묘포로 사용하여 지속적인 관수와 토양염류화로 인해 미세한 토양입자가 분산되어 하층으로 이동 집적하므로 토양배수가 불량하다(그림 20-1).

그림 20-1 묘포토양단면(좌 : 용문묘포, 우 : 춘양묘포) (김수진 등, 2012)

논을 포지로 사용하고 있는 곳은 배수가 불량하여 병해충 발생이 높고 습해를 받기 쉬우며, 건조가 계속되면 지표가 갈라져서 세근이 노출된다. 배수, 통기성, 수분조건 등 토양물리성이 양호한 토양에서 생산된 묘목은 묘목의 활력과 뿌리 발달이 좋아 건전묘를 생산하지만 그렇지 못하면 불량묘를 생산한다. 또한 묘목생산지와 식재지의 토양조건이 다르면 적응력이 떨어지므로 양호한 활착과 원활한 묘목생장을 위해서는 묘목생산지와 식재지의 입지환경이 비슷해야 한다.

## 1 토양 물리성

고정묘포 토양의 물리성 악화 원인은 ① 장기적인 고정묘포 경영에 의한 토성의 악화, ② 제초제 사용으로 인한 토양 표층의 견고화, ③ 표토유실에 의한 심토층 노출 때문이다. 토양 물리성의 악화는 가뭄이나 많은 강우 시 수분의 과부족 현상이 발생하므로 뿌리 발달에 지장을 초래할 뿐만 아니라 통기성 및 배수불량과 토양 미생물의 번식을 제한하여 건전묘목 생산에 장해요인이 되고 있다. 미생물은 균근의 균사에 의한 토양입자의 직접적인 결합작용과 대부분 미생물이 분비하는 폴리우로니드(polyuronide)에 의한 입단 형성을 도와준다.

### 1) 토성

묘목 생육에 적합한 수준의 토성은 미사와 점토의 합이 20~40%로서 사질양토 또는 양토이다. 모래함량이 높은 사질양토와 사토는 토양배수는 양호하나 유기물 또는 수분을 보유할 수 있는 능력이 적어 가뭄 피해를 받을 우려가 크고, 보수력이 약하여 적절한 관수가 되지 않을 경우 건조피해를 받기 쉽다. 또한 시비를 하여도 양분을 보유할 수 있는 능력이 낮아 비료유실이 많다. 반면에 점토나 미사함량이 높은 미사질양토, 미사토, 미사질식양토 등은 통기성과 투수성 및 토양배수가 불량하고 병충해가 잘 발생하며 강우량이 많은 계절에는 과습하므로 뿌리 생육에 좋지 않다.

## 2) 토양 삼상

이상적인 토양 삼상 비율은 고상 45%, 액상 25%, 기상 30%이지만 묘포토양은 고상비율이 높다. 하천 옆 포지는 물이 범람하여 모래가 퇴적된 곳이 많아 고상 비율이 55% 내외로 높고, 액상 비율은 10% 내외로 낮아 보수력과 보비력이 낮다.

## 3) 토양 가비중

묘포토양의 가비중은 표토층의 경우 1.0~1.35g/cm³로 산림토양의 평균 0.08g/cm³보다 높으며, 심토층은 1.47g/cm³까지 나타나 산림토양의 평균 1.01g/cm³에 비하여 토양견밀도가 심하다.

## 2 토양 화학성

### 1) pH

고정묘포의 토양pH는 4.8~5.8이며 평균 pH 5.1로서 강산성에 가깝다. 장소에 따라서 pH 3.7이 나타나기도 하므로 산도를 교정해야 한다. 묘포토양의 산성화 원인은 제초제 사용과 황산암모늄(유안 : $(NH_4)_2SO_4$)과 같은 산성비료를 과다시비하기 때문이다. 토양이 산성화되면 알루미늄, 망간 등 독성물질이 증가하고 양분을 고정시킨다. 토양 교정 시 석회를 과다하게 살포하면 철의 흡수가 어렵게 되어 잎에 황화 현상이 일어나 묘목생장이 감소한다.

### 2) 유기물

묘포토양의 평균 유기물함량은 2%로서 상당히 낮은데 그 원인은 오랜 기간 동안 경작으로 점토의 유실이 많고 퇴비와 같은 유기물 공급이 지속적으로 이루어지지 않기 때문이다.

### 3) 양분

묘포토양의 전질소는 0.2% 이하로서 낮은 편이다. 전질소는 유기물함량과 밀접한 관계가 있는데 유기물을 지속적으로 투입하지 않으면 질소농도가 낮아진다. 유효인산은 평균 440ppm으로서 높은 함량을 보이고 있으며 이는 매년 기비나 추비 시 고농도 인산이 들어 있는 복합비료를 반복 시비하기 때문이다. 다른 원소에 비하여 고정되는 양이 많아 과잉 축적된다. 칼륨은 평균 0.7cmolc/kg이고, 묘포토양의 적정수준인 0.3~0.8cmolc/kg 범위에 전체 묘포의 70%가 분포하며, 칼륨 함량이 높아 토양 내 과잉 축적된 묘포도 많다. 칼륨이 높은 이유는 묘포토양에 칼륨함량이 높은 벼 농사용 복합비료(N-P-K : 21-17-17)를 주기 때문이다.

칼슘 함량은 평균 3.1cmolc/kg으로서 적정수준인 2~5cmolc/kg에는 전체 묘포토양의 약 52%가 분포하고 있다. 일부 묘포는 2cmolc/kg 이하의 낮은 칼슘 함량을 보이고 있으므로 석회 등 토양개량제를 준다. 나트륨은 평균 0.2cmolc/kg 이하로서 묘포토양에서 문제가 되지 않는다. 마그네슘은 평균 1.1cmolc/kg이며 적정수준인 1~2cmolc/kg의 범위에 있는 묘포토양은 전체의 24%로서 대부분 부족하다(김수진 등, 2012).

## 20.2 토양개량방법

토양은 묘목생육에 필요한 수분과 양분을 공급하고 뿌리가 원활하게 생육하는 물리적 환경이 필요하다. 특히 파종묘 및 이식묘의 정상적인 생육을 위해서는 토양 물리성이 중요하다. 토양개량 방법은 다음과 같다.

## 1 객토

논토양이 갖는 여러 가지 물리성을 개선하고 오래된 포지를 개량하는 데에는 객토가 가장 기본이다. 객토는 다른 곳에서 이동해온 흙을 기존 토양에 두지 말고 소형 굴삭기를 이용하여 기존 흙과 섞이도록 1m 이상 깊게 경운하면 배수가 불량한 층위가 생기지 않고 양분 함량이 적은 모재토양이 남아있지 않아 객토 효과가 높아진다.

객토할 흙은 보수력이나 흡수력, 점착력이 강하고 통기성도 양호하여 식물생육에 필요한 요소를 적당히 공급하는 양토나 양질사토가 좋다. 산흙은 유기물함량이 풍부한 표토층이 적합하다. 객토 대상 포지의 물리화학적 성질과 상반되는 토양 즉, 배수가 안되는 포지는 모래함량이 높은 토양을 객토하고, 모래함량이 높아 배수가 잘되는 포지는 점토함량이 높은 토양을 객토한다.

객토 토양을 구하기 어려운 지역에서는 지오라이트(zeolite)를 4~5년 주기로 10a 당 1톤을 주고 지표면으로부터 1m 깊이 정도 파서 속흙과 겉흙을 뒤집어 놓은 다음 30일 이상 방치 후 잘 섞어 경운한다(변재경, 2005).

객토는 휴경 및 유휴포지를 먼저 실시하고 묘목생산 후 10월 하순부터 익년 3월 이전까지 실시한다. 객토한 토양은 일시적으로 생산성이 저하되므로 퇴비를 충분히 주고 첫해에는 질소와 인산비료를 기준량보다 20~30% 더 시비한다.

## 2 토양 배수 개선

배수가 불량한 포지는 상을 높여 고랑을 깊게 하고 물이 고이지 않도록 배수구를 설치하며, 퇴비, 목탄 등을 사용하여 배수상태를 개선한다. 특히, 배수가 매우 불량한 포지는 10~20m 간격으로 1m 정도 깊이에 맹암거를 설치한다. 사암을 모재로 하는 토양은 토심이 얕고, 배수가 불량하여 통기성 및 투수성이 불량하므로 모래함량이 많은 화강암 모재토양으로 객토하면 배수상태가 개선된다.

## 3 관수시설 설치

대면적 묘포에서는 가뭄 시에도 항상 관수할 수 있도록 대형 관정을 최소 2개소 이상 설치하고 소형 관정도 설치한다. 대형 관정의 지하수는 수온이 낮아 묘목생장을 저해할 수 있으므로 물탱크에 받아둔 물로 관수한다. 수질은 분석하여 중성인 물을 관수한다.

## 4 답압예방

조림지에 식재할 묘목을 운반하기 위해 대형차량이 포지에 진입하면 답압을 가중시켜 묘목의 뿌리발달을 저해하는 요인이 된다. 포지 내에서는 대형차량 대신 경운기, 트렉터 등으로 소운반하고, 되도록 중장비 운행을 억제한다.

## 5 pH 교정

대부분 묘포는 30여년 이상 연작하거나 화학비료의 연용 및 제초제 사용 등으로 토양이 산성화되어 있으므로 탄산석회 또는 소석회를 시용하여 pH를 교정한다. 석회 시비는 pH 교정 외에 토양입단화 촉진, 유기물 분해와 미생물 번식으로 다당류의 생성 등의 효과가 있다. 석회를 과잉 시용하여 교정한 토양은 환원하기가 매우 어려우므로 석회살포량에 신중을 기한다. 석회 시비는 휴경 시에 하는 것이 바람직하나 실행이 어려울 경우 파종이나 이식 전 최소 1개월 전에 실시하고 경운해야 한다(변재경, 2005).

pH 5.0 이하의 산성토양에서는 토양 중 Al, Fe 등이 유효인산과 결합하여 인산결핍을 일으키기 쉬우며, pH 5.5~6.5를 개량목표로 서서히 교정한다. pH가 6.5 이상으로 중성에 가까워지면 파종상에서는 입고병이 발생하고, 묘목생장이 불량해지므로 석회 시비를 줄인다.

살포방법은 지표에 골고루 살포하고 약 30cm 정도 깊이로 경운한 뒤 파종 또는 정식한다. 석회는 가급적 마그네슘이 함유된 입상소석회를 사용한다. 석회를 과다하게 시비하면 철 흡수가 되지 않아 잎에 황화 현상이 발생하고 생장이 감소하므로 pH와 토성에 따라 살포량을 정한다. 갑자기 pH가 상승하면 부작용이 발생할 수 있으므로 1회에 pH 0.5씩 상승하도록 살포량을 조절한다.

유기물이나 점토가 많은 토양에서는 석회를 2배 이상 주며 pH를 교정하는 폭이 클 때에는 2~3년에 걸쳐 서서히 개량한다.

## 6 유기물 공급

퇴비, 구비, 목탄 등 유기물을 주면 단립상구조가 형성되어 이화학적 성질이 개선되고 미생물 활동이 증가한다. 공기의 유통과 뿌리가 자유롭게 생육하며 염기의 유실을 방지한다. 퇴비를 시용할 때에는 지표면에 뿌려주지 말고 경운을 실시하여 심토와 섞으면 효과가 증진된다.

퇴비를 자체 생산할 경우 야적 후 1년 또는 2년 된 것을 구분하여 가축분뇨, 발효제 및 요소 등을 살포한 다음 비닐을 덮고 주기적으로 뒤집기를 실시하여 부숙속도를 높인다. 요소는 퇴비 1$m^3$당 10kg을 고루 살포하고 연 3회 이상 뒤집기를 실시하여 완전 부숙시켜 사용한다.

## 7 시비관리

포지별 토양특성을 고려하여 비료 종류와 양을 결정한다. 특히 벼농사용 복합비료(21-17-17) 사용을 중지하고 산림용 완효성복합비료(12-16-4)를 ha당 400kg 시비하되 토양양분 함량을 고려하여 단비를 보충한다. 산성토양은 인산이 부족하므로 중과석, 용과린, 용성인비 등을 시비한다. 유안, 황산가리 같은 생리적 산성비료를 피하고 석회질소, 요소, 초목회 등 중성 또는 염기성 비료를 시비한다. 침엽수와 활엽수는 인산 요구도가 높으며 난대수종은 질소 요구도가 높다 (김수진 등, 2012).

# 참고문헌

가강현 등. 2017. 송이감염묘를 이용한 송이 인공재배. 산림과학 속보 2017-18. 국립산림과학원. 14p.

구창덕 등. 1986. 모래밭버섯 포자접종량과 시비량에 따른 소나무 화분접종묘의 생장촉진효과. 한국임학회지 72 : 32~36.

구창덕. 2000. 산림의 토양환경 조건에 따른 수지상균근(AM)균 집단의 종 다양성. 한국환경복원녹화기술학회지 3 : 70~92.

김경하, 원형규, 이천용, 정용호. 1996. 산림소유역의 수문 특성(1). 산림과학 54 : 71~80.

김수진, 김영길, 김용석, 변재경, 이수원. 2012. 건전묘목생산을 위한 묘포토양 관리기술개발. 국립산림과학원 연구보고 12-14. 112p.

김영길, 임주훈, 김용석, 김수진, 배상원. 2012. 대기오염과 수목피해. 국립산림과학원 연구자료 486호. 50p.

김옥경. 1970. 산화적지의 생태학적 연구Ⅰ. 한국임학회지 10 : 29~39.

김옥경, 정현배. 1971. 산화적지의 생태학적 연구Ⅱ. 한국임학회지 12 : 45~54.

김용석, 구남인, 최형태, 임주훈. 2015. 산림입지토양조사 필드 가이드. 국립산림과학원 연구자료 644호. 121p.

김용석, 구남인, 강원석. 2018. 식물반응기법을 이용한 산림토양 특성 평가. 국립산림과학원 연구보고 18-18. 57p.

김의경, 이천용, 정주상. 2005. 주요 조림수종의 경제성을 고려한 적지판정 GIS모델 개발. 농특과제 보고서. 253p.

김정섭, 양금철. 2011. 산불유형과 회복정도에 따른 낙엽생산량과 임상으로 이입되는 영양염류 함량. 한국환경생태학회지 26(1) : 67~73 .

김준민 등. 1987. 식생조사법. 일신사.

김춘식. 2020. 산림토양분류와 soil taxonomy 및 world reference based for soil resources 분류 연계방향. 산지환경 23 : 24~36.

김태훈, 정진현, 구교상. 1988. 산림토양 분류에 관한 연구. 임업연구원 연구보고 37 : 19~34.

김태훈 등. 1991. 토양형별 주요 수종의 생장. 임연연보 42 : 91~106.

문형태, 원호윤, 오경환, 표재훈. 2012. Decay rate and nutrient dynamics during litter decomposition of *Quercus acutissima* and *Quercus mysinaefolia*. 한국환경생태학회지 26(1) : 74~81.

박관수. 2020. 생활권 도시숲 토양관리지침서 외국사례. 산지환경 23 : 54~73.

박봉규, 김종희. 1981. 치악산의 식생과 토양에 미친 산불의 영향. 식물학회지 24(1) : 31~45.

박찬우 등. 2015. 새만금 방조제 사면 수목생육 기반구축연구. 국립산림과학원 연구보고 15-9. 71p.

배상원 등. 2014. 새만금 간척지 수목생육기반 및 수목보호시설 구축 연구. 산림청. 321p.

변재경, 정진현, 이천용, 정용호, 안이철. 2005. 해안매립지에서 복토높이에 따른 수목의 생장변화. 한일해안림학회 공동학술대회논문집. 139~140.

변재경. 2005. 묘포토양개량의 필요성. 한국양묘협회지 33. 102~119.

변재경. 2006. 임해매립지에서 수목의 녹화기술. 수목보호 11 : 29~43.

변재경, 김용석, 이명종, 손요환, 김춘식, 정진현, 이천용. 2006. 비료종류 및 시비량에 따른 소나무, 낙엽송, 상수리나무, 자작나무 묘목의 생장 특성. 한국산림측정학회지 9 : 132~141.

변재경, 김용석, 이명종, 손요환, 김춘식, 정진현, 이천용. 2007. 시비수준에 따른 소나무, 낙엽송, 상수리나무, 자작나무 묘목의 생장 변화. 한국임학회지 96(6) : 693~698.

변재경, 지동훈, 이승우, 정진현. 2010. 특화품목 재배를 위한 토양관리기술. 국립산림과학원 연구신서 39. 168p.

손영모, 전현선, 전주연, 강진택, 임종수. 2016. 현실림임분수확표. 국립산림과학원 연구자료677호. 54p.

서울특별시. 2019. 2018년 서울대기질 평가보고서. 서울특별시 보건환경연구원. 102p.

신학섭 등. 2013. 서해안 사구식생의 유형분류와 사구토양 및 식물무기성분 비교. 한국임학회지 102(3) : 345~354.

어진우, 박병배, 박기춘, 천정화. 2011. 광릉시험림 산림토양의 미생물상 및 중형동물상 분포. 한국임학회지 100(4) : 681~686.

원형규, 정진현, 구교상, 김춘식, 이천용. 2003. 수락산의 산림토양특성 및 중금속 함량. 임업연구원 산림과학논문집 66 : 124~131.

원형규, 이충화, 이윤영. 2005. 산림토양단면도집. 국립산림과학원 연구신서 6호. 143p.

원호연, 이영상, 한아름, 김덕기. 2018. Long term litter production and nutrient input in *Pinus densiflora* forest. 한국환경생태학회지 32(1) : 23~29.

이경준 등. 1983. 균근연구의 농림업에의 응용. 한국임학회지 59 : 1~22.

이수욱, 민일식. 1988. 삼림생태계의 토양양분분포 및 순환, 임업연구원 과거치 특정과제. 71~124.

이원규 등. 1986. 소나무, 곰솔 천연치수림의 제벌, 지타, 시비시험. 임시연보 33 : 55~66.

이원규, 최경, 오민영. 1988. 산화에 의한 토양 및 식생의 변화. 임연연보 37 : 35~49.

이천용. 1986. 토양 및 식생변화에 따른 산지사방공사의 효과에 관한 연구. 한국조경학회지 14(2) : 1~10.

이천용. 1987. 상수리나무에 대한 모래밭버섯과 알버섯균 접종효과. 한국토양비료학회지 20(1) : 85~88.

이천용, 박봉우. 1987. 산지시비에 관한 고찰. 한국임학회지 77(1) : 109~115.

이천용, 박승걸, 이원규. 1988. 리기다소나무에 대한 모래밭버섯균의 접종효과. 임연연보 37 : 50~54.

이천용, D.D. Myrold. 1990. 산림토양 내 질소의 양료화와 질산화에 관한 연구. 한국임학회지 79(3) : 285~289.

이천용. 2003. 고정 묘포토양의 특성 및 관리방안. 한국양묘협회지 31 : 111~154.

이천용, 정진현, 손요환, 변재경, 구창덕. 2009. 산림토양. 한국토양비료학회지 42권 별호:238~258.

이창우, 이천용, 김재헌, 윤호중, 최경. 2004. 고성 산불피해임지의 토사유출 특성. 한국임학회지 93(3) : 198~204.

이충화, 이천용. 2002. 소나무묘목의 생장 및 영양상태에 미치는 Mn의 영향. 한국생태학회지 25(3) : 209~212.

정인구. 1975. 비배임업. 가리연구회.

정진현 등. 2004. 한국의 산림입지. 국립산림과학원 연구보고 04-06. 620p.

조현국. 2020. 내산에 어떤 나무를. 산지환경 23 : 148~158.

조희두. 1982. 사방시공지에 있어서 리기다소나무의 수근의 분포에 미치는 토양견밀도의 영향. 한국임학회지 56 : 66~76.

주진순 등. 1983. 지타 및 간벌임지 시비효과시험. 임업시험장 연구보고 30 : 155~174.

토양조사연구반. 1988. 입지환경인자에 의한 지위지수에 관한 연구. 임연연보 36 : 22~43.

한성현, 김정환, 강원석, 황재홍, 박기형, 김찬범. 2019. Monitoring soil characteristics and growth of *Pinus densiflora* five years after restoration in the Baekdudaegan Ridge. 한국환경생태학회지 33(4):453~461.

현근주 등. 1991. 우리나라 토양의 토성별 양이온치환용량. 한국토양비료학지 24(1) : 10~16.

황정옥, 손요환, 이명종, 변재경, 정진현, 이천용. 2004. 비료의 성분 및 종류와 묘목과의 관계 연구 (Ⅰ. 생체량, SLA 및 엽록소 함량에 미치는 영향). 임산에너지 22(2) : 44~53.

황정옥, 손요환, 이명종, 변재경, 정진현, 이천용. 2005. 비료의 성분 및 종류와 묘목과의 관계 연구 (Ⅱ. 묘목의 부위별 양분 농도에 미치는 영향). 임산에너지 24(1) : 13~27.

Armson, K.A. 1979. Forest soils : Properties and processes. University of Toronto Press.

Axelsson, B. 1984. Increasing forest productivity and value by manipulating nutrient availability. Weyerhaeuser Science Symposium 4. Forest potentials.

Ballard, R. 1979. The means to excellence through nutrient amendment. Weyerhaeuser Science Symposium 1. Forest plantations.

Baver, L.D., W.H. Gardner and W.R. Gardner. 1972. Soil Physics. John Wiley and Sons.

Bengtson, G.W. and G.C. Smart, Jr. 1981. Slash pine growth and response to fertilizer after application of pesticides to the planting site. Forest Sci. 27 : 488~502.

Buol, S.W., F.D. Hole and R.J. McCracken. 1980. Soil genesis and classifications. ISU Press.

Conway, M.J. 1962. Aerial application of phosphorus fertilizer in radiata pine forests in New Zealand. Exp. For. Rev. 41.

Davis, K.P. 1959. Forest fire control and use. McGraw Hill.

Distefano, J.F. and H.L. Gholz. 1989. Nonsymbiotic biological denitrofixation in an age sequence of slash pine plantation in north Florida. Forest Sci. 35(3) : 863~869.

Dunn, P.H., L.F. Debano and G.E. Eberlen. 1979. Effects of burning on chaparral Soil : soil microbes and nitrogen mineralization II. Soil Sci. 43(3) : 509~514.

Feldman, S.B., L.W. Zelazny and J.C. Baker. 1991. High-elevation forest soils of the Southern Appalachians I. Soil Sci. A,. J. 55 : 1629~1637.

Graham. R.C. and H.B. Wood. 1991. Morphologic development and clay redistribution in lysimeter soils under chaparral and pine. Soil Sci. Soc. A. J. 55: 1 638~1646.

Hawley, R.C. and P.W. Stickle. 1949. Forest protection. John Wiley & Sons.

Heiman, P. 1981. Root penetration of Douglas-fir seedlings into compacted soil. Forest Sic. 27 : 666~676.

Hocker, H.W. 1979. Introduction to forest biology. John Wiley and Sons.

Kebaco, L.F., G.E. Eberlen and P.H. Dunn. 1979. Effects of burning on chaparral soils : Soil microbes and nitrogen mineralization I. Soil Sci. 43(3) : 504~508.

Kraemer, J. F. and R.K. Hermann. 1979. Broadcast burning: 25-year effects on forest soil in the western flanks of the Cascade Mountains. Forest Sic. 25 : 427~439.

Lanning. M, L. Wang, T. Scanlon, M. Vadeboncoeur, M. B. Adams, H. E. Epstein and D. Druckenbrod. 2019. Intensified vegetation water use under acid deposition. Science Advances: 31 July.

McDonald, R.C. and R.F. Isbell. 1984. Australian soil and land survey. Inkata press.

Ohaman, L.F. and D.F. Grigal. 1979. Early revegetation and nutrient dynamics. Forest Sci. Monographs 21.

Petersen L. 1976. Podzol and podzolization. Royal Veterinary and Agricultural University.

Popp, M.P., H.M. Hulman and E.H. White. 1986. The effect of nitrogen fertilization of white spruce on the yellow-headed spruce sawfly. Can. J. For. Res. 16 : 832~835.

Pritchett, W.L. 1987. Properties and management of forest soils. John Wiley and Sons.

Reinsvold R.J. and P.E. Pope. 1987. Combined effect of soil nitrogen and phosphorus on nodulation and growth of *Robinia pseudoacacia*. Can. J. For. Res. 17(8) : 964~969.

Remezov, N.P. and P.S. Pogrebnyak. 1969. Forest soil science. Israel program for scientific translation.

Spurr, S.H. and B.V. Barnes. 1980. Forest Ecology. John Wiley and Sons.

Turvey, N.D. 1981. Australian forest nutrient workshop:productivity in perpetuity. CSIRO.

Torret, J.G. and L.J. Winship. 1989. Applications of continuous and steady-state methods to root biology. Kluwer Academic Publishers.

USDA Soil Conservation Service. 1975. Soil taxonomy. Washington.

Wenger, K.F. 1984. Forestry handbook. John Wiley and Sons.

White D.P. 1956. Aerial application of potash fertilizer to coniferous plantation. J. Forestry 54 : 762~768.

Wielemaker, W.G. and A.L.E. Lansu. 1981. Land-use changes affecting classification of a Costa Rican soil. Soil Sci. Am. J. 55 : 1621~1624.

Youngberg, C.T and C.B. Davey. 1970. Tree growth and forest soils. OSU press.

Yowhan Son, Yoon Young Lee, Chon Young Lee and Myong Jong Yi. 2007. Nitrogen fixation, soil nitrogen availability, and biomass in pure and mixed plantations of *Alnus hirsuta* and Pinus *koraiensis* in central Korea, J. Plant Nutrition 30(11) : 1841~1853.

〈일본문헌〉

青木淳一. 1983. 토양생물학. 북용관.

藤田桂治. 1976. 성목림비배의 경제성에 대하여 88 : 1~3.

藤田桂治. 1977. 성목시비. 전국임업개량보급협회.

蜂屋欣二, 藤田桂治, 井上尙雄. 1982. 도시림. 임업기술협회.

橋本與良. 1969. 임지생산력의 유지 증진. 임업기술협회.

前田禎三, 官川淸. 1969. 임상식생에 의한 조림적지판정. 임업기술협회.

河田弘, 小島俊郞. 1976. 환경측정법(삼림토양). 공립출판.

河田弘. 1982. 삼림토양의 조사방법과 성질. 임야홍제회.

河田弘. 1989. 삼림토양학개론. 박우사.

苅住昇. 1979. 수목근계도설. 성문당신광사.

黒鳥忠. 1967. 삼림토양의 생성과 지력. 임업기술협회.

龜山章, 三澤彰. 1989. 최선단의 녹화기술. Soft Science사.

正木有, 林章弘. 1977. 삼호산림에서의 항공 시비. 삼림과 비 94 : 5~8.

林野廳. 1979. 삼림토양. 임야홍제회.

佐佐木平昌. 1970. 헬리콥터에 의한 유목시비. 임업기술337 : 22~26.

芝本武夫. 1978. 삼림의 토양과 비배. 농림출판.

芝本武夫, 塘隆男. 1979. 비료핸드북. 창문.

中村道德. 1979. 생물질소고정. 학회출판센터.

野上寬五郞. 1974. 임지에서의 시용비료의 효율에 관한 연구. 구주대학연습림보고 48.

# 용어해설

## ㄱ

**가수분해(hydrolysis)**
물이 H⁺와 OH⁻로 되어 암석 등의 화학적인 성분을 바꿈

**건중량(dry weight)**
105℃에서 24시간 말려 측정한 양

**격막(septum)**
세포와 세포 사이에 있는 막

**결절(tubercle)모양**

그림과 같이 중간이 묶인 모양

**경사 위치(topographical position)**
산의 비탈면을 10등분하여 아래의 3/10은 산록, 위의 3/10은 산정, 가운데는 산복이라 함

**고정수확**
일정한 장소에서 일정한 기간을 두고 벌채함

**균투(fungal mantle)**
뿌리를 둘러싸고 있는 균(외생균근)

**극상림(climax stand)**
더 이상 다른 수종으로 바뀌지 않고 안정되어 있는 산림

**기비(pre-planting fertilizer)**
조림할 때 같이 주는 비료

**길항작용(antagonism)**
한 쪽의 양분증가로 다른 쪽의 양분이 감소하는 것

## 나무의 부분

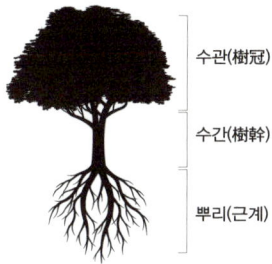

### 내건성(drought tolerance)
건조에 견디는 성질

### 내피세포(endothelial cell)
고등식물의 줄기, 뿌리, 잎에 있으며 피층의 가장 안쪽에 있는 세포

### 녹비식물(green manure)
토양에 주었을 때 나중에 비료가 될 수 있는 식물

### 단벌기 조림(short rotation plantation)
임목 벌채기간이 40년 이상인데, 잘 자라는 나무를 심어 단기간에 벌채를 이용하는 방법

### 단구(terrace)
계류가 흘러서 갑자기 높은 곳에서 낮은 곳으로 떨어지는 곳(폭포와 비슷함)

### 답압(compact)
땅을 계속해서 밟든지 차량이 지나가서 땅이 다져지는 것

### 대사작용(metabolism)
생물의 내부에서 진행되는 물질의 변화 및 이동

### 도쿠차예프(Dokuchaev)
토양학의 아버지라고 부르는 그는 1846년 러시아 상트페테르부르크에서 태어났으며 지질학, 지리학, 토양학을 전공한 후 1880대부터 광범위한 토양 표본을 수집하였음. 1903년 사망한 후 1904년 그를 기념한 세계 최초의 토양과학 박물관(V.V. Dokuchaev central pedological museum)이 설립되어 330개의 토양표본이 전시되어 있음.

### 독나지(bare land)
땅 위에 아무 식물이 없고 침식이 발생하기 쉬운 곳

### 동수구배(hydraulic gradient)
물이 높은 곳에서 낮은 곳으로 흐를 때, 단위길이당 물의 높이를 말하며 이 구배(경사)가 급할수록 물은 빠르게 흐름

### 무육작업(tending operation)
벌채하기 전 목재 품질을 향상하기 위하여 조림 후 풀깎기, 가지치기, 솎아베기(간벌) 등 일련의 작업

### 무절재
가지치기를 제때에 정확히 실시하여 옹이가 없는 질이 좋은 목재

### 반철(mottle)
표토층의 철이 산화한 후 하층에 쌓여 얼룩형태로 된 것

### 벌채적지
벌채를 실시한 산림

### 보수능(water holding capacity)
토양이 물을 가질 수 있는 능력

**보습력**
토양이 수분(습기)을 가질 수 있는 능력

**부석토양(pumice soil)**
화산분출물 중 다공질의 지름 4mm 이상의 돌(속돌, 경석)에서 형성된 토양

**부유토사(suspended load)**
물에 들어있는 미세한 입자의 흙으로 홍수 시 하천의 흙탕물은 부유토사 때문임

**불투수층(impermeable layer)**
토양 내 점토나 석회 등이 층을 이루고 있어서 물의 침투가 안 되는 층

**붕적토(colluvial soil)**
퇴적에 의하여 형성된 토양

**사구(sand dune)**
해안에 모래가 바람에 날려 쌓인 언덕

**사물기생(saprophytism)**
죽은 생물에 기생함

**사상체(paraphysis)**
세포질에 흩어져있는 실꼴 또는 낟알꼴의 작은 모양

**산화(oxidation)**
어떤 물질이 산소와 화합하거나 수소를 잃는 일

**삼출(exudation)**
분말의 물질에 목적하는 특정 성분을 녹이는 용매를 가하여 원물질에서 분해함

**생중량(fresh weight)**
나무를 말리지 않고 자르자마자 측정했을 때의 무게

**생활사(life cycle)**
생물의 살아가는 주기(예 : 알-번데기-성충)

### 속효성(straight fertilizer)
요소 등 비료의 효과가 아주 빠르게 나타나는 것

### 솎아베기(간벌, thinning)
산림이 빽빽할 때 빛과 양분, 수분의 경합을 줄이기 위하여 나무를 일부 제거하는 일

### 수간류(stem flow)
비가 올 때 나무의 수간(줄기)을 타고 내려오는 물

### 수간석해(stem analysis)
나무의 생장과정을 알기 위하여 높이 2m마다 원판을 떠서, 그림을 그려 나이별로 생장량을 파악하는 방법

### 수분포텐셜(water potential)
순수한 물의 화학포텐셜(자유에너지 $\mu_0$)을 0에 기준으로 삼고, 어떤 용액, 토양, 세포 등에 존재하는 물의 화학포텐셜을 $\mu$라고 할 때 $\mu_0-\mu$의 값을 몰용량(V)으로 나눈 값이 그 용액, 토양, 세포의 수분포텐셜임. 세포의 수분포텐셜에 의하여 식물세포간에 또는 토양과 뿌리 간에 물이 이동됨. 수분포텐셜의 기호는 $\Psi$로 표시하는데, psi(프사이)로 발음함.

### 수화작용(hydration)
물이 없는 물질이 물을 함유함으로써 팽창하는 작용

### 수용성(water-soluble)
물에 잘 녹는 성질

### 수산(oxalic acid)
옥살산이라고도 부르며, 가장 간단한 화학구조를 가진 이염기성 카복실산

### 수황화물(hydrosulfide)
물과 결합한 황(유황)의 화합물

### 시트르산(citric acid)
구연산이라고도 하며 많은 식물의 씨나 과즙 속에 단독의 산(acid) 상태로 있고 물질대사에 중요

### 심토층(subsurface layer)
B층을 의미하며 표토층 밑에 있는 토양

**심근성**(shallow rooted)
땅속 깊이 뻗어가는 뿌리특성

**아미드**(Amide)
산(acid)의 OH가 $NH_2$기로 치환된 것

**아미노산**(amino acid)
분자 내 아미노기($-NH_2$)와 카복실기($-COOH$)를 갖는 화합물

**아민**(Amine)
$NH_3$의 수소를 탄화수소기로 치환한 화합물이며 중요한 아민에는 아미노산, 생체아민, 트리메틸아민, 아닐린 등이 있음

**알베도**(albedo)
태양광선을 반사하는 정도

**양이온**(cation)
음이온의 반대개념으로 $NH^{4+}$, $Ca^+$, $Na^+$ 등 양분으로 이용됨

**에스테르**(에스터, ester)
알코올과 산이 작용하여 생긴 것. 즉 산 + 에틸알코올 → 에틸에스테르 + 물

**에이티피**(ATP)
아데노신 3인산

**에이디티**(ADT)
아데노신 2인산

**역지**(largest spreading branch)
나무에서 가장 긴 가지

**완효성**(slow-release)
비료의 효과가 서서히 나타나는 성질로서 산림용 고형복합비료가 있음

용매(solvent)
어떤 물질을 녹게 하는 성분 물질 중 어떤 한 성분을 말하며 그 밖의 성분을 용질이라 함

용탈(leaching)
어떤 물질이 물에 의하여 빠져나가는 것

우듬지(신초, shoot)
나무의 가장 윗부분[초두부]에 있는 당년에 자란 가지

우세목(dominant tree)
산림에서 수고(나무의 키)가 가장 큰 나무이며 그 다음 큰 나무를 준우세목이라 함

우점종(dominant species)
한 지역에서 가장 생장이 우수하고 많은 식물

울폐(canopy closure)
나무의 가지가 서로 맞닿아 햇빛이 들어올 수 없는 상태

유관속식물(vascular plant)
수분과 양분이 이동하는 유관속을 가지는 식물(고사리, 종자식물)

유기물(organic matter)
낙엽이나 풀 등 나중에 썩어서 양분이 되는 물질

유리산(free acid)
유기물에서 나오는 산성물질

유리 산화물(free iron oxide)
산화된 물질이 단독으로 있는 것

유리 질소(free nitrogen)
질소가 단독으로 존재함

윤벌기(rotation year)
조림에서 벌채할 때까지의 기간

음이온(anion)
양이온의 반대 이온으로 양이온과 결합하여 화합물을 만듦

**이류(mud flow)**
진흙 등이 물에 씻겨서 흘러가는 물

**이식묘(transplant)**
뿌리발달을 촉진하기 위해 묘포에 파종 후 발아된 묘목을 이듬해 옮겨 자란 묘목

**이온치환(ion exchange)**
현재 결합하고 있는 이온이 다른 이온과 바뀌는 것

**인공갱신(man made regeneration)**
산림의 수종을 인위적으로 바꾸는 것. 즉 조림

**인공림**
사람이 나무를 심어서 생긴 산림

**일제림(uniform forest)**
같은 시기에 조림하여 나무의 나이가 같은 산림

**1차광물(primary minerals)**
암장(rock magma)이 냉각되어 생성된 광물. 이것이 변성 또는 풍화작용에 의해 변질되거나 새로 생성되면 2차광물이라 함

**임분밀도(stand density)**
단위면적에 들어있는 나무. 즉 소나무, 참나무류, 편백은 ha당 5,000본을 식재하며 일본잎갈나무, 낙엽송은 ha당 3,000본 식재

**작토층(cultivation layer)**
농지토양에서 매년 경운하는 층으로서 30cm 정도

**잔존목(remaining tree)**
솎아베기할 때 남겨두어야 하는 나무

**전토심(full soil depth)**
토양 A층과 B층을 합한 깊이

전기석(tourmaline)
철, 마그네슘을 함유하며 마찰에 의하여 전기가 생기고 가열하면 양 끝에 양·음전기가 발생하는 광물

제벌(clear cutting improve)
밑깎기 시기와 솎아베기작업 시기 중간에 실시되는 작업으로서 불필요한 나무 또는 불량임목을 제거하는 일. 임목이 울폐하기 시작했을 때 실시

주석산철(tartaric acid)
기둥형태의 결정으로 생긴 무색투명한 이염기성 유기산과 결합한 철

주근(axial root)
가장 굵고 긴 뿌리로서 대개 수직으로 뻗어있음

지의 이끼류(lichen and moss)
지의류는 자낭균, 담자균 등 진균이 남조, 녹조 등 조류와 공생. 이끼류는 과거에 선태류라고 하였음

지중수(subsurface flow)
비온 후 땅속으로 흐르는 물

지중화(ground fire)
땅속의 유기물(석탄, 이탄)을 태우는 산불

지표수(surface flow)
비온 후 땅 위로 흐르는 물

지표화(surface fire)
산불이 땅 위의 낙엽과 지피물을 태우며 발생함

지피식생(ground vegetation)
땅 표면을 덮고 있는 식물

지하고
땅에서 가장 아래 살아있는 가지까지의 높이

직접유량(direct flow)
비가 온 후 곧장 나가는 물

**질산화작용**(nitrification)
암모니아가 질산으로 되는 현상

**집적**(accumulation)
용탈된 물질이 어느 곳에 쌓이는 것

**집약경영**(intensive management)
임업경영을 효율적으로 하기 위하여 일정한 산림에 생력적인 방법을 동원하는 경영방법

**증발산량**(evapotranspiration)
식물의 증산작용과 땅에서 증발하는 물의 양을 합한 것

**천근성**(shallow rooted)
뿌리가 땅속에 얕게 뻗는 성질

**천연림**(natural forest)
사람이 나무를 심지 않고 예부터 자연적으로 이루어진 숲

**최대용기량**(maximum air capacity)
토양이 가질 수 있는 최대한의 물의 양

**최소용기량**(minimum air capacity)
전공극에서 최대용수량을 뺀 양, 즉 토양을 물에 완전히 담가놓은 후에도 남아있는 공기

**추비**(additional fertilizer)
기비에 대응하는 용어로서 가을에 추가로 주는 비료

**충적토**(alluvial soil)
삼각주나 선상지처럼 물에 의하여 강 하부에 쌓인 토양

**측근**(lateral root)
가장 굵고 곧은 뿌리를 제외한 주위의 뿌리

**침누수**(seepage water)
비가 땅 속으로 침투한 후 바위의 틈이나 균열된 곳으로 나오는 물

**침엽수(conifer)**
잎의 형태가 침처럼 되어 있는 나무. 소나무, 잣나무 등이 있음

**침투능(infiltration capacity)**
일정량의 물이 땅속으로 침투하는 능력으로 분당 CC로 계산

**콜로이드작용(colloid)**
교질이라고도 하며 작은 토양입자가 음전하를 띠고 있어서 주변의 양이온을 흡착하는 작용

**킬레이트작용(chelate)**
생물이 분리하는 산이나 생물부패 시 생기는 산과 이산화탄소가 암석을 용해 또는 파괴하는 작용

**탄광폐석지(coal mine muck)**
탄광지에서 석탄을 캐기 위해 파헤쳐 놓은 돌을 쌓아 놓은 곳

**탈질작용(denitrification)**
질산이 이산화질소($N_2O$), 산화질소(NO) 또는 질소가스로 되어 달아나는 현상

**토의(흙옷)**
비가 땅에 닿을 때 흙이 튀어 묘목의 줄기나 잎에 부착한 것

**통과우량(through flow)**
비가 올 때 수관을 통과하여 지면에 도달한 강우

**통도조직(conducting tissue)**
수분이나 양분이 이동하는 곳으로 물관, 헛물관, 체관으로 구성

**퇴적(sedimentation)**
토사나 생물의 사체가 물이나 빙하, 바람에 의해 일정한 곳에 쌓임

## ㅍ

**폴리페놀(polyphenol)**
페놀은 염료, 유기물질의 원료이며 수지를 만들 때 사용. OH가 몇 개인가에 따라 1가페놀, 2가페놀로 하며 폴리페놀은 여러 개의 페놀이 있다는 뜻

**표석점토(erratic clay)**
빙하에 의해 밀려 내려왔다가, 빙하가 녹고 난 후에도 남아있는 점토나 자갈

**표토층(surface soil layer)**
토양의 가장 위층으로서 A층을 말함

**풀베기(하예작업, weeding)**
조림한 후 조림목 주변의 풀이나 잡목에 의해 나무가 피압되지 않도록 풀을 깎는 것

**피층세포(cortex cell)**
뿌리와 줄기에서 표피와 중심주 사이에 있는 세포

**팬(pan)층**
건조지역에서 표토층에서 용해되어 나온 황산칼슘과 탄산칼슘같은 염이 뭉쳐 딱딱한 층을 이룬 것

##  ㅎ

**향토수종(native tree)**
그 지역에서 오랫동안 자라온 나무로서 지역환경에 가장 적응이 잘된 나무

**혼합림(mixed forest)**
침엽수와 활엽수가 섞여있거나 같은 임상이라도 다른 수종이 섞여 있는 산림

**환원(reduction)**
화학적으로 전자를 하나 잃는 것으로 습한 곳에서 공기 유통이 안되면 생김

**활물기생(biotrophic)**
살아있는 생물에 기생하는 것

### 활엽수(broad leaved tree)
잎이 넓고 가을에 낙엽이 지는 나무(포플러, 오동나무 등)와 낙엽이 지지않는 상록성(가시나무류, 동백)이 있음

### 활착률(surviving ratio)
조림한 후 얼마 기간이 지나면 살아있는 나무를 알 수 있으므로 산 나무÷전체 식재 본수×100으로 계산함

### 황폐지(bare land)
산림 벌채 등으로 식생이 없으면 폭우가 내려 땅이 침식된 곳으로서 사방공사가 필요

### 회분(ash)
식물체를 건조시켜 태우면 C, H, O, N은 가스로 되어 날아가고 남은 재(회분)에는 Ca, Mg, Fe, K, S, P 등이 들어 있음

### 훈증(fumigation)
토양 내 미생물과 동물을 없애기 위하여 화학약품을 사용하여 토양을 소독함